天下·文化
BELIEVE IN READING

科學天地 167

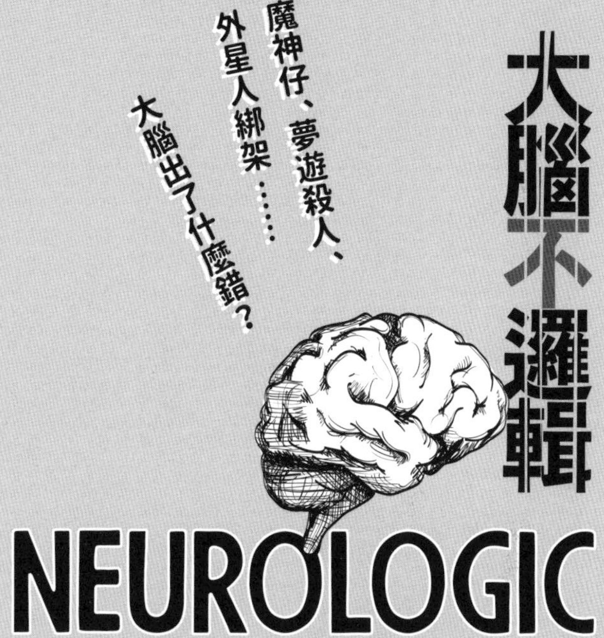

大腦不邏輯

魔神仔、夢遊殺人、外星人綁架……大腦出了什麼錯？

NEUROLOGIC

THE BRAIN'S HIDDEN RATIONALE BEHIND OUR IRRATIONAL BEHAVIOR

ELIEZER J. STERNBERG 艾利澤・史坦伯格——著

陳志民——譯

獻給夏若娜

以及我們親愛的兒子亞歷克斯

混沌中自有宇宙，
無序中自有祕密秩序。

——心理學家 榮格（Carl Jung）
《原型與集體無意識》（*The Archetypes and the Collective Unconscious*）

引言

無意識的邏輯

心靈自有其邏輯，但並不常讓人窺其堂奧。

——歷史學家狄佛托（Bernard DeVoto）

最近華特的行為變得有些不尋常。客人來訪時，除非有人對著他說話，不然他根本不理不睬；如果旁邊的人都沒有發出聲音，他表現得就彷彿是沒有任何人在身邊。此外，華特在客廳走動時常會撞到茶几，有時甚至會一頭撞上牆去；當他想拿起面前的咖啡杯，伸出的手卻打翻了旁邊的花瓶。五十五歲的華特視力明顯出了問題，但他卻堅持說自己視力好得很。華特的家人實在難以理解：為什麼他就是不願意承認自己看不見？為什麼硬是說不需要別人幫忙？充滿困惑的家人逼著華特去看神經科醫師，華特最後只好心不甘情不願的答應了。就診時，華特和醫師的對話如下：

神經科醫師：你好嗎？

華特：還不錯。

神經科醫師：有什麼問題嗎？

華特：沒有，一切都很好。

神經科醫師：你的視力出了什麼問題嗎？

華特：沒有，狀況很好。

神經科醫師（拿出一枝筆）**：**那你能告訴我這是什麼嗎？

華特：醫師，這裡這麼暗，沒有人看得到任何東西啦！

此刻明亮的日光從窗子流瀉而入，房間光線充足得很。儘管如此，醫師還是順著他的話繼續往下說。

神經科醫師：我把燈打開。現在你能看到我拿的是什麼東西了嗎？

華特：我跟你說，我可不想跟你玩什麼奇怪的把戲。

神經科醫師：好吧，但你可以描述一下我的樣子嗎？

華特：好啊，你是個矮胖的小夥子。

現在這位身材又高又瘦的醫師明白了：華特並不是單純拒絕承認失明，而是他根本沒有意識到自己看不見。華特是精神錯亂了嗎？還是出現了阿茲海默症的早期徵候？或者應該請他去找精神科醫師好好談一談？

◇◇◇◇◇◇◇◇◇◇◇◇◇◇◇◇◇◇◇◇◇◇◇◇

神經科醫師推斷華特的「視力喪失」與他「自以為一切都沒問題的錯覺」之間有著某種關聯，但單靠行為測試無法確認兩者關聯何在，得透過「電腦斷層掃描」（CT scan）來好好審視華特的大腦內部才行。檢查結果顯示，華特的大腦經歷了大範圍的中風，造成枕葉（occipital lobe）兩側受損，枕葉負責處理視覺訊息，這一點可以解釋他為何失明。

不過電腦斷層掃描還顯示出華特有其他問題，他的左側頂葉（parietal lobe）也受到了損害。頂葉負責的諸多功能中，包含了協助感官訊號的解讀，尤其是視覺訊號。頂葉編譯從枕葉傳過來的基本視覺訊息，然後將訊息整合，協助建構出外在世界的簡明形象。頂葉參與監控視覺系統的工作狀況，但若是監控功能本身受損，結果又會怎麼樣呢？

華特後來被醫師診斷罹患了「安通症候群」（Anton's syndrome），這是一種會讓盲人無法意識到自己已經失明的罕見病症。患者傾向為自己的感知錯誤找尋藉口，例如「我沒戴眼鏡」或「陽光太刺眼了」。有理論認為，這是因為視覺系統和監控它的大腦區域失去聯繫所致，使得大腦一直不曾收到視覺出了問題的訊息。這就是為什麼華特無法意識到自己已經失明了。

但為什麼華特不但無法承認自己失明，還會為自己的症狀做出其他解釋（像是「這裡太暗了」）？這是因為華特的大腦面對的是一個令人困惑的情境：一方面大腦在感知這個世界時確實遇到了困難；但另一方面，大腦又因為中風而搞不清楚視覺系統已經損壞。對一個視覺系統完好無缺的人來說，通常會怎麼解釋看不到東西的情況呢？當然一定是因為光線太暗才會導致看得不清楚吧。當大腦遇上彼此矛盾的訊息時，自然得試著想出一種說法來讓一切顯得合理，所以華特的說法其實還挺不錯，甚至可以說在當時的情況下，這個說法是完全符合邏輯的。

在我們的潛意識深處有個系統，靜靜的處理我們所看到、聽到、感覺到以及記憶的一切。我們與周遭環境互動時，無數感覺如泉水般源源不絕湧入，不停對大腦進行轟炸。就像電影剪接師蒐集並組織所有影音片段，創造出一個有意義的故事那樣，我們大腦裡的潛在邏輯系統，也會將所有的想法與感覺組織成合情合理的敘事，然後這段敘事便化為我們的生活經驗以及自我感（sense of self）。

這本書所要談的就是這種潛在邏輯，以及它如何創造出我們的意識經驗。無論是在遭受最怪異神經疾病折磨的患者身上，還是在我們最簡單的日常感受與決策中，都能發現同一套潛在邏輯運作的痕跡。

本書的目標與其他大眾科學及心理學領域書籍相似，都是要探尋人類思考及行為背後的解釋，不過我們將採用不同的方法進行。

從前你讀過的許多討論大腦的書籍，這些書大都把重點放在行為研究上，儘管這些書各有其獨到的啟迪人心之處，但通常並不會深入審視大腦內部，來讓我們瞭解那些行為究竟從何而來。

假設我給了你一台藏在黑箱裡的機器，要求你弄清楚它如何運作，但重點是我不讓你看到箱子裡面有些什麼東西，所有的齒輪、滑輪、槓桿都隱藏在黑漆漆的密封空間裡，那麼你要如何評估這台機器的功能呢？既然無法檢查藏在裡面的力學機制，那麼你所能做的，只有嘗試以各種方法使用這台機器，然後找出其中的模式。用這樣的方法，你可以推斷出機器如何運作，不過推論結果裡面還是包含了猜測的成分。

在現實世界的工程及軟體開發之類領域中，的確會遇到像這類的情境。軟體工程師必須在無從得知內在程式碼（code）為何的情況下，嘗試破解某個程式如何運作。在所謂的黑箱測試（black box testing）中，軟體工程師會送出各種輸入內容（例如按下按鈕），然後記錄輸出結果（查看會發生什麼事），以便對系統如何運作做出有根據的猜測，整個過程中工程師都無法確知實際內部的結構或機制。

這種方法目前也常被用來研究人類的大腦。例如在2010年一個備受矚目的研究中，來自哈佛大學、耶魯大學和麻省理工學院的研究者，讓八十六位志願受試者參與一場模擬金融談判。受試者被要求逐一坐在椅子上，面對一名扮演汽車銷售員的實驗者，針對一輛標價一萬六千五百美元的汽車討價還價。不過這個實驗有個重點：有一半的受試者坐的是硬邦邦的木椅，另一半的受試者坐的椅子則鋪了毛茸茸的軟墊。結果呢？坐到硬椅子的人變成比較難纏的議價者，他們在談判中表現更為強勢，跟銷售員談成的價格平均比坐舒適椅子那組人低了三百四十七美元；顯然軟墊椅帶來的額外舒適度，導致另一組人同意接受較高的價格。各家雜誌、書籍及其他報導紛紛標榜這項研究是無意識科學研究領域的再一次突破，例如以下回應來自《Ode》雜誌2012年刊載的一篇文章：

> 這種「硬椅子效應」是一股新興研究狂潮的一部分，這類研究揭露了人類無意識的奧祕，並且展現該如何駕馭其巨大力量……在過去十年中，神經科學家和認知心理學家已逐漸破解這種無意識運作系統，現在已經可以應用在任何方面，來誘導不知情的實驗對象，讓他們變得更愛乾淨或是更聰明。

事實上，這個研究結果雖然告訴我們「椅子的舒適程度」和

「談判時的強硬程度」之間有所關聯，但是並無法解釋產生這種關聯的原因何在。所以這樣的研究到底「破解」了什麼呢？覺得堅硬的感受到底是如何影響決策的？背後是什麼樣的運作機制？這樣的行為模式又該如何應用到生活中的其他現象呢？

在這個黑箱測試的實例中，實驗者正如同前面提到的軟體工程師般，始終無從得知系統內在的「程式碼」。他們雖然觀察到輸入與輸出間存在著某種趨勢，但造成這種趨勢的運作方式，卻依舊隱晦不明。

◇◇◇◇◇◇◇◇◇◇◇◇◇◇◇◇◇◇◇◇◇◇

我們將透過書中有趣的案例，試圖打破大腦的黑箱，洞察其內在運作方式，以探究那些與人類意識有關的諸多疑問。在這個過程中，我們將發現無論是人們經歷過最神祕的現象，或是最簡單的日常抉擇背後，都有明顯的神經迴路（neurological circuit）存在，將我們生活經驗中看似不相干的各個面向，用同一種解釋緊密的結合在一起。

本書是以提問方式構成的。我本人就有一大堆事情想問，因為我根本是個成人版的孩子，就是那種坐在休旅車後座不停發問，聽到答案後又繼續不斷問「但是為什麼呢？」直到父母快被逼瘋的小孩。讀大學的時候，這種傾向引領我攻讀提問的藝術：哲學。哲學教導我們如何精確提出問題、看穿議題表象，直到觸及可以完整闡明所有面向的核心原則。之後我的專業領域從哲學轉向神經科學及醫學，最後踏入這兩個學科的結合體 —— 醫學神經學，我嘗試將同樣的嚴謹態度應用於一系列新的疑問上：我們究竟是如何做決策的？精神疾病如何影響我們的思考方式？我們如何與大腦互動？而這些互動又如何造就了現在的我們？

這些疑問將引導我們走向感知、習慣、學習、記憶、語言的奧祕，並一窺自我（selfhood）與認同（identity）的面貌。我們將論及各式各樣的議題，從外星人綁架事件、如何辨認假笑、思覺失調症（schizophrenia，譯注：舊譯為「精神分裂症」，衛生福利部已於2014年將此症正式更名為「思覺失調症」）及夢遊症兇手的真實故事，到球迷的大腦、人類之所以怕癢的祕密等。我們將打開那個黑箱，盡全力運用神經科學的發現，來追蹤這些行為源自哪些潛在的大腦機制。每當我們解答了一個疑問，又會有新的疑問冒出來，每一個新的問題和答案都會以上一個問題為基礎，讓我們一步一步探究現代神經科學的核心問題。

◇◇◇◇◇◇◇◇◇◇◇◇◇◇◇◇◇◇◇◇◇◇◇◇

我們將跟隨大腦中兩個系統——意識與無意識——的運作前進，不僅研究兩者如何平行運作，更重要的是要探索他們是如何彼此交互影響，從而創造出我們的生活經驗，並維持我們的自我感。我希望到讀完這本書的時候，你已經明瞭大腦的無意識機制會用各種各自獨立的模式來指引我們的行為，我們對這個世界的體驗，正是由這套潛在的「神經邏輯」（neuro-logic）所驅動。你可以把它想成是一種軟體，我們的挑戰就是要破解這套邏輯系統，不但要觀察其輸入與輸出，還要找到現象背後的大腦系統運作機制。破解我們大腦內在軟體程式碼這件事，對於神經學與精神病學研究、人類人際關係與互動之研究，以及我們對自己的瞭解都有深遠影響。

那麼，我們該從哪裡開始呢？前面提到華特的故事時（我要在此說明，為保護患者的隱私，本書提及的所有人名都經過變更），我曾說過他沒有察覺到自己已經失明，是因為他的視覺硬體和理應負責監控此硬體的大腦系統之間的聯結中斷了。不過這情況也可能有另一種解釋：安通症候群患者雖然實際上看不見外面的世界，但還是可以在內心將事物視覺化。他們並不是天生失明，所以依然能夠想像出視覺影像。許多研究人員認為這正是安通症候群患者並不覺得自己眼盲的另一個原因，他們把自己腦海中想像出來的視覺影像，誤認為眼睛所接收到的真實景象。所以當華特形容他的神經科醫師是個「矮胖小夥子」時，可能並不是單憑猜測，或許這正是醫師在華特想像中所呈現的模樣。

華特之所以能夠在內心產生視覺化影像，是因為他並非一直都是盲人，但如果他是的話呢？如果有個人天生失明，他會對「看到東西」這回事有概念嗎？他要如何在內心「視覺化」物體或是人呢？盲人在他們的夢裡究竟會「看到」些什麼？

第 1 章

盲人做夢時看到什麼？

關於感知、夢，以及外在世界的建立

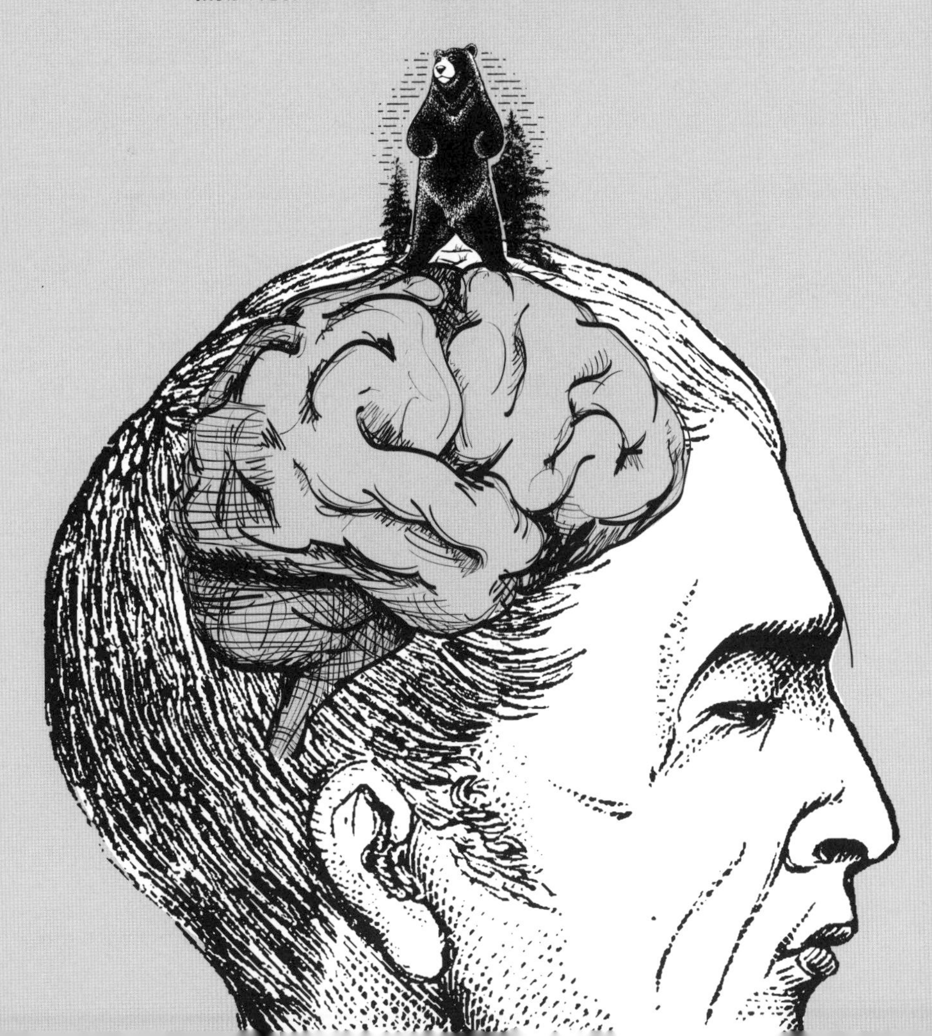

只要閉上眼睛，
人們就能看到那些有人或無人見識過，
最難抵達的遙遠國度；
只要憑著想像，人們就能穿透圍牆，
讓夢境般的異國城市自塵土中峨然崛起。
那麼電視機對人類究竟意義何在？

——藝術家達利（Salvador Dalí）

我在跟愛蜜莉亞通電話，這位四十四歲的保險經紀人天生失明。我正絞盡腦汁想要找到一些對我們兩人而言具有相同涵義的描述詞彙。

「妳都怎麼……感知事物呢？」我問。

「什麼意思？就用看的啊！」

「你看得到東西？」

「呃……當然不是靠視覺啦！」

「瞭解，」我需要採用更具體的問法，「妳可以描述一下紅色是什麼樣子嗎？」

「紅色很熱，」她說，「紅色就像火那樣。」

「那藍色呢？」

「藍色像大海一樣冷。」

對大多數人來說，視覺是我們用來探索世界的主要方式，所以我們真的很難理解盲人在看不到的情況下，怎麼還有辦法好好過日子。如果你問他們究竟是如何辦到的？他們通常會回答關鍵在於運用其他感官來彌補視力的缺陷。研究甚至已經證實：盲人的聽覺比明眼人敏銳得多。

大多數後天失明的盲人都記得看得見是什麼樣的感覺，他們不必在心目中憑空創造這個世界的形象。他們還記得人、車子、人行道路緣、電扶梯等等看起來是什麼模樣，即使在不幸失明之後，仍然可以建構出原本已知事物的形象。

愛蜜莉亞就沒有這麼幸運了。由於在胎兒發育時期出了問題，她天生雙眼就沒有視神經，所以她完全沒有看到過任何東西。她從未見識過色彩，也不曾看到過鏡中的自己。她不得不從零開始，創建出自己內心的世界模型。

「妳如何辨識他人呢？」我問愛蜜莉亞。

「看情況，」她回答，「如果我曾經擁抱過或是觸摸過他們，我會記得他們的外形特徵，要不然我就是記住了他們的聲音。反正我總有辦法去辨識別人，我知道他們是誰，也知道我喜歡誰或不喜歡誰。」

「你可以形容一下某個你不喜歡的人嗎？」

「噢⋯⋯有個女同事，我真的受不了她，她自以為是人見人愛的超級大美女。」

「妳怎麼知道的呢？」我問。

「從她打扮的方式，她的大耳環和長指甲，她噴的難聞香水，還有她的聲音。」

我還想知道，當愛蜜莉亞睡著時，她的內心究竟是怎樣的景像？她會做夢嗎？如果會的話，那些夢是什麼樣子？

「我當然是會做夢的呀，」她告訴我，「我昨晚就做了個夢，事實上這個夢還逼真的不得了。」

「可以告訴我妳夢到些什麼嗎？」我探問。

「說出來有點不好意思，不過我夢見我跟一個男人在海灘上做愛，他好性感唷！個子高高的，長得又非常帥，有一頭漂亮的金髮。我們搞得到處都是沙子，然後……」

「等一下等一下，是真的嗎？」我搶在那夢境變得太活靈活現之前先插了嘴，「妳看見他了？我的意思是說，妳真的看得到他長什麼模樣嗎？」

「我看到他啦，」她說，「我絕對看到了，這是真正的視覺，至少我覺得是這樣啦！」

在與愛蜜莉亞對話的過程中，我忍不住思索起心靈在做夢與清醒的狀態下究竟有什麼不同。在這兩種狀態中，我們都擁有一定程度的意識；在這兩種狀態中，我們也都看得到意象，並能獲得一些體驗。然而在夢境中畢竟還是有點不大一樣，還是有些特殊的地方，但這不一樣的地方到底在哪裡？真的特殊到能讓盲人「看得見」嗎？

填補空白

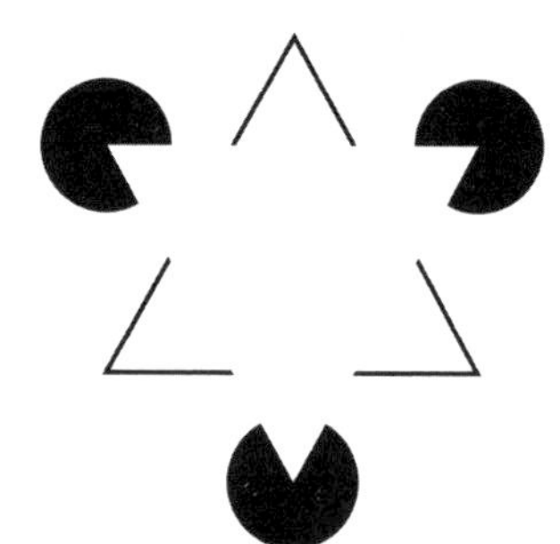

我們先來看看右邊這張圖：

你有看見那個白色三角形嗎？似乎有個清晰的白色三角形蓋住了後面背景

圖案。不過嚴格來說，這個白色三角形並不存在。這個叫做「卡尼薩三角」（Kanizsa Triangle）的錯覺圖形是個很典型的例證，證明人類的視覺不只像扇窗戶般單純反映外在世界影像，而是經過大腦詮釋解讀的結果。

◇◇◇◇◇◇◇◇◇◇◇◇◇◇◇◇◇◇◇◇◇◇

在我們探討「盲人做夢時看不看得到」這個問題之前，需要先對「看到」及「做夢」這兩件事有所瞭解。

人類的視覺，是外在事物經過大腦高度處理後的表徵（representation）。為何會如此？為什麼視覺系統不能單純一點，就像攝影機那樣直接顯示出眼前的景象？這樣的視覺運作機制確實能帶來一些特殊的趣味，例如我們能在聯邦快遞（FedEx）商標中發現一個隱藏的白色箭頭（如下圖，在E和x之間）；不過真正的答案其實更基本：我們的視覺系統是為了生存而設計。

從光的光子通過眼球並被轉換為電化學訊號的那一刻開始，這種感官原料通過一條由多個處理引擎組成的裝配線，按部就班地建構出我們對這個世界的視覺影像。

這整個歷程發生在被稱為視覺路徑（visual pathway）的神經迴路中，我們對這條路徑已有相當清楚的認識。這條路徑的起點在

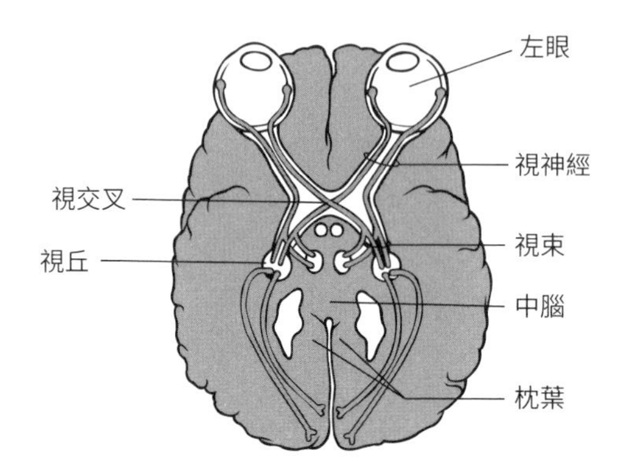

眼睛後方的視網膜，光在此處被轉換成電化學訊號，經由視神經迅速送往大腦。訊號首先會進入扮演大腦感覺接線總機角色的視丘（thalamus），接著就被直接送往視覺皮質（visual cortex）。視覺皮質位於大腦後方的枕葉。

視覺皮質在解讀詮釋這些訊號時，會將處理作業分為幾個部分，分別計算出距離、形狀、顏色、大小、速度等性質。這些處理過程若有任何中斷，都可能導致嚴重的視覺失真。

例如「瑞狄克症候群」（Riddoch syndrome）患者會失去感知靜止物體的能力，他們只看得到移動中的東西。神經科醫師於1916年首次觀察到這種病況，當時正值第一次世界大戰，一位中校在戰鬥時頭部中彈，子彈射入他的右枕葉，摧毀了大部分的視覺皮質，只有掌管動態感知的中顳區（area MT）逃過一劫。這位軍官從此看不到物體大部分的特徵，只能察覺物體的移動。他的描述是：「那些『移動著的東西』沒有明顯的形狀，要說是什麼顏色的話，大概類似一種模模糊糊的灰色。」你記得當一顆球快速飛過眼前時，所看到那種模糊不清的影像嗎？想像一下你所能看到的東西統統是這種樣子，就不難理解這類病患看到的世界了。

反過來說，如果受損的只有中顳區，則會導致動態感知能力喪失。想像你正站在街角看著一輛車從眼前經過，結果你看到的不再是車子平緩駛過，而是一幅幅這輛車在不同位置的定格畫面。原本還在你左邊的車子，突然變到右邊去了，而且你根本沒看到它移動的過程，這肯定會讓「過馬路」成為一種恐怖的考驗。難怪「動態」會是視覺需要處理的首要構成要素之一，當某個物體從你面前經過的瞬間，你所能看到最明顯部分是它的移動狀態，而它的外觀細節似乎都會被大腦省略。這或許是基於演化上的需求：如果有野獸正朝著你衝過來，這時你最需要知道的不會是「牠的毛皮顏色或尾巴長短」，而是「牠正向你衝來」的這個事實。

◇◇◇◇◇◇◇◇◇◇◇◇◇◇◇◇◇◇◇◇◇◇◇◇◇◇◇◇

我們的視覺系統並非只是如實顯示光線的形式，它會以幾十億個神經元計算出來的結果為基礎，建構出它的詮釋結果。大腦會根據我們過去之所見，來假設眼前看到的東西會是什麼模樣，甚至會利用環境線索來補足實際場景與假設之間的差距。就像卡尼薩三角的情況那樣，大腦填補了那個不存在的形狀的邊緣，從相鄰形狀提供的線索，推斷出邊線的位置。

下面是另一個例子，請試著閱讀這篇文字：

Dseitpe the fcat taht the ltetres in tehese wrdos are jmbuled, you are sitll albe to raed tehm. Bceasue the frsit and lsat ltertes are in the rghit palce, yuor bairn can use tohse ceus to fgirue out waht I'm syanig.

儘管段這字文中的母字被打亂了，你然仍可以懂讀意思，那是為因字首和字尾的母字都在確正的位置，你的大腦以可利用些這線索，猜出我竟究在些說什麼。

你可能也曾看過類似的網路文章，這些文章宣稱我們閱讀時是一次讀取整個單詞，而不是逐個字母來閱讀，然而這樣的說法並未獲得研究證實。事實的真相在於：我們之所以能夠讀懂這段顛三倒四的文字，是因為大腦會從上下文來推斷出這些單詞，首先是根據句子的意義，再來是因為第一個字母和最後一個字母都在正確的地方。神經造影（neuroimaging）方面的研究顯示：大腦處理的不僅是我們閱讀的那些單詞的字義，還會處理字母排列的模式，以及句子的語法。

在我們閱讀的時候，大腦經常會抄捷徑，跳過那些對理解句子含意不是很重要的連接詞或填充詞，這樣可以讓閱讀過程更有效率。然而這種預期式的閱讀方式有時反而會弄巧成拙，例如下面這個問題：「摩西帶到方舟上的動物，每一種有幾隻？」如果你跟實驗中大多數被問到這問題的人一樣，那麼很可能會說答案是「兩隻」，但當你再仔細看清楚問題，就會明白答案應該是「沒半隻」，因為建造方舟並把動物帶上船的是挪亞，不是摩西。人們之所以容易犯這樣的錯誤，是因為這個問題與挪亞有關的情節很相近，所以一聽到「……方舟上的動物，每一種有幾隻」，就已經預期這個問題想問的是什麼，並且在腦子裡搶先冒出答案來。

◇◇◇◇◇◇◇◇◇◇◇◇◇◇◇◇◇◇◇◇◇◇

目前，神經科學家已經可以運用「功能性核磁共振造影」（functional magnetic resonance imaging，簡稱 fMRI），來觀看大腦進行思考判斷的運作歷程。fMRI技術可以即時監測血液將氧氣運送至特定大腦組織的速率，提供所謂的「血氧濃度相依對比」（blood oxygen level dependent，簡稱BOLD）訊號。測量結果的判讀依據，是基於「需要補充最多氧氣的神經元，就是活化程度最高的神經元」的原則，因此我們可以將BOLD訊號視為大腦神經元活化程度的指標。

在2013年的一個fMRI研究中，受試者需要閱讀一百六十個句子，其中半數句子敘述為真。在另外八十個句子當中，一半可以明顯看出錯誤，另一半則看似正確，但暗藏著微妙隱晦的謬誤，包括前面提到摩西和他假設擁有的方舟那一題。受試者閱讀句子並判斷其真偽的同時，fMRI儀器會監測他們的大腦活動歷程。

結果顯示，當受試者閱讀正確或是明顯錯誤的陳述時，其腦部活動並沒有多大差異。但當受試者閱讀「摩西的方舟」那類別有用心的陳述時，大腦會發生什麼事呢？這就要看他們是否有注意到其中的蹊蹺之處了。對於那些沒有發現謬誤，而且誤以為敘述為真的受試者，fMRI顯示他們大腦的活化模式和讀到正確或明顯錯誤之陳述時的情況類似。

然而，對於那些發現句中謬誤，且意識到「摩西在埃及忙得很，哪會有空造方舟」的受試者，fMRI顯示他們腦中有完全不同的神經系統正在運作。此時會有更多大腦區域被徵召來參與句子的解讀工作，例如負責偵錯的前扣帶迴皮質（anterior cingulate cortex）及作用最明顯的前額葉皮質（prefrontal cortex）。額葉皮質是許多高級認知功能的工作中心，有趣的是，這些認知功能有助於克服大腦依賴習慣的傾向。

大腦通常會藉著辨識熟悉模式並推測結果，來盡量讓思考效率最大化。但在解讀像「摩西的方舟」那樣暗藏謬誤的句子時，需要投入最大的注意力，因為「大腦推測的意義」和「句子實際的意義」間有所衝突。神經造影的結果顯示，想要成功辨識出這類謬誤，唯一方法就是運用前額葉皮質賦予的較高級認知能力，抑制我們想要推測結果的傾向，並轉而將注意力放在實際狀況上。意識的自我反省能力可以壓過大腦無意識的自動化過程，防止這些過程像平常那樣自動去填補空白。

在我們向外觀看這個世界時，大腦裡有兩套系統形塑著我們的感知結果。一套是「無意識系統」，它可以辨識出模式、根據這些模式進行預測，並推斷這些感知片段該如何融合在一起。另一套則是「意識系統」，它會接受無意識系統推斷出來的結果，但在必要時提出質疑，再根據從前獲得的豐富背景知識來制定決策。

這兩套系統各有其作用。事實上，前面由自動化過程協助我們讀懂打亂字母之單詞的例子，只是無意識系統靠著預測模式，以不完整訊息補足整體影像的諸多運作方式中的一個實例。然而，正如「摩西的方舟」所顯示的那樣，意識系統同樣是不可或缺的，它能幫助我們判斷何時該信任無意識系統所做的預測，尤其當生活周遭出現某些試圖欺騙或愚弄我們的事物時。

2013年，一群心理學家與運動科學家共同發表了一篇研究報告。實驗者招募了兩組足球球員，一是相當活躍的職業球員，另一組則是偶爾參加比賽的業餘球員。球員們被要求想像他們正在一場競爭激烈的賽事當中擔任防守的一方，並觀看幾段進攻球員運球朝著他們迎面而來的影片。受試者的任務是要判斷進攻球員的下一步，到底會是一般運球過人時使用的「交叉步」（crossover），還是被稱為「踩單車」（step-over）的假動作。整個過程中，實驗者使用

fMRI來觀察受試者的大腦運作狀況。

結果正如預期，職業球員在判讀對手策略上表現遠勝於業餘球員。然而fMRI顯示，無論技術水準高或低，當球員正確看出「對方做的是假動作」時，大腦前額葉皮質的使用量明顯要比看出「對方明顯要運球過人」時來得高。他們運用前額葉的高級認知功能，否決了無意識系統的預測，進而成功辨識出假動作。

大腦中辨識出足球假動作的這個部位，與之前閱讀實驗中成功發現「摩西的方舟」句子謬誤會用到的部位完全一致。無論在閱讀、運動或其他情境中，我們都需要前額葉皮質的敏銳辨識力，才能阻止無意識系統因直接跳到結論部分而受騙上當。透過有意識的分析，我們可以瞬間區分出典型模式與被操控或扭曲過的模式有何不同。

◇◇◇◇◇◇◇◇◇◇◇◇◇◇◇◇◇◇◇◇◇◇

如果前額葉皮質停工，對我們的感知能力會有什麼影響呢？我們會失去判斷力，無法分辨所得的經驗是符合一般典型狀況，還是違背常態。這種情況有可能發生在大腦受損的患者身上。2010年，一個由神經學家與心理學家共同組成的團隊，招募了十七名患者參與研究。這些患者都經歷過供應前額葉皮質血流的主要血管破裂，使得這個部位嚴重受損，所幸大腦其他部位都倖免於難。採用前述將挪亞掉包成摩西那類句子，實驗結果正如預期，前額葉受損患者在辨識每個句子中刻意扭曲部分的表現，比健康的對照組差很多。

大腦中的無意識系統會將我們感知到的片段拼湊在一起，預期符合哪種模式，必要時填補空白之處，以便創造出一個統一且具有意義的解釋。無意識系統訴說一個故事，而意識系統則是去體驗這個故事，但意識系統並非照單全收，而是會進行深思反省，甚至對故事提出質疑。

當病患大腦前額葉受到損傷，此時大腦其他功能都正常運作著，唯獨歸屬前額葉認知功能的自我反省能力付之闕如。在缺乏監督的情況下，大腦的無意識填補空白能力在做出預測及結合經驗的過程中，完全沒有經歷任何檢驗，因此可能導致產出荒謬的詮釋及怪誕的故事。

不過這樣的情況並非只有大腦受損時才會發生，事實上也會發生在健康者身上，而且可能經常發生，搞不好昨晚就曾發生在你的身上。

夢境的構成

西班牙藝術家達利在他1944年的著名畫作《蜜蜂環繞石榴飛舞所引發的夢》中描繪的畫面，是他想像妻子即將從小睡醒來的前一刻所夢到的景象。在這幅畫裡，達利展現出他對夢境真實本質的一些洞見，畫出了夢境的生動逼真與強烈情感，以及夢境稀奇古怪、荒誕不經的傾向。

這幅特別的畫作啟發了各式各樣的詮釋，其中最著名的一種說法，是基於畫中隱含的暴力意象，以及可能象徵陽物的步槍，認為這幅畫描繪的是即將發生的強暴行為。其他詮釋則採用較直接的方式，以畫作標題為指引：如果你仔細觀看，會注意到畫面下方有顆較小的石榴，有隻蜜蜂繞著它嗡嗡飛舞。也許達利認為真的有隻蜜蜂在睡著的妻子身旁嗡嗡作響，這種聲音以某種方式進入她的無意

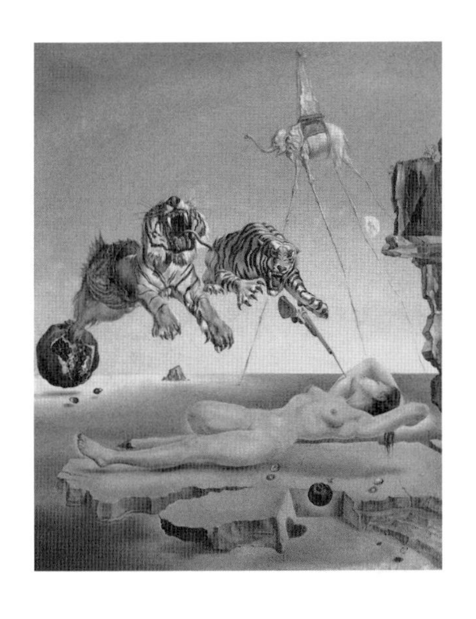

達利

《蜜蜂環繞石榴飛舞所引發的夢》
Dream Caused by the Flight of a Bee around a Pomegranate
1944

識、引導了她的夢境發展。她的心靈將被叮的恐懼轉化為暴力意象，所以會看到代表螫針的尖銳步槍頂端刺入胳膊。然而，像「蜜蜂嗡嗡叫」那樣簡單的刺激，又為何能引發如此精緻複雜的心靈景象呢？

達利畫出了多數人早已隱約意識到的事實：雖然夢境經常千奇百怪，但其中包含了許多日常生活元素，夢則是將它們用一種新奇、偶爾荒謬愚蠢，甚至帶著隱喻的方式連結起來，創造出一段故事。睡著時的大腦是位說書大師，它的能力源自於所處的特殊環境。當我們闔上雙眼，耳朵不再接收聲音，隔離了外在喧囂，心靈就會開始充滿由內在產生的意象。

實際上當我們做夢時，並不是完全與外界隔絕的，還是有些外在感覺刺激（像是昆蟲飛舞的嗡嗡聲）會潛入我們的夢境。最容易的證明方式，就是對著睡著的人噴水。在四成以上的實驗案例顯示，這樣的刺激會直接融入受試者的夢境。他們醒來後描述的夢中景象，往往會包含「碰上下雨」、「被某人噴得一身水」或「不得不去修理漏水的屋頂」之類的情節。

儘管如此，我們的夢境大部分仍是回憶、思緒與情緒交織而成的大雜燴。夢往往是日常生活事物的抽象反映，我們白天所思量、擔憂、渴望的事，到了夜晚幻化為夢。因此夢中往往存在著各種為做夢者所熟悉的事物。

2004年，比利時的研究人員使用「正子斷層造影」（positron emission tomography，簡稱PET，藉著追蹤會移動到活化區域的放射性示蹤劑來觀察大腦的活動），來監測受試者玩第一人稱射擊電玩遊戲時的大腦活動。當受試者在虛擬實境的城鎮街道上移動時，研究人員會記錄他們大腦活化的區域。在實驗的第二部分中，研究團隊讓參與者睡覺，不過會事先在他們的頭皮上裝設「腦波圖」（electroencephalogram，簡稱EEG）電極，以便徹夜監測他們的腦波。隔天早上，研究人員比對EEG紀錄和PET掃描的結果，發現受試者打電玩時海馬迴（hippocampus）區域中會發亮的那些部位，在他們開始做夢的時候也會再次受到激發。

◇◇◇◇◇◇◇◇◇◇◇◇◇◇◇◇◇◇◇◇◇◇

我們已經知道視覺是透過視覺路徑完成的，這條路徑只要有任何一處發生中斷，都可能導致失明。我們的大腦中也有一條做夢路徑，即使我們已閉上眼睛、對外界已形同失明，但夢就像視覺那樣容許我們對意象畫面的感知。在夢中仍能感知到意象畫面，這意味著做夢迴路勢必是和視覺迴路分開的。如果盲人在夢中真的看得見，那麼做夢迴路應該就是關鍵。所以現在問題很明顯了：這個迴路是由什麼構成的？大腦又是如何創造出我們的夢境？

當你閉上雙眼，進入快速眼動（REM）睡眠期，做夢系統便接管了視丘與視覺皮質。現在它掌控了你的內在感覺接線總機，以及你的影像處理中心，不過還需要從某個地方去獲取影像。

神經學家從研究中發現，當我們做夢時，視丘的行動變得有些不同：它不再對來自眼睛的訊號做出反應（此時已經沒有訊號），而是開始接受腦幹（brainstem）的控制。腦幹連接大腦與脊髓，主要功能之一是維持REM睡眠期，而REM睡眠期正是大多數夢境產生的期間。許多神經學家相信，每天夜裡視丘與腦幹在REM睡眠期間的這種聯繫，就是夢境中那些意象畫面生成的基礎。

神經學家已經從人們做夢時所呈現的腦波中找出一些獨特的型態，它們具有可明顯識別的波形與波幅，被稱為「PGO波」（PGO是指「橋腦－膝狀體－枕葉」）。當我們做夢時，這種波會出現在大腦的三個部位：橋腦（pons，位於腦幹）、外側膝狀體（lateral geniculate nucleus，位於視丘的視覺部）以及枕葉（視覺皮質位於此處），因此可以推斷這幾個區域是彼此協同運作的。也許腦幹、視丘和視覺皮質形成了它們自己的視覺路徑，不過這個過程把眼睛排除在外。做夢路徑和視覺路徑相似，只是腦幹取代眼睛而成為訊息的來源，所以夢中的意象是從大腦內部生成的。

◇◇◇◇◇◇◇◇◇◇◇◇◇◇◇◇◇◇◇◇◇◇

哈佛醫學院的神經學家霍布森（John Allan Hobson）是知名的夢研究者，他提出的理論認為，夢是由腦幹中神經元隨機放電所造成。這些源自腦幹的偶發訊號傳到視丘，然後被視丘當成一般視覺訊號來處理。視丘只是個接線總機，它完全搞不清楚收到的訊號是來自眼睛還是腦幹，只負責讓這些訊號傳送到它們該去的地方，也就是視覺皮質。

現在我們來想像一下視覺皮質要應付什麼樣的情況。凌晨兩點，一波又一波的訊號從視丘泉湧而來，更糟的是這些訊號混亂得一塌糊塗（畢竟它們是腦幹隨意生成的產物啊）。不過視覺皮質並不知道這一點，於是想當然耳的認為視丘傳來的任何訊息都來自眼睛。所以視覺皮質會怎麼回應呢？就跟我們清醒時一樣，它試圖理解這些訊息，運用我們儲存的知識和記憶，嘗試把各種截然不同的訊號片段串連成一個完整情節，創造出了我們在夢中所經歷的奇特視覺畫面。

大腦會盡全力來講個故事。大腦裡的無意識系統非常擅長尋找模式、預期下一步會發生什麼事、運用情境線索來填補不完整圖像中的空白。所以當我們的無意識系統接收到一堆破碎訊號，會透過上述那些能力，把所有訊號縫合在一起，構成一幅幅我們夜間的視覺畫面。最後交織拼湊而成的作品，結合了我們的思緒、回憶、恐懼與渴望，偶爾也許會是個引人入勝且充滿隱喻的好故事，不過一般來說我們的夢都還是滿奇怪的。

不管這些夢是多麼奇怪，身處其中的我們往往沒發現什麼不尋常；直到從夢中甦醒，才意識到那些想像中的場景是如此怪誕。這是為什麼呢？神經科學家在探索大腦中哪些部位參與做夢的過程裡，也發現有些部位在夜間處於休眠狀態。其中最引人注意的是掌管高階決策的前額葉皮質，當我們入睡後它可說是完全靜默。如果你還記得的話，前額葉皮質正是發現「摩西的方舟」謬誤，以及看穿足球假動作的那個部位，這個區域和自我反省思考有關。

做夢的時候，我們不會積極去做計畫或定策略，也不會反思自己的想法，因為這些功能需要仰賴前額葉皮質的斡旋，但前額葉皮質在REM睡眠期是關閉的。這就是為什麼我們無法分辨自己正在做夢，也是為什麼儘管夢境十分怪異，夢中的我們也不會想說：「等等……這也太不合理了吧！」如果你偶然意識到夢境很奇怪，那麼很可能是因為你正漸漸甦醒過來，你的前額葉皮質已經開始啟動了。

◇◇◇◇◇◇◇◇◇◇◇◇◇◇◇◇◇◇◇◇◇◇◇◇

熟睡時前額葉的停止活動，可以解釋為何我們在做夢時無法控制夢中的自己、沒辦法決定夢的發展。夢境就像一場我們正巧置身其中的電影，我們無法選擇自己的冒險歷程 —— 至少通常是無法選擇的。不過有一種例外的情況，稱為「清醒夢」（lucid dream），做夢者知道自己正在做夢，甚至可以任意去探索這個幻想出來的內在世界。

怎麼可能做這種「清醒夢」呢？我們不是剛剛才說到，睡覺時前額葉皮質會停止活動，那怎麼可能有人能主動控制自己的夢境呢？在2012年，德國的睡眠研究者也問了相同的問題，他們招募了一些會做清醒夢的人，讓他們在fMRI儀器的陪伴下入睡。參與者進入REM睡眠期後，fMRI記錄到一種很有趣的活化模式：BOLD訊號除了在做夢時通常會活躍的區域出現之外，也明顯出現在前額葉區域，這表示這些人的前額葉皮質處於活化狀態。基於某些未知的原因，有些人的前額葉皮質拒絕像其他人一樣在夜間關機。所以這些做清醒夢的人有辦法維持自我反思、自我控制及做決策的能力，得以讓每場夢境都變成虛擬實境中的精采冒險。

更進一步而言，做清醒夢是一種可以透過訓練而獲得的技能，而且已經成功用於治療夢魘問題。也就是說，只要經過練習，你也可以要求跑進夢中的惡鬼和斧頭殺人魔馬上滾出去。

◇◇◇◇◇◇◇◇◇◇◇◇◇◇◇◇◇◇◇◇◇◇

大多數夢境並不僅僅是我們日常生活的重播，那些寫實的日常片段大約只占了夢境的1%到2%。在其餘的時間中，我們那些不受拘束的想法及意象，會以新穎又極富創意的方式結合起來。透過夢境，大腦的無意識系統得以擺脫清醒時的一切干擾，盡情展示各種嶄新的概念連接方式，讓各式各樣意念自由在心靈中漫舞。

也許這就是為何我們在睡覺時會想到一些很棒的新主意。你是否曾一覺醒來，瘋狂的尋找紙筆，想趕快把那些轉瞬即逝的靈感記錄下來？研究顯示：如果你對兩組人提出一個數學問題，其中一組人試著馬上做出解答，另一組則是去睡一覺再回來解答問題，結果腦海裡帶著問題去睡覺的那組人，較可能找到創意的解答。

為何做夢中的大腦能讓我們的思想與經驗以獨特的方式結合呢？一種解釋認為，睡眠保護我們免於受到外界刺激的干擾，使想像力得以蓬勃發展。另一種解釋則認為，關鍵在於前額葉皮質大部分區域在睡眠時已停止作用，所以我們那些更為抽象、甚至可說是怪誕的想法可以自由嬉戲，不必屈就於平時一板一眼的分析判斷。

還有第三種解釋，也許可以從更根本的層面來說明夢為何如此有創意。有些神經科學家認為，睡眠時大腦會放鬆之前形成的突觸（突觸的功能是連結神經元間的空隙，讓神經元得以彼此傳遞訊息），從而鬆開了過去在記憶與學習活動中所建立的既有概念連結方式。一般認為這樣的狀態能增進神經元的靈活性、允許大腦創造新的連結路徑，讓嶄新的創意想法泉湧而出。確實有些研究顯示：

那些白天連結最緊密、互動最頻繁的神經元，在我們入睡後反而是最安靜的。這個理論認為，放鬆突觸就等於是為夢打開了大門，允許大腦去自由編織故事，讓思緒間的新奇連結有機會浮現出來。

◇◇◇◇◇◇◇◇◇◇◇◇◇◇◇◇◇◇◇◇◇◇◇◇

不管原因為何，我們的夢和醒來後的知覺確實大不相同，這是因為我們的大腦裡有兩個從根本上就截然不同的系統在運作。一套是主動的「意識系統」，專供我們清醒時使用；另一套則是被動的「無意識系統」，每當意識系統關閉後接管我們內在的夢境世界。做「清醒夢」則代表一種介於二者之間的狀態，此時會分別從兩個系統徵召大腦區域來參與工作。

夢在我們睡著時出現，醒來時結束。當我們身處夢中，通常無法決定夢的內容與發展；然而一清醒過來，就瞬間從內在幻境中脫身而出，因為意識重新掌控了我們。有意識與無意識系統就這樣輪流執掌或交出控制權，不過，正如達利畫作與清醒夢給我們的提示：分隔夢境與現實之間的那條界線，有可能是十分模糊不清的。

跟著愛麗絲跳進兔子洞

瑪西第一次上醫院就是為了嚴重的頭痛問題，她有生以來大部分時間都為頭痛所苦，而且痛起來感覺度日如年。她的媽媽、爸爸和姊姊都有偏頭痛的問題，所以當醫師告知診斷結果時，她一點都不覺得意外。和許有患有偏頭痛的人一樣，她在頭痛發作之前會經歷一些「先兆」（aura）。大多數患者對先兆的描述是感知受到干擾，他們可能會看到光點、光芒或鋸齒狀的線條。先兆的具體型態往往因人而異，不過瑪西的先兆特別令人印象深刻。

「我會突然覺得自己的手變得很巨大，」她開始敘述，「我的意思是真的很大，大得不得了，好像戴了三層拳擊手套似的 ——這種感覺會持續一段時間，然後我的身體出現一種很奇怪的感覺，就是我的手還是那麼巨大，但是身體卻縮得愈來愈小，變成一個非常非常小的女孩。」

有時候，她又會覺得自己突然長成一個巨人：「我覺得自己彷彿穿上了70年代流行的厚底鞋，這感覺真的很詭異，我的身高只有五英尺，但忽然覺得自己變得好高大。」

瑪西的奇特症狀讓人不禁好奇心大作，不由得聯想到卡羅（Lewis Carroll）在《愛麗絲夢遊仙境》（*Alice in Wonderland*）第一章裡的著名場景，這一章的標題是「跳進兔子洞」。愛麗絲進入她的幻境後看到一個瓶子，標籤上寫著「喝我」：

> 所以愛麗絲決定冒險嚐嚐看，結果發現味道很不錯（事實上，它有一種混合了櫻桃派、蛋奶醬、鳳梨、烤火雞、太妃糖及熱奶油吐司的味道），她一下子就把它喝光了。「好奇怪的感覺呀！」愛麗絲說道，「我現在一定縮到像望遠鏡裡面的人那麼小了。」事實的確如此，她現在只有十英寸高了。愛麗絲高興得眉飛色舞，因為她想到自己現在已經變得夠小，可以穿過那道小門，進入那座可愛的花園了。

無論瑪西患的是哪種病，顯然這種病所引發的幻覺，和愛麗絲喝下的那瓶神祕混合飲料帶來的幻覺非常相似。瑪西被診斷出來的病名，很貼切的就叫做「愛麗絲夢遊仙境症候群」（Alice in

Wonderland syndrome），這是一種神經系統的病況，患者會感覺周遭物體的大小、位置、移動方式或顏色都出現扭曲變形的狀況。

對這種病症的敘述首見於1952年，它可以因為感染或癲癇等各種不同原因而引發，但通常會與偏頭痛一起出現。雖然愛麗絲夢遊仙境症候群並不常見，但有可能影響了一些知名藝術家的創作，這些藝術家偶爾發病時，會感覺到這個世界看起來像是哈哈鏡裡的扭曲映像。例如二十世紀德國藝術家珂勒維茨（Käthe Kollwitz），她的畫作是以表現對世界大戰時期德國政治的觀感而聞名；但在她藝術生涯的某個時期，風格似乎偏離了寫實主義，轉而用更為抽象的方式來表現，畫中人物看起來有著被放大了的手或臉。

在珂勒維茨的日記裡，她悲嘆著自己受到以下症狀的侵害：「接著我會陷入一種可怕的狀態，東西都變得愈來愈小。在它們變大時事情就已經夠糟糕了，等到它們變小的時候，情況更是嚇死

珂勒維茨

《不許踐踏有種子的果實》

Seed Corn Must Not Be Ground

1942

人。」

有些學者推測卡羅本人也患有愛麗絲夢遊仙境症候群，因為已知他一直有偏頭痛的毛病。或許他如同自己筆下的故事角色一般，體驗過變形的視覺景象。

◇◇◇◇◇◇◇◇◇◇◇◇◇◇◇◇◇◇◇◇◇◇◇◇

愛麗絲夢遊仙境症候群是怎麼出現的呢？初步研究指出，幻覺似乎是由於視覺處理過程受到阻滯而產生的。我們已經知道視覺皮質會透過對距離、大小、方向、形狀等進行一系列的計算，來建構我們所見世界的影像，如果這些處理路徑有一部分被略過或是遭到阻擋，就會導致感知結果扭曲失真。

2011年有項研究，對象是一名患有愛麗絲夢遊仙境症候群的男孩，實驗者向男孩展示一些圖片，讓他試著判斷圖形大小及方向，同時用fMRI監測他的大腦活動。舉例來說，實驗者會讓他看下面這張龐索錯覺（Ponzo illusion）圖形，要求他判斷圖中兩條平行線是否一樣長：

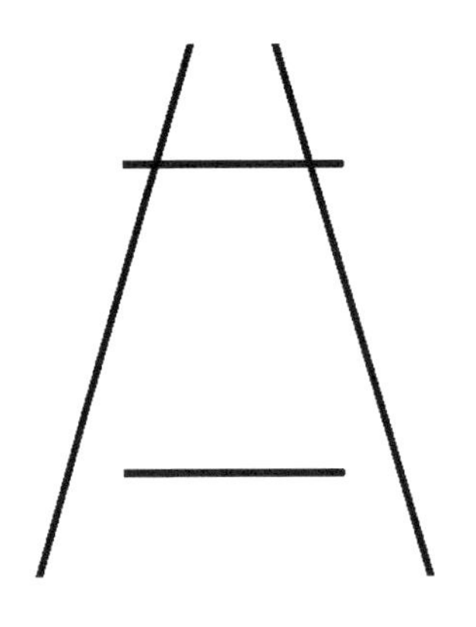

要回答這個有點小陷阱的測試，需要仔細研究圖像，並要靠視覺皮質進行周密的處理工作才能完成。fMRI的結果顯示，與健康的對照組相較，男孩的部分視覺皮質活化程度比較低。有研究者認為，這代表患者的視覺訊號未能經過完整處理，至於究竟是大小、方向或其他類型的扭曲失真，則取決於處理過程中錯漏的是哪個階段。雖然這個假說尚未獲得證實，但它確實和一些視覺皮質特定部位受損患者的報告相符，這些患者受傷之後，忽然覺得周遭的東西都變小了。

在某些案例中，愛麗絲夢遊仙境症候群可能只是更嚴重幻覺病症的一部分。其中一種很容易讓人聯想到的，就是「大腦腳幻覺症」（peduncular hallucinosis），這種罕見病症是由於腦幹受損而引發逼真的幻覺。患有大腦腳幻覺症的人可以看到各式各樣的幻象，從明亮的色彩到物體大小改變（愛麗絲夢遊仙境症候群可以是大腦腳幻覺症的亞型），一直到如電影般逼真的幻覺都有可能。這種病症的首次報告由神經科醫師雷荷密特（Jean Lhermitte）於1922年提出，根據他的敘述，有位婦人自腦幹中風後開始出現幻覺，只要光線一變暗，她就會看到一群穿著鮮明色彩衣服的小孩子。由於大腦腳幻覺症是罕見病症，因此一直未能成為大型對照研究的主題。我們對這種病症的瞭解只能來自一份份個案報告，從雷荷密特的第一個病例，直到現在仍是如此。

◇◇◇◇◇◇◇◇◇◇◇◇◇◇◇◇◇◇◇◇◇◇◇

2008年，義大利的神經科醫師報告了一個令人不安的病例，那是個十一歲的男孩伯納德，在發燒後出現異乎尋常的幻覺。一天晚上，伯納德在看了一下午的電視後，忽然開始歇斯底里的哭泣。

他的父母跑進房間裡，發現兒子嚇到不停發抖，說他剛剛看到佛地魔，也就是《哈利波特》故事中的邪惡巫師。即使房間一片漆黑，但伯納德堅持他是真的看到了，並不是在做夢。

第二天晚上，佛地魔又回來了，伯納德知道這次他必須保衛自己，他低頭一瞧，看到一頂頭盔和一把劍。於是伯納德戴上頭盔，透過金屬眼孔狠狠瞪著他的對手，手裡握著劍，幻想即將展開一場史詩般的決鬥。

完整的神經學檢查結果顯示，伯納德的腦幹有發炎症狀，這就是他先前發燒的原因。後來發炎症狀消退，佛地魔也跟著消失了。這是一個暫時性的大腦腳幻覺症的病例，當腦幹發炎時幻覺出現，等到發炎消退幻覺也隨之而逝。從過去的病例報告中可以看出，大多數大腦腳幻覺症案例都是因腦幹受傷所造成，有時也可能因視丘受損而引發；無論成因為何，在損傷未痊癒之前，幻覺症狀會持續存在。

神經科醫師還注意到這些患者的另外兩個共同點：第一，大腦腳幻覺症的患者會抱怨他們做的夢特別逼真；其二，他們在黑暗中容易出現幻覺，但只要光線亮起，幻覺就消失了。

為什麼幻覺在黑暗中才會出現？根據神經科學對做夢的瞭解，一切得從腦幹說起，因為夢的開關就在這裡。當我們蜷縮在被窩裡進入了快速眼動睡眠期，漆黑的臥房裡只剩月光閃耀，這時腦幹就會啟動做夢路徑的開關；等到晨光降臨，我們甦醒過來，光線從睜開的眼睛傾瀉而入，腦幹又會把做夢路徑關掉。

正常情況下，夢的開關只有在快速眼動睡眠期才會啟動；但是當腦幹受損時，就會讓啟動做夢機制的門檻降低，所以即使不是在睡覺，只要腦幹一感覺到黑暗降臨，就會過早啟動開關。在大腦腳幻覺症的病例中，人們醒著也在做夢；只要輕輕將燈光一關，就足以喚醒做夢機制，用它自己製造出來的意象填滿整個黑暗。

然而，如果這些燈光被永遠關上，如同盲人所經歷的那樣，結果會怎樣呢？那時候的我們又會看到什麼？

看得見的盲人

鄰居愈來愈替韋勒先生擔憂了。韋勒先生是個八十七歲的鰥夫，一個人獨居，由於長期的黃斑部退化病變而喪失了視力，這種病是老年人失明的常見原因。沒多久，鄰居的擔憂達到了前所未有的程度，因為韋勒先生宣布他又開始看得見了，但看到的是些令人出乎意料的東西。六個星期前，他看到家裡出現一些人，不過這些人他並不認識，也從來不跟他說話；上星期則是看到有頭熊在他家廚房裡笨重的走來走去。有時他會看到牛群在他家客廳，牠們一邊靜靜嚼著顯然是從他家地毯長出來的牧草，一邊盯著他瞧。除此之外，韋勒先生還提到在家裡看到一群鮭魚，從這面牆快速的游往另一面牆。

鄰居擔心這位和藹的老紳士可能失智了。不過韋勒先生本人倒是不會特別擔憂，他明白看到的景象並不是真的，而且這些景象也沒有為他帶來多大困擾。神經科醫師為韋勒先生進行徹底的檢查，結果顯示他的確沒有失智問題，不過他被診斷為患有「邦納症候群」（Charles Bonnet syndrome）。

邦納症候群患者會經歷大量的視覺幻覺，幻覺持續時間從幾秒到整天都有可能，甚至可以斷斷續續發生達數年之久。幻覺內容各不相同，但通常包括人、動物、建築物、各種形狀的圖案等。許多人嘗試描述他們的幻覺，例如藝術家萊利（Cecil Riley）就曾畫出他的幻覺：一隻隻藍色和綠色的眼睛圍繞在他身邊，用帶著威脅性的眼神瞪著他。另外一位有黃斑部退化病變的邦納症候群患者（但不是藝術家），也曾針對他看到的幻覺畫出速寫，根據他的描繪，他看到的是一張「長長的臉，有不成比例的大牙齒和大耳朵」。

當人們聽到「幻覺」一詞，最先想到的往往會是精神或神經方面的異常（再不然就是使用了非法藥物），但韋勒先生的大腦完全沒有問題。邦納症候群的幻覺並非來自神經系統，而是由於視覺系統發生了障礙，因此通常發生在全盲者或部分失明的人身上。

在視覺障礙者中，不論導致視覺障礙的原因為何，大約有10%的人會出現邦納症候群。視覺障礙為什麼會導致幻覺呢？會不會是大腦嘗試用幻覺來填補視覺上的空白？就像卡尼薩三角告訴我們的那樣，大腦自動填補了我們所見景象的空缺之處，所以我們感知到的影像有可能和眼前的現實並不完全一致。

然而，「看到虛幻的白色三角形」和「看到自家客廳有牛群在吃草」畢竟是不太一樣的情況。我們在卡尼薩三角上體驗到的是視覺上的「錯覺」（illusions），而並沒有產生「幻覺」（hallucinations）。「錯覺」是大腦將接收到的視覺線索加工處理，以推斷出外在世界的場景；至於「幻覺」則全然來自我們的內在心靈，與外在實際場景無關。

◇◇◇◇◇◇◇◇◇◇◇◇◇◇◇◇◇◇◇◇◇◇◇◇◇

邦納症候群患者往往是盲人，這並不是個巧合，視覺障礙正是導致邦納症候群的關鍵所在。倫敦的一個研究團隊招募了六名患者，要求他們在幻覺開始和結束時告知實驗者，並用fMRI記錄下他們幻覺發生過程中的大腦活動狀況。

fMRI能告訴我們的，不只是幻覺出現時間持續多長，還包括更多相關資訊，像是我們可以透過BOLD訊號來觀察哪些部位正被用來創造視覺。由於受試者都有視覺障礙，在大多數時間裡fMRI顯示他們的視覺皮質激發程度非常微小。然而，每當受試者表示幻覺開始出現，枕葉就會受到激發而瞬間亮起；等到幻覺結束，螢幕上的視覺皮質的亮處也會跟著暗淡下來。

邦納症候群患者發生幻覺時，失明者並沒有得到任何來自眼睛的輸入訊號，但視覺皮質仍被激發。為什麼明明沒看到東西，但視覺皮質卻會有反應呢？目前有兩種理論對這樣的現象做出解釋。

第一種理論認為，由於沒有訊號從受損的眼睛傳來，無事可做的視覺皮質神經元會出現一些不規則行為，這些無聊的神經細胞開始偶爾自發性的釋放訊號。視覺皮質不再受到感官輸入的限制，開始自行生產訊號 —— 邦納症候群患者的這種症狀被稱為「釋放幻覺」（release hallucination）現象。

「釋放幻覺」現象也可能因暫時的視覺障礙而引發。2004年9月3日，一名年輕女子在攀登阿爾卑斯山時遭閃電擊中，她當場倒地昏了過去，醒來後發現自己竟然看不到了。空中救援隊將她送到醫院，電腦斷層掃描顯示她的枕葉有積水，導致視覺處理過程發生阻礙。當夜幕降臨，她開始出現幻覺，先是看到一位老太太蹲坐在房間角落的暖氣設備上，接著這位老太太開始縮扁，變得愈來愈薄，最後滑下來，溜進了暖氣散熱葉片間的狹縫，就這樣消失不見了。之後她開始不時出現幻覺，有回她看到一個牛仔騎在馬上，一邊朝她衝來，一邊舉槍射擊；後來她還看到兩名醫師打算在她房裡做愛，然後又想抽她的血。但隨著積液從她的後腦引流排出，她的視力恢復，幻覺就不再出現了。

即使只是短暫失明，大腦似乎也會因為沒有視覺輸入而自行產生視覺影像。前述理論認為：未被充分利用的視覺皮質神經元會開始無理由地自行亂放電，大腦檢測到這些放電現象後，將它們誤認為是有意義的視覺訊號，因為這些訊號畢竟是從視覺皮質送來的。這跟之前提到做夢的情況十分相似，不過在做夢時那些任意產生的訊號是源自腦幹；而在幻覺出現時，則是視覺迴路本身用夢境般的影像，來填補患者失明所造成的空白。於是這些由視覺皮質釋放的影像，很快就會抵達意識層面，讓患者體驗到逼真的幻覺，猶如親眼所見。

第二種理論認為，失明者之所以會出現邦納症候群，牽涉到「大腦可塑性」（brain plasticity），也就是人類神經網路中範圍廣大又持續變化的相互連結狀態。我們通常認為人類的五種感覺是彼此獨立、截然不同的，但實際上大腦並不是這樣看待它們。大腦根本無法分辨視覺、聽覺、觸覺等訊號有何差異，只知道這些訊號是經由不同路徑傳送過來。只要迴路正確連接，訊息就會傳送到正確的位置。在大腦中，一切都只是電化學訊號而已，神經元完全不知道它們發送及接收的這些訊號是做什麼用的。我們之所以能夠感受到五種分開來的感覺，像是眼睛看到東西、鼻子聞到味道，都是因為一串又一串的神經細胞鏈被安排歸屬於不同的路徑。

雖然每一種感官都有自己的路線，但各路線間還是會有一些彼此交會的地方。不妨將這些神經路徑想成互相交錯的主要高速公路，絕大部分路線是隔離開來的，但也會有一些匝道將它們連接在一起。這些連結處是必需存在的，沒錯吧？畢竟我們平常都是一次同時體驗到這五種感覺，而且這些感覺全都天衣無縫的交織在一起。想像你正在喝一杯咖啡，你不僅能同一時間聞到及品嚐到咖啡豆深度烘焙後散發出來的香氣與味道，還可以感覺到馬克杯碰觸嘴脣、看到杯子因應你的手勢微微傾斜、聽到自己啜飲時發出的聲音。每一種感覺都完美的與其他感覺協調運作，創造出一首感官的交響樂，完成你的早晨咖啡因提神儀式。如果是五個完全獨立的系統，就不可能長期持續創造出這樣美好交融的體驗，所以我們的感官一定會在某些地方交織合併。

因此，視覺皮質的高速公路地圖上，勢必會有入口匝道和出口匝道，好跟大腦中其他系統連接。現在想像一下失明後的大腦會是什麼樣的情況。根據「大腦可塑性」原則，大腦會下令要求神經從休眠區域離開，改至其他活躍區域增生。當一個人喪失了視力，因為枕葉不再從眼睛那兒接收到視覺訊號，原有的視覺路徑會慢慢退化。這條道路清空後，突然之間，從其他非視覺系統連過來的入口匝道變成這條道路唯一的汽車來源。過去通往到其他感官系統的連結只占視覺皮質的一小部分，現在隨著視覺系統的萎縮而開始增長。這類神經元的生長，強化了不再活躍的視覺路徑與大腦中其他非視覺系統之間的聯繫。

這些迴路彼此交叉穿梭，一些非視覺訊號有可能會進入枕葉皮質，然後被錯誤的解讀為從眼睛送來的視覺訊號。還記得大腦根本無法分辨訊號之間有何不同，所有差異都源自路徑不同嗎？因此，如果之前不相連的迴路現在連接在一起，另一個感官系統發出的訊號就有可能從入口匝道進入視覺皮質，被當成視覺處理。所以也許本來是花園傳來的花香，或是地鐵經過發出的聲響，不管原本是什麼訊號，只要跨界跑進視覺迴路裡，就有可能導致產生視覺幻覺。

幸好邦納症候群的患者知道自己失明了，所以他們通常會明白看到的那些東西不是真的。他們跟做夢的人不一樣，因為他們的前額葉皮質仍正常運作，因此可以透過思考，瞭解自己感知的事物有些荒唐古怪的地方。但是假如他們不知道自己已喪失視力，那又會發生什麼事呢？這種情況稱為「安通症候群」，也就是我們在引言中提過的例子。我們已經聽過華特的故事了，他否認自己已經失明，當他被要求描述那位又高又瘦的神經科醫師時，華特自信滿滿地宣稱這位醫師是個「矮胖的小夥子」。

在安通症候群的情況中，視覺系統與負責監控它的較高層級感官區域斷了聯繫，由於喪失覺察視覺皮質受損的能力，安通症候群患者會誤以為自己的視力完好無缺，因此若是像邦納症候群患者那樣出現「釋放幻覺」現象時，他們的大腦可能無法察覺這些景象不是真的。事實上，許多安通症候群患者會誤以為自己的想像——內心產生的影像——就是實際看到的景象。這大概就是為什麼華特會杜撰他對醫師的描述，因為他的大腦在無意識中填補了視覺感知上的空白，然而自己卻完全沒有察覺。

◇◇◇◇◇◇◇◇◇◇◇◇◇◇◇◇◇◇◇◇◇◇

如果上面所述為真，正如所有那些案例所揭示的：視覺受剝奪後可能導致幻覺產生，那麼同樣的情況豈不是也會發生在我們其他的感官上？舉例來說，如果控制聽覺的迴路受損，是否會讓我們產生幻聽現象？

來看看派許先生的例子吧，這位五十二歲的男子有長期耳鳴的病史，但他到心理診所來就診是為了一種奇怪的新症狀：在過去幾個星期裡，他原本單純的耳鳴聲已經變成像鬧鐘那樣尖銳刺耳的重複嗶嗶聲，而且也跟真的鬧鐘一樣，會在晚上把他吵醒。不過隨著時間過去，鬧鐘聲音又逐漸消失，改由音樂取代。有時他幻聽到的是包括人聲在內的混音流行歌曲，有時聽到的是古典交響樂，就好像他的大腦一直調到某個虛構的廣播電台頻道似的。他也注意到若是有很大的噪音出現，像是地鐵列車通過，就可以暫時緩和幻聽的現象。另一方面，如果是中等響度的噪音，反而會產生疊加效果。事實上，如果他走在街上，從一群邦哥鼓（bongo）樂手之間穿過，他腦海裡放的音樂還會變得跟鼓聲節奏同步。

神經學和精神病學的診斷檢查都找不出派許先生有什麼問題，於是他改去看耳鼻喉科醫師，醫師決定為他做聽力測試，結果發現他的聽力顯然已經糟到符合耳聾的標準。事實證明，音樂性幻聽現象往往出現在聽力喪失者身上，這種情況甚至被稱為「聽覺邦納症候群」。

由於聽覺迴路中一片沉默，派許先生的大腦開始用自己製造出來的聲音填補空白。但如果外界的聲音夠大，像地鐵急駛而過那樣，大到能讓他聽得見，幻聽就會停止，因為感官的空白處消失了；不過比較安靜的聲音就無法戰勝他的聽覺病況。這是因為他的聽覺路徑無所事事，大腦中的無意識系統便會打開幻覺收音機來打破沉默。

雖然派許先生經歷的是聽覺幻覺，不是視覺幻覺，但一般認為他的症狀發生方式和邦納症候群並沒有什麼兩樣，所以也適用於前述的雙重解釋。第一種解釋：正常功能遭到剝奪的大腦組織可能開始自發行動，發射隨機訊號；接下來就看發生這現象的是聽覺皮質還是視覺皮質，導致相應類型的感官幻覺產生。第二種解釋：未被充分利用的大腦區域可能逐漸變成來自其他系統之神經增長的部位，促使新的交互作用模式產生。某種感官的高速公路不再使用的時候，一些與其他感官相通的入口匝道就算從前沒什麼重要，現在也成了路上汽車的主要來源；因此，大腦會透過添加更多車道的方式來加大這個交叉路口，直到它成為重要交流道為止。在不知不覺之中，聽覺皮質已經是由源自其他感覺路徑的訊號所激發了。

或許你會更喜歡用電腦方面的例子來比喻，那麼不妨想像你把朋友的筆電拆開並重接電路板上的線路，然後把這台迴路交錯的筆電還給朋友，那麼會發生什麼事呢？他很快就會發現，明明按的是某個母音字母鍵，卻聽到喇叭爆出饒舌歌曲。我們的大腦也是如此，可以隨著神經路徑發展與融合來獲得新功能。對於失明者或失聰者而言，這些神經變化可以幫助他們彌補感官功能的缺陷。無論如何，大腦只需要加強本來已經存在的交叉點，就可以促成感官作用間的交流互通。事實上，各種感覺彼此間的聯繫之密切，遠遠超出我們的想像，這件事電影《星際大戰》（*Star Wars*）裡的路克天行者（Luke Skywalker）最清楚不過。

天行者住在你的大腦顳葉裡

「路克天行者」這名字對你有什麼意義？如果你是電影《星際大戰》的影迷，這幾個字指的不僅僅是電影中的一個角色；當你讀到這個名字時，你將在轉瞬之間被傳送到一個科幻的宇宙，一個善惡碰撞衝突的世界，一個具有流行文化代表性的星球。但如果你只是聽到有人大聲唸出這個名字，或看到飾演這個角色的演員馬克漢米爾（Mark Hamill）的照片，你的大腦又會如何反應呢？

我們已經知道人類五種感覺的神經路徑會彼此重疊，所以當某種感官喪失功能時，有可能促使幻覺產生。這類感覺的交會點存在我們每個人的大腦中，但它們究竟是如何影響大腦對環境的感知與詮釋呢？有個神經學家組成的團隊提出下列疑問：我們所使用的感覺系統類型是否影響大腦處理訊息的方式？當訊息是來自眼睛、耳朵、鼻子或其他部位，對大腦而言是否有什麼不同？

研究人員讓受試者觀看螢幕上相繼閃現的一系列照片，內容包括名人、著名建築物、自然景觀或是動物，並使用腦波儀電極來記錄受試者大腦神經元活動狀況。神經科學家觀看腦波監測儀時，注意到有一種模式出現在稱為「內側顳葉」（medial temporal lobe）的區域，此區域位於大腦記憶形成中心海馬迴旁。內側顳葉的神經元會對不同類別圖像產生不同反應，名人照片每次都會活化內側顳葉的某個區域，而著名地標照片則會活化另一個區域。

不僅如此，當研究人員進一步使用精確度極高的電極來記錄顳葉中個別神經元的放電現象，結果發現每個神經元不只是針對特定類別有所反應，而且還能針對個別人物或地點做出反應。例如某個神經元只會在見到女星珍妮佛安妮斯頓（Jennifer Aniston）的照片時產生放電反應，這個所謂的「珍妮佛安妮斯頓神經元」在接觸到各式各樣珍妮佛照片時都會放電，但面對其他著名人物——例如女星茱莉亞羅勃茲（Julia Roberts）或籃球明星柯比布萊恩（Kobe Bryant）——的照片卻沉默以對。

另外有個神經元則是專門針對女星荷莉貝瑞（Halle Berry）的照片放電，即使照片中的她穿著2004年電影中的貓女服裝而且戴著面罩，也能夠準確反應。而且不只是照片，「荷莉貝瑞神經元」對於寫著「荷莉貝瑞」的文字也會有反應。這類反應同樣見諸於其他圖像，例如研究人員發現某個神經元對雪梨歌劇院的照片或書面文字有反應，但對艾菲爾鐵塔或比薩斜塔就毫無反應。

最後，研究人員擴大了刺激的類型，不僅是書面文字和圖像，也包含用口說方式把那個名稱唸出來。他們找到一個神經元對「路克天行者」這個概念的各種形式都有強烈反應：包括漢米爾的三張不同照片、書面的「路克天行者」字樣，甚至是用男聲或女聲讀出這個角色的名字。

和之前那些神經元一樣，其他知名人物的照片——像是男星李奧納多狄卡皮歐（Leonardo DiCaprio）——並無法活化這個神經元，將其他名人的名字用書面寫出來或口頭唸出來也同樣沒有效果。不過有趣的是，這個神經元對《星際大戰》裡絕地大師尤達（Yoda）的照片卻會產生放電反應。

顯然這個細胞並非只針對「路克天行者」出現反應，它對於像「路克的小個兒綠色導師」這類相關性很高的概念也一樣有反應。在很多的案例中，「路克天行者神經元」對黑武士達斯維達（Darth Vader）的照片同樣會產生反應。同樣的，當受試者看到與安妮斯頓在《六人行》（*Friends*）影集中共同演出女星麗莎庫卓（Lisa Kudrow）的照片時，他們的「珍妮佛安妮斯頓神經元」通常也會放電。

◇◇◇◇◇◇◇◇◇◇◇◇◇◇◇◇◇◇◇◇◇◇

我們擁有的每一種知覺都是一股訊息流，無論這些訊息經由哪條路線傳來，不管是透過視覺、聽覺還是其他路徑，大腦中的無意識系統都會根據情境脈絡來加以詮釋，並參考我們既有的知識、情緒與記憶，統合成一個有意義的外在世界表徵。我們的無意識處理過程會分析五種同時到來的感官訊息流，仔細檢查其中所含的類似特色，好用來建構我們的意識所體會到的抽象概念，例如《星際大戰》片中各角色之間的關係。

內側顳葉是所有感知高速公路的主要交會點，這個概念已獲得實驗結果支持。針對靈長類動物大腦所做的解剖學研究顯示，各種感官路徑都有神經突出物伸到內側顳葉部位產生交錯。大腦藉著讓我們的感官路徑相互交流，把五組感知訊息轉譯為有意義的構想與經驗。

對某些人來說，這麼多種感覺同時存在於大腦中，將會產生交流互通，使得我們使用某種感官時，也同時活化了另一種感官。這種情形最常見的就是所謂的「聯覺」（synesthesia）現象，這是感官路徑過度連接造成的症狀。舉例來說，有些人的聽覺和視覺相連接，他們聽到某些音調時會看到某些顏色，而且關聯性始終一致，也就是說某種顏色一定是跟某種聲音連在一起。其他研究中則提及有人是嗅覺與視覺相連接，例如聞到新鮮檸檬的香味，會讓他們想到有尖角的形狀；聞到覆盆子或香草的氣味，則會讓他們的腦海裡出現圓形。聯覺有多種不同形式，因為我們的感覺可以有多種組合，不過各種聯覺現象表達的都是相同的一個訊息：我們的感官路徑彼此連結在一起。

◇◇◇◇◇◇◇◇◇◇◇◇◇◇◇◇◇◇◇◇◇◇◇◇

日常生活中也可以看到感官連結的證據。舉例來說，大家都知道失去嗅覺也會讓你的味覺變遲鈍。視覺與聽覺同樣有緊密關聯，像是有人從遠方對你說話的時候，如果你能同時看到他的嘴脣動作，會比較容易搞清楚他究竟在說些什麼。但事實上，這兩種感覺也可能互相干擾，最好的說明就是所謂的「麥格克效應」（McGurk effect）。

當你聆聽一段發出「吧、吧、吧」音節的錄音，但同時觀看某人以發出「嘎、嘎、嘎」聲音之嘴形錄製的無聲影片時，你所感知到的會是明顯不同的第三種聲音：「嗒、嗒、嗒」。這種現象稱為麥格克效應，是1970年代麥格克（Harry McGurk）和他的同事在設計一個嬰兒對語言感知的實驗研究時意外發現的。「反向麥格克效應」也同樣存在，也就是說聽到某些聲音會影響我們的視覺。譬如讓受試者觀看不同尺寸與方向的橢圓形後，要求他們描述這些形狀；此時受試者若聽到「嗚咿～」的聲音，會傾向於把這些形狀看得比較高；聽到「嗚歐～」的聲音，則傾向於把這些形狀看得比較寬。

我們的感官系統是為了生存而設計的。感官訊號一開始是透過平行路徑處理，但是最後會整合在一起，經過解讀詮釋，組織成一個概念網路。我們的感覺會融合統整，建構出一個單一而簡潔的世界觀。這種協同合作的方式，不僅能增強我們的意識體驗，也同時創造出一個備份系統，以防其中某一種感官失效。所以當一個人失明時，其他感官系統就會啟動，試圖填補感知上的空白。大腦會盡力建構出我們對世界的認知形象，甚至透過結合其他感官來重新創造其中一種感官。

用耳朵看東西

「我可以透過別的方法弄清楚東西看起來像什麼樣子。」愛蜜莉亞跟我這麼說。現在回到跟愛蜜莉亞通電話的場景，先前我們提過這位聲稱自己在夢裡看得到東西的先天失明女子，現在正在跟我描述她如何在腦海中建構出周遭環境的影像。

「我沿著門廊走過來時，可以想像出它的樣子：從我的鞋跟踩在地上產生的回響，我會知道這是一條大理石走廊。我可以辨識出來這條走廊有多長及多寬，我可以感覺得出來大廳裡是擠滿了人還是空蕩蕩的。我認得所有其他人的腳步聲，有人經過我身邊時，我也感覺得到氣流發出的輕微咻咻聲。」

當她踏進建築物裡的主要大廳時，鞋跟踩在大理石地板上產生的回響也會變得不一樣。「我可以感受到中庭的宏偉壯觀，」她說，「這裡顯然是一棟相當豪華的大樓。」雖然喪失視力，愛蜜莉亞仍然可以透過整合其他知覺來建構周圍環境的圖像，她的大腦充分利用各種感官路徑相互連結的作用，以非視覺方式重新建構視力。雖然根本看不見，愛蜜莉亞還是可以意會出門廊的空間大小，評估其擁擠程度，察覺周遭眾人的位置，甚至可以感覺得到身處的這棟建築物有多麼優雅。她可以運用非視覺的心理地圖來瀏覽周圍環境。

◇◇◇◇◇◇◇◇◇◇◇◇◇◇◇◇◇◇◇◇◇◇

我閉上眼睛，試圖想像如愛蜜莉亞那樣感知世界會是什麼樣子，但是視覺影像不斷湧現腦海。我很想知道她感知這條聲音走廊的概念，是否就像蝙蝠用回聲定位法來感知環境一樣？蝙蝠的生物性聲納，是靠著偵測自己發出的聲音反射回來的聲響來運作的。顯然我並不是唯一一個注意到二者類似的人。

從嬰兒時期就失明的基許（Daniel Kish）是「盲人無障礙世界」（World Access for the Blind）的創辦人，這個組織的宗旨是協助盲人透過開發其他感官，來面對及克服失明這項障礙。基許以擅長運用他自己的回聲定位能力而聞名於世，這種技術包括以舌頭快速彈擊口腔頂部發出聲音，然後聆聽聲音如何從牆壁、汽車、人體或是環境中的其他物體反射回來。

「這和蝙蝠使用的方法是一樣的，」基許說，「如果一個人一邊發出嗒嗒聲，一邊傾聽周遭表面反射回來的聲音，他們馬上就可以感知到這些表面的定位結果。」透過仔細聆聽回聲的方式，基許甚至可以分辨出不同材質之間的微妙差異：「舉例來說，木頭柵欄似乎比金屬柵欄來得粗厚，當四周非常安靜時，木材傾向於反射出比金屬更溫暖、更悶的聲音。」

加拿大的研究人員透過fMRI技術，讓我們得以一窺人類回聲定位者大腦運作的奧祕。參與研究的包括兩名受過回聲定位訓練的盲人（實驗組），以及兩位視力健全的受試者（對照組）。四位受試者一開始先坐在一間經過特別設計、完全不會產生回聲的房間裡，他們在這個抗回聲房間試著使用回聲定位技術時，研究人員會監測他們的大腦活動。這個步驟的目的，是確認大腦活動程度的基準線，先繪出聽到自己發出嗒嗒聲後觸發的BOLD訊號分布區域，以便最後用最終結果減掉開頭原本就有的這些影響。在下一階段的實驗中，對照組受試者的眼睛被蒙住，和那些盲人受試者一起到外面去，在樹木、汽車或路燈柱附近嘗試運用回聲定位技術。在進行過程中，他們的耳朵裡都植入了一個微型麥克風記錄聽到的聲音。到了實驗的最後階段，受試者逐一進入fMRI儀器，聆聽自己嘗試回聲定位時的錄音。

在獲取結果的過程中，研究人員從每個受試者的BOLD訊號圖裡，減去純粹聽到自己發出嗒嗒聲時所出現的效果，留下的就是對回聲所產生的神經反應。結果視力健全組受試者的大腦幾乎沒有出現任何額外活動，這點一如預期，他們只是聽見自己發出的舌頭彈擊聲。另一方面，盲人組的結果則相當令人驚訝，當他們聽到自己舌頭彈擊聲響的錄音時，fMRI顯示大腦的活化區域是在視覺皮質區。這意味著他們並不只是聆聽彈擊聲響的回聲，他們的大腦同時將這些回聲轉譯為周遭環境的視覺空間地圖。

◇◇◇◇◇◇◇◇◇◇◇◇◇◇◇◇◇◇◇◇◇◇

就算看不到，盲人也不會停止使用他們的枕葉。視覺的目的是引導我們探索環境，最終目標則是求生存。即使視覺輸入被截斷，枕葉仍然試圖擔任我們的指南針，透過其他方法來處理空間訊息。為了建構出這個世界對我們而言的影像，大腦努力拼湊任何所能得到的訊息，甚至不惜超越感官之間的界限——而且超越的還不只是視覺和聽覺的界限。

丹麥的神經科學家於2013年發表了一項研究結果，說明視覺失效時，大腦為了順利探索世界會做出什麼事。實驗要求參與者自行找出方法穿越一道電腦中的虛擬走廊，但是只能憑藉觸覺，而且是舌頭的觸覺。他們使用一種稱為「舌頭顯示器」的裝置，當使用者撞上虛擬迷宮的牆壁時，此裝置會透過刺激舌頭來產生觸覺地圖。參與者可以使用電腦上的箭頭方向鍵在迷宮中操控方向，過程的挑戰性在於運用試誤方式找到出路。參與者可以先試著往前直走，直到撞上路的盡頭，此時他們的舌頭會有點刺刺的感覺；接著他們就得設法找出自己該朝哪邊轉向，並且在整個過程中同時在腦海裡建構迷宮的位置圖。

參與者分成兩組，一是先天失明組，一是看得見但眼睛被蒙起來的對照組。神經科學家先訓練兩組人學會使用舌頭顯示器，然後就開始進行他們想做的事：在盲人和蒙眼受試者設法穿越虛擬迷宮的整個過程中，透過fMRI觀察參與者的大腦。

fMRI的結果看來與人類回聲定位研究的結果完全一致。在這個經由舌頭受刺激來進行的任務中，那些有生以來未曾感受過任何一顆光子的盲人，他們的視覺皮質火力全開，卯足了勁拚命工作，表示大腦將觸覺訊號轉譯成視覺空間地圖。而蒙眼受試者的大腦就沒有展現出這樣的活動，他們的視覺皮質從頭到尾保持靜默。不過，到這些看得見的受試者脫下眼罩，改用眼睛在迷宮裡導航時，他們的大腦活動就和盲人靠舌頭導航時一致了。

無論訊號來自眼睛、耳朵還是舌頭，大腦會運用它所能接收到的任何感官訊息，來建構出周遭世界的模型。雖然盲人失去了用眼睛看東西的能力，但他們仍然可以透過其他方式生成這個世界的影像。可以想像對於仰賴其他感覺來替代視覺的盲人而言，大腦中的感官交會點所扮演的重要的角色。他們的無意識系統可以重組傳遞感官訊息的高速公路，改造視覺皮質的運作模式，交織來自其他感官的訊息，將周遭世界化為一幕幕的內在圖像。

雖然失去了視力，但盲人仍保有辨識方向及空間關係的知覺能力，可以使用其他感官來彌補喪失視覺所造成的空白。同時，他們也還保有想像及做夢的能力。

做夢機器

2003年，葡萄牙的睡眠研究團隊發表了一個相當大膽的聲明，他們主張盲人——而且是天生失明者——在夢中可以看得見，就像愛蜜莉亞所說的那樣。

由貝多羅（Helder Bértolo）教授主持的研究團隊招募了十九個

人參與一項睡眠研究，其中十位是先天失明者。研究人員在參與者的頭皮上接了腦波儀電極，然後讓他們回自家床上睡覺，連續兩夜記錄參與者的腦波。參與者每天夜裡會被鬧鐘吵醒四次，每次醒來必須對著錄音機口述他們剛剛經歷的夢境。隔天早上，失明的和視力正常的參與者都被要求在紙上畫出他們的夢。為了公平起見，視力正常組畫圖時必須閉上眼睛。

貝多羅和他的同事在並不知道哪幅畫是誰的作品的情況下，用一到五的數字為這些畫評分，一分表示是無意義的塗鴉，五分則代表畫面細節相當詳盡。他們的想法是：如果夢境的視覺化程度愈高，應該就愈容易被仔細描繪出來。

當然，參與者的藝術才華高低也有可能影響評分結果，為了控制這項變數，他們要求兩組人都閉上眼睛，先盡全力畫出一個人形當做參考標準。研究人員在對圖畫評完分數後，發現兩組人的藝術才華水準平均來說並無顯著差異。比較過明眼人和失明者的作品之後，會發現真的很難分辨二者有什麼不同。

那麼參與者對夢境的描繪結果如何呢？貝多羅再次發現兩組人的平均得分在統計學上並沒有差異，無論是失明或視力正常的受試者，畫出來的圖畫都同樣具有視覺辨識性。舉例來說，有位參與者描繪的夢境是在海灘上度過的一天，我們可以輕易辨識出畫中所呈現的場景：豔陽高照，鳥兒在上空飛翔，繪圖者和一位同伴在棕櫚樹下放鬆休息，有艘帆船從面前巡航而過。當我們在腦海中想像這一刻的景象時，似乎不可能將其中的「視覺」成分抽離後仍然體驗到這個畫面，然而上面所述的這幅圖畫，卻是一個從未見過陽光及空中飛鳥的先天失明者所繪，當然他也從來沒看過棕櫚樹或帆船。

◇◇◇◇◇◇◇◇◇◇◇◇◇◇◇◇◇◇◇◇◇◇◇◇

這是否代表盲人在他們的夢裡是看得到的呢？先別這麼快就下定論，能夠畫得出夢境並不一定代表看得到夢境。假設我拿一片拼圖給你，讓你閉著眼睛觸摸感覺到它的凹處、它的曲線以及它的突出部分，你不覺得就算自己從未親眼見過這片拼圖，也一樣能夠畫出它的模樣來嗎？

所以，也許這些圖畫雖令人印象深刻，卻不能證明任何事。不過睡眠研究人員所做的並不是只有行為測試而已，他們還記錄了腦波的變化，研究者在腦波圖中尋找的是一種稱為「α 波阻斷」（alpha blocking）的現象。

當我們放鬆心情，閉上眼睛，不主動去觀看任何東西時，腦波圖上就會出現 α 波。例如在進行「淨心」、「冥想」之類的活動時，你的腦波圖便會出現明顯的 α 波。

反過來說，「α 波阻斷」指的就是 α 波消失的現象，一般認為人們正在感受「心像」（mental imagery）時，便會出現這種情況。這種心像包括的不僅是我們主動觀看周遭事物獲得的視覺影像，也包含我們想到某些事物時，腦海中浮現出來的內部影像。

研究顯示：如果你要求某人回答一個不需要視覺影像的問題，像是：「麻薩諸塞州的首府是哪裡？」他的腦波圖並不會出現 α 波阻斷現象。然而如果你問的是：「你家房子裡面看起來像什麼樣子？」這類問題，被詢問者的腦波圖會顯示視覺皮質出現 α 波阻斷現象，我們推測這是因為回答者正在運用他腦海中的視覺圖像。這種相關性在睡眠期間似乎仍保持不變，因為 α 波阻斷現象的高峰值出現在快速眼動睡眠期，正是人們的夢境有如電影般活靈活現的時期。

那麼根據上面所知，那些失明受試者的腦波圖又揭示了什麼樣的夢境視覺內容呢？結果跟我們預期在明眼人腦波圖上看到的情況是一樣的，失明受試者的 α 波阻斷現象與視覺化夢境內容有明確的相關性。他們畫出來的圖像愈具有描述性，腦波圖中在視覺皮質處偵測到的 α 波就愈少（也就是 α 波阻斷現象愈明顯），這表示他們的大腦正在處理更多的視覺圖像。這些失明者有生以來沒有看到過任何東西，然而貝多羅的實驗卻顯示他們在夢裡是看得到的。

◇◇◇◇◇◇◇◇◇◇◇◇◇◇◇◇◇◇◇◇◇◇◇◇◇

這怎麼可能呢？一輩子都失明的人在夢中怎麼能夠看得到呢？實在很難理解怎麼可能會有這種事。貝多羅的實驗結果一如預期引發很大爭議，加州大學聖塔克魯茲分校的心理學家及夢研究者多姆霍夫（George William Domhoff）便對貝多羅的研究直接提出批評，例如：過去文獻早有明文記載，先天失明者在繪畫之類的視覺影像工作上，的確可以做得跟明眼人一樣好。正如我們已知的，失明者的大腦可以精確彌補原本缺陷之處，因此或許他們能夠描繪某人身體外形或描述某個海灘場景，並不是什麼令人嘖嘖稱奇的事。就像前面所述的拼圖例子一樣，這樣的發現並不一定代表盲人真的可以看到他們的夢境。

然而腦波圖的結果又該如何解釋呢？解讀腦波圖一直是個困難的任務，因為你永遠無法完全確定這些圖形所代表的意義，你只能盡量在你所看到的現象和之前曾注意過的情況之間找出關聯。α 波代表一種放鬆、活動力降低的狀態，因此我們檢測到視覺皮質中 α 波消失的時候，就代表這個人正在感受視覺影像；至少這是我們過去觀察明眼人的反應時找到的關聯之處。無論如何，我們已知盲人的視覺皮質並不會處於怠惰狀態，隨著時間過去，它會與所有其他感官融合，繼續擔任空間感知與導航中心的角色。因此，當我們看到先天失明者出現 α 波阻斷現象時，可能 —— 而且非常可能 —— 表示這種波形並不像是明眼人感受到的那種真正視覺。更確切而言，這種波形代表的是另一種屬於盲人的視覺版本：一種生動整合了不同感官後構成的場景描述，像是愛蜜莉亞的「聲音走廊」那樣的內在體驗回想。

我們的無意識心靈是一個強大的說書人。在夢境裡，它會將快速眼動睡眠期的腦幹隨機產生的訊息加以連結，編織成一個引人矚目的故事。在盲人的情況中，它可以運用其他感官來重建空間感知，甚至創造出一種回聲定位的方式。不過，大部分天生失明者並不認為他們在夢中看得到，事實上根據調查，那些在五歲之前便喪失視力的人，並不曾提及他們體驗過任何真正的視覺影像，不管是在大白天還是在夢裡。不過如果是後天失明者，尤其是七歲以後才喪失視力的人，通常還記得看得到是什麼樣的感覺，他們也會常常想像及夢見視覺場景。七歲之後才失明的人，在他們的夢裡真的是看得到的。

天生失明者的內在體驗各不相同。在跟我談過話的先天失明者之中，只有愛蜜莉亞聲稱自己有視覺化的夢境。我懷疑她感受到的其實是像「聲音走廊」那樣的體驗，在她曾做過的春夢中，是將自己的情緒加上親密的身體感覺，交織成一個特別的幻想。

◇◇◇◇◇◇◇◇◇◇◇◇◇◇◇◇◇◇◇◇◇◇

我們已經知道，區分夢境與現實的關鍵，在於前額葉皮質是否停止活動（deactivation）。一旦擺脫了前額葉的監督，大腦中的做夢迴路便完全不受束縛，可以像變魔術般變出生動到有如身歷其境、巨細靡遺到非常誇張的幻象，能讓人在剎那間獲得超出日常感官知覺的體驗；只有到醒來後，才會開始懷疑剛才體驗到的一切並非現實，就像愛蜜莉亞經歷的那樣。

與意識系統相比，無意識系統遵循的是另一套不同的規則。兩種系統進行的是截然不同的運作過程，白天是深思熟慮、有意識的反思，到了夜晚則是踏上沒有界限的感覺探險。然而，我們很難一窺兩個系統如何運作與互動。邦納症候群、愛麗絲夢遊仙境症候群、大腦腳幻覺症等造成的幻覺，正是二者交疊所導致，也就是讓無意識迴路產生的夢境侵入我們清醒時的意識所造成的，但這些是大腦迴路故障時才會發生的情況。大腦中這兩個系統並不是被睡眠和清醒所截然分隔，它們之間產生交互作用的頻率，在正常時期其實比幻覺時期還要頻繁得多。

用大腦包含意識和無意識這兩種行為控制系統的說法，來建構說明大腦的運作模式，不但能解釋我們的日常想法與決策的微妙之處，還能解釋人們的體驗之所以能被擾亂及扭曲的各種方式。這兩種系統在處理過程出現空白或缺陷時，究竟如何交互影響或嘗試進行補償作用（不管是把情況變得更好還是更糟），其實背後自有一套基本邏輯原則可循。

在盲人的例子中，大腦可能會透過產生視覺幻覺，或是嘗試運用其他感官重建視力，來設法填補這種感知上的空白。在做夢的時候，無意識的大腦則是蒐集腦幹隨機發出的訊號，盡可能依照邏輯將之聯結構成一個故事、一個包含一切的幻想，趁我們睡著的時候，滲入我們的心靈。

第 2 章

殭屍能夠開車上班嗎？

關於習慣、自我控制，以及行為自動化的可能性

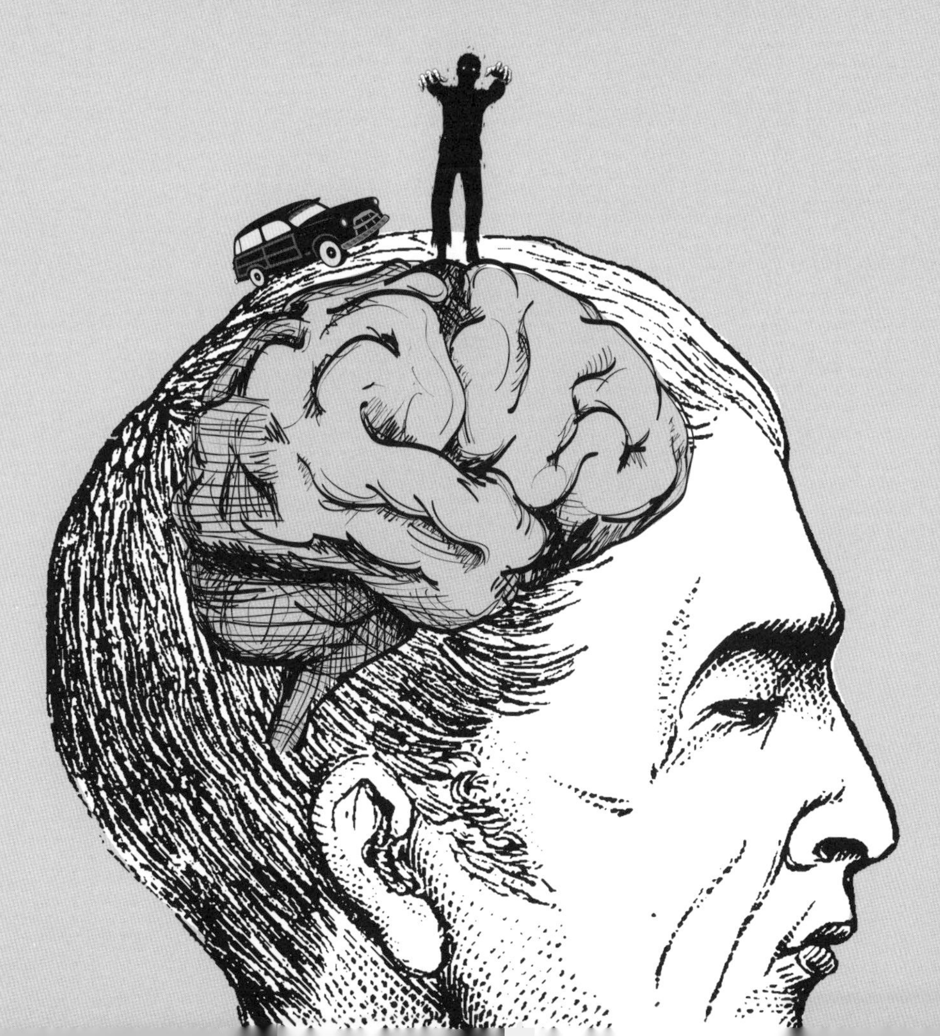

如果說習慣是第二天性的話，
它阻礙我們瞭解自己的第一天性，
但它既沒有第一天性的殘酷，
也缺乏第一天性的魅力。

——作家普魯斯特（Marcel Proust）

阿拉巴馬州亨茨維爾市的地方官員對這情況完全傻眼了，短短兩週的時間就發生八起車禍，而且肇事地點全都在同一個十字路口。更讓人感到困惑的，是每樁車禍發生方式都一模一樣：車子沿著基督復臨信徒大道行駛，剛要左轉進入韋恩路，就和對向來車撞個正著。這個看起來平凡不過的十字路口雖然是當地主要上班通勤路線，但過去從來沒有發生這樣的情形。現在突然之間，汽車殘骸和車禍傷者多到簡直要堆成小山了，到底是什麼原因造成這種奇怪的車禍模式呢？亨茨維爾的官員找了當地的交通工程師來研究這個案子。

原來這一連串的車禍，源自於最近十字路口交通燈號的些微改變。過去駕駛人從基督復臨信徒大道左轉進入韋恩路時，一定要等綠色箭頭燈號出現才能通行，但是交通工程師為了減輕基督復臨信徒大道的堵塞情況，又多加了一個綠燈，也就是說除了綠色箭頭燈號之外，也允許駕駛人在綠燈時左轉。新規則與其他無數個十字路口沒什麼不同：如果出現綠色箭頭，你可以馬上左轉；但若看到的是綠燈，則必須等候對向車道沒車時才能左轉。

顯然駕駛人已經太習慣只有綠色箭頭的情況，他們一看到燈號改變，就直覺的馬上左轉，完全沒有查看對向的交通狀況。長期養成的習慣，讓許多駕駛人根本沒有注意到眼前的燈號已經有所不同。正如一位交通工程師所說：「如果你是憑習慣開車，你會變成危險駕駛。」

◇◇◇◇◇◇◇◇◇◇◇◇◇◇◇◇◇◇◇◇◇◇◇

你有多少次早上開了半小時左右的車抵達上班地點，卻完全不記得整個實際開車過程？你迷失在自己的思緒裡，尤其是當心裡記掛著某些事情的時候（像是九點要做的那場簡報），結果整個開車上班的駕駛過程，完全沒在你的意識裡留下紀錄。假設某天你必須開車穿越城區，去辦公室以外的其他地點開會，但你可能習慣性地把車開上往辦公室的路，完全不記得有那場會議，甚至直到抵達辦公室時才意識到自己所犯的錯誤。這幾乎就像是你無意識地在開車，因為你的腦袋已經被其他要事占據了。

這樣的場景中最令人訝異的部分，就是駕駛其實是一項極其複雜的任務。你的腳在油門與煞車之間來回切換，二者都會因應你施加其上的壓力程度產生微妙差異。當你協調雙腳動作的同時，雙手也正操作著方向盤，為這輛兩千磅重車子的動力指引方向。沿途有停車標誌、禮讓標誌和交通燈號要遵守，你開車時得依照交通規則，還要考量各種通行優先權，注意行人穿越道及速限。路上還有數不清的其他車輛在行駛，每當你切換車道、加速或減速時，需要參考它們亮起的煞車燈和方向燈所給予的訊息，判斷那些車輛的位置、速度和移動意圖。然而，即使面臨上述種種挑戰，開車老手行駛在熟悉路線上時，還是不需花費太多的注意力，感覺彷彿是在自動駕駛。

然而在亨茨維爾，就是這種自動駕駛方式帶來了可怕的悲慘後果，駕駛人沒注意到新的交通燈號便自動轉了彎，直接撞上對向來車。如果一個心有旁騖的駕駛人，並未運用意識注意交通信號或任何與駕駛有關的活動，之後也一點都不記得整個開車過程，那麼開車的究竟是誰（或是什麼東西）呢？

假如我們可以在不用到意識能力的情況下通勤上班，那麼大腦裡勢必有「另一個系統」有能力駕駛汽車，而且這個系統無需仰賴意識控制。若是這種無意識機制可以從事像開車這麼複雜的活動，說不定它還能做更多別的事。它究竟在我們不知不覺的情況下，為我們的經驗世界做出了多少貢獻呢？

殭屍就在你身邊

想像一下有個殭屍家族，從早已被世人遺忘的墓穴中爬了出來。他們來到地面後，路人看到這些活死人沿著人行道蹣跚而行，無不嚇得膽戰心驚而尖叫不已。殭屍們對於這種以貌取人的反應深感不快，因而前往城裡的整形外科中心，從頭到腳進行完全改造。執刀的是一位舉世聞名的外科醫師，這些殭屍成為她的精心傑作。手術結束後，殭屍們看起來完全跟活人一樣神采奕奕，原本的腐肉都換成柔嫩的肌膚，外露的肋骨現在包覆著肥嘟嘟的腰間贅肉。醫師的手藝是如此高明，即使殭屍們計畫融入人類社會並成為模範公民，也不會有人看出其中蹊蹺。不過可能還是有個問題：殭屍是沒有意識的。

人類和自動調溫器都能感測溫度的變化，但只有人類會感受到溫暖或寒冷；就所有的感受體驗方面而言，手術後的殭屍就像自動調溫器那樣。針對殭屍，哲學家查爾默斯（David Chalmers）寫道：這種生物「在身體外形上跟我們沒什麼兩樣，但是沒有任何意識性體驗 —— 他們的內在只有一片黑暗」。查爾默斯與其他人都提出了一個疑問：如果人類少了覺察、感受與想像的能力，我們的行為舉止還會跟現在一樣嗎？意識對人類的行為是必要的嗎？還是我們就算沒有意識，仍然可能成功生活？

舉個飛機的例子來說明：當飛行員離開駕駛艙，飛機靠著自動駕駛系統一樣可以飛得很好。即使飛行員不在場，沒有人能做出有意識的決定來操控飛機或改變其高度，但飛機的電腦系統可以自動處理這些事情。

殭屍就像靠自動駕駛系統飛行的飛機那樣，功能上沒什麼不同，只是無法擁有人類那些內在體驗而已。那麼，人類能像飛機那樣交由自動駕駛系統操控嗎？或者換個方式來說，那些做過手術的殭屍能否成功融入人類社會呢？就算沒有人類的心靈，還是可以把人類能做的一切都做得很好嗎？

◇◇◇◇◇◇◇◇◇◇◇◇◇◇◇◇◇◇◇◇◇◇◇

讓我們從感知（perception）開始談起。許多有意識的體驗，包含的是大腦對於五種感官傳來的訊息所做的詮釋解讀。正如前一章所述，在視力喪失之後，大腦仍會竭盡所能重新建構出我們對世界的體驗；視覺最關鍵的要素似乎並非是由眼睛提供的視覺偵測結果，而是與此偵測結果帶來的意識體驗。

「沒有意識的感知」到底是一個什麼樣的情況？通常「感知訊息」與「意識體驗」是彼此緊密連結的，有可能切斷兩者間連結嗎？例如我們看見了某個東西，卻沒意識到自己看見了它。

有看沒有見

心有旁騖的駕駛人不記得自己有帶著意識的駕駛經驗，他不記得自己看到紅燈決定停下來，也不記得自己轉彎時有打過方向燈，就像是啟動了自動駕駛系統在開車似的。試想這位駕駛人差點發生車禍的情況：他忽然從白日夢中驚醒，用力踩下煞車，車子在尖銳刺耳的聲音中停了下來，距離前方那輛美國郵政卡車只剩幾英寸。驚魂甫定的駕駛人，開始回想剛剛究竟發生了什麼事。他不會覺得自己只是閃神了一會兒，因為他喪失意識的程度顯然比閃神嚴重得多。他覺得自己的意識好像完全脫離駕駛過程，從上車到差點出車禍的這段期間，他就像是失明了一樣什麼都沒看到。

一項針對開車時使用手機所做的研究，可以證實這位駕駛的感受。研究者安排受試者一邊操控駕駛模擬器、一邊用耳機講電話，然後觀察開車時講手機究竟可以造成多麼巨大的影響。模擬器的場景設定為一座小型郊區城市的3D立體地圖，城裡包括住宅區、商業區以及市中心鬧區，範圍涵蓋八十多個街區。大型廣告看板散布於城市各處，上面展示著醒目的廣告，從受試者的視角可以清楚看到其內容。

等到在駕駛模擬器上練習一段時間後，這些受試者開始遵照道路交通規則，沿著某一條預定的路線行駛。受試者被分為兩組，兩組所預定行駛路線都相同，差別在於其中一組過程中用耳機講電話，另一組則只需專注開車。任務結束後，研究者讓受試者接受測驗，要他們選出沿途出現過哪些廣告看板，並比較兩組受試者的成績。結果正如你的預期，與專注開車者相比，注意力被通話給占據的駕駛人成績明顯糟糕多了。雖然廣告看板聳立於沿途各處，但講手機的駕駛人甚至根本沒注意到有看板存在。

這些受試者怎麼可能沒看到廣告看板？會不會只是碰巧沒看到而已呢？為解答這個疑惑，研究人員為他們裝上眼動追蹤儀（eye tracker）並重新操控駕駛模擬器。借助這種儀器，研究團隊發現當駕駛人專注於手機通話時，他們對路上目標物的注視程度並未降低，他們的眼球仍會適當的移動、聚焦於所有相關的物體，包括道路標誌、道路上的其他車輛，以及……沒錯，甚至包括廣告看板在內。奇怪的是，講手機的駕駛人看見的東西和沒講手機的駕駛人一樣，但是他們似乎無法記得自己究竟看到哪些東西。為什麼呢？研究者提出的解釋是：即使眼睛始終在注視著這些目標物，但當駕駛人全神貫注在通話內容上，他們有意識的視覺就會出現部分失去作用的情形。

◇◇◇◇◇◇◇◇◇◇◇◇◇◇◇◇◇◇◇◇◇◇◇◇

如果連像廣告看板這樣巨大又顯眼的東西，都可以因為駕駛人講手機而被忽略，可是為什麼車禍並沒有因此而更頻繁的發生呢？生活中，人們經常邊開車邊交談，無論是用手機或是直接和同車的人說話，如果交談會妨礙觀察路況，為什麼我們通常還是能夠安全抵達目的地？

表面上看來，在開車時一直維持有意識的視覺是非常重要的，如此一來，你才可以跟其他車輛保持安全距離、留在原來車道、正常轉彎，並確保你安全返家前不會把車子完全撞爛。然而對分心駕駛過程所做的研究卻顯示，雖然你的目光注視著道路上一個又一個的目標，但是通常並沒有用意識去處理自己正在看的東西。

如果有意識的視覺體驗已經關閉，那麼又是誰在控制眼球的移動呢？其實大腦是在無意識中在照管這件事。大腦的無意識系統可以針對汽車和道路標誌產生必要的眼球動作，讓駕駛人與乘客免於危險。這就是為什麼車禍不會更加頻繁發生，以及分心的駕駛人通常還是可以安全駕駛的緣故。縱然有意識的視覺受到限制，大腦的無意識處理過程仍會接管視覺系統，引導我們抵達目的地。

這個例子說明了「意識」和「視覺」是可以分離的。由於汽車仍未失控，我們可以知道駕駛人的視覺系統依然在工作，只是他對於眼前所見缺乏意識性的體驗。

◇◇◇◇◇◇◇◇◇◇◇◇◇◇◇◇◇◇◇◇◇◇◇◇

有些神經系統疾病，可以更清楚揭露「視覺偵測作用」與「實際視覺體驗」是兩個彼此相互獨立的過程。例如「忽略症候群」（neglect syndrome）患者擁有完全正常的視力，但他們卻只能意識到一半的視野，另外那半邊的東西彷彿根本不存在。

需要測試患者有無忽略症候群時，神經科醫師有時會進行「仿畫測驗」（copy drawing），要求他們看著某些圖樣然後照著畫出來。忽略症候群患者的視覺並沒有問題，但他們就是沒辦法畫出需模仿圖樣的左半邊。忽略症候群是由於大腦右側頂葉受損所引起的

（譯注：左右腦負責功能不大一樣，右大腦受損較容易出現忽略症候群），這個部位牽涉專注的能力。雖然視覺影像獲得適當處理，但大腦卻無法注意任何給定場景的左半邊部分，這部分的影像永遠不會進入意識——但這並不意味著大腦沒有在無意識中看到它。

另一種忽略症候群的測試稱為「目標刪除測驗」（target cancellation task），神經科醫師發給患者一塊上面畫滿短線的白板，患者的任務是把所有條線劃掉，使它們變成一個個「X」。測驗結果顯示，忽略症候群的患者只會劃掉白板右半邊的線段，完全忽略左半邊的部分。

這種測試還有另一種修改版本，不要求患者把線段劃掉，而是要求他們把線段擦掉。用這種方式進行測試時，忽略症候群患者卻可以成功擦掉所有的線段。神經科醫師的解釋是：患者擦掉白板右側的線條後，他們的注意力會往左側移動，因為右側已經沒什麼東西可看了。注意力左移會讓他們看到另一行可擦除的線段，就這樣一直持續下去，直到患者把板子上所有線段擦乾淨為止。

雖然患者看不到左半邊，但視覺訊息一定還是進入了大腦。因為他們的視覺系統功能是正常的，並沒有任何東西阻礙大腦覺察眼前的事物，只是缺少了對這些事物進行有意識的感知而已。

◇◇◇◇◇◇◇◇◇◇◇◇◇◇◇◇◇◇◇◇◇◇

對忽略症候群患者而言，他們的意識系統看不到世界的左半邊，但是他們的無意識系統看得到。同樣的，分心的駕駛人雖然沒有運用意識去感知路況，但既然他的車沒有撞爛，我們可以得知他的無意識仍然在看路。這麼說來，無意識系統在我們不知道的情況下還是可以看見東西？這是真的嗎？

沒錯，這是真的，大腦可以在我們不知道自己正在看的情況下看見東西。最引人矚目的醫學實例，就是一種稱為「盲視」（blindsight）的神祕現象。

我們來說說達倫的例子，他是一名三十四歲的男子，過去二十年一直為劇烈的頭痛所苦。腦部造影顯示他的右枕葉有血管畸形問題，不動手術的話頭痛症狀將無法獲得改善。一位神經外科醫師為他切除了大腦中的畸形血管，但在手術過程中同時不得不切除了右枕葉的一大部分。

手術過後幾週，達倫開心的報告說他的頭痛已經有所改善，但不幸的是，他仍在適應手術所帶來的副作用——他看不到自己身體左側的一切。右枕葉控制視野左半邊的視覺，所以達倫部分失明是意料之中的事。不過，達倫另一個面向的視覺症狀，卻完全出乎大家意料之外。

實驗者請達倫坐在一間昏暗的房間裡，頭部則輕放在下巴靠墊上，讓他的眼睛直視前方。接著，實驗者在他視野失明的盲區閃爍一個小光點。照理說他應該完全看不見這個區域內的任何東西，然而達倫卻能夠偵測到閃爍的光點，他的雙眼轉向並聚焦在光線來源。但當研究小組詢問達倫是否看得到光，他卻堅稱自己看不到。

於是實驗者再度在達倫視野的盲區閃光，請他用手指出光線來源——只要盡力猜猜看就好。達倫聳了聳肩，伸出了他的手指。他指的正是剛剛閃光的位置。這次他的「猜測」碰巧是對的，也許只是運氣好罷了。神經科學家一次又一次重複測試，每次都在達倫盲目區的不同位置閃光，結果他每一次都指出正確的位置。

實驗者百思不得其解，決定進一步研究這個奇怪的現象。在另一個實驗中，他們在達倫的盲目側以水平或垂直的方式閃爍燈光，並要求達倫猜測現在他們是用哪種閃光方式；試了一次又一次，達倫總能答出正確答案。在第三種實驗中，達倫甚至可以辨識出在他的盲目側閃爍的光的顏色。達倫的這種能力，被稱為「盲視」。

對盲視現象進行的研究顯示，損傷位置僅局限於初級視覺皮質（primary visual cortex）的患者，可以正確識別目標物的位置與顏色，甚至能分辨物體在移動還是靜止，部份案例的辨識正確度能高達百分之百。此外，對患者眼球運動進行的分析，也發現他們可以正確的將眼球轉向目標物。盲視者雖然看不見，卻可以用眼睛追蹤物體，並正確描述其位置與移動方向。

◇◇◇◇◇◇◇◇◇◇◇◇◇◇◇◇◇◇◇◇◇◇

2008年的一項研究則將重點放在一位名叫泰德的盲人身上，他因為接連兩次中風導致視覺皮質受損，喪失了視力。平時泰德走路時會拿著手杖，但是這一天研究人員要求他不要拿手杖。接著實驗者帶著泰德，進入一條布置得像障礙賽場地的長走廊，走廊裡凌亂散布著各種物體，包括兩個垃圾箱、一個三腳架、一疊紙、一個文件托盤，以及一個盒子。不過實驗者跟泰德說走廊完全是淨空的，請他直接走過去。

於是泰德照著實驗者的要求開始往前走，走近第一個垃圾桶時，他側過身避開了它，接著用同樣的方式躲過下一個垃圾桶。然後他轉過身子閃開三腳架，側跨步從那疊紙與文件托盤中間穿過，再靈巧的從盒子旁繞過。實驗者驚訝的問他怎麼能夠如此巧妙避開所有障礙，泰德也不知道他是如何辦到的。他的確看不到，但有某種原因讓他能在一個複雜的環境中找到方向並設法通過。

◇◇◇◇◇◇◇◇◇◇◇◇◇◇◇◇◇◇◇◇◇◇◇◇

即使無法被意識到，但泰德和達倫顯然都具有某種形式的視覺偵測能力。兩人的大腦都擁有未受損的視覺迴路，可以處理眼睛收到的訊息。盲視者的受損處是在路徑的末端，而不是在眼睛，大腦仍然可以偵測到光線的形式，但意識和視覺迴圈的連結被切斷了，最後留下的結果就是「盲視」── 一種無意識的視覺形式。視覺訊息從位於眼球的受體發出，沿著神經元纖維構成的弧形鏈傳導，然後到達枕葉進行分析，接著發送至相關運動區域以協調眼睛運動，並產生天生設定好的行為反應，所有的這一切都沒有達到意識感知的層面。

類似的狀況也發生在心不在焉的駕駛人身上。大腦處理從眼睛與耳朵送來的路況感知訊息，再指揮身體做出動作操控方向盤、油門及煞車。駕駛人的意識並未對這些開車需做的決定做出貢獻，因為它已經被其他思緒占據了。此時的大腦正用盲視的方式來進行導航，這就是為什麼亨茨維爾的駕駛人沒有注意到交通燈號的改變。盲視也許可以為你開車上班導航，但它沒有精明到足以發現像「十字路口的燈號多了一個綠燈」這樣細微的改變。

在駕駛人心不在焉的案例中，盲視效果是發生於行駛熟悉路線的情境。如果你是開車穿過陌生街區，尋找一個從未造訪過的地址，你在找路時會非常專心看路，也會特別注意所有的交通號誌；但等到你開了二、三十次之後，在這段路程開車就成了你的第二天性，你又會開始閃神分心。究竟是哪裡改變了呢？因為開車已成了習慣，維持習慣所需的努力程度，並不用像第一次嘗試任務時那麼耗費心力。所以「熟」不僅能「生巧」，還能讓我們的動作變得自動化。這種普遍可見的效果我們每個人都經歷過，而且可能視之為理所當然，不過這並不是人類獨有的現象。

十字迷宮中的小鼠

讓我們再次回到亨茨維爾那個決定命運的十字路口。想像一下，假設你的通勤路線只會經過這兩條街道：先在基督復臨信徒大道直行，然後左轉韋恩路。當你把這條路線開上幾次之後，大概就不再需要耗費那麼多注意力，因為這已經成為一種習慣。然而這種轉變在大腦中是如何產生的呢？重複練習究竟是如何把我們的行為 —— 例如開車上班 —— 變得自動化呢？

神經科學家為了得到答案，設計出一種重新創造導航過程的實驗，不過這次實驗的對象是小鼠。地圖一樣是兩條互相交叉的十字形街道，小鼠被放在地圖的南側，而給牠的獎賞（某種食物）則放在西側，如下圖所示：

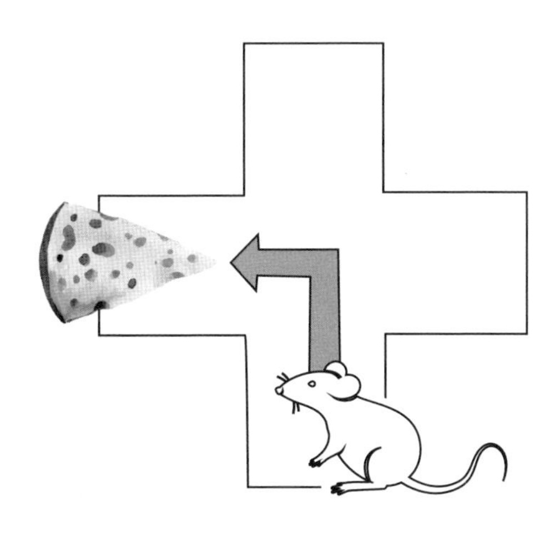

一開始把小鼠放進迷宮時，牠小心翼翼的緩緩前行，直到抵達交叉路口，牠開始左顧右盼，猶豫該走哪條路；通常都會經過幾次錯誤的嘗試，但終究還是找到放在迷宮西側的獎賞。第二、第三次把小鼠放進迷宮時，牠還是會在交叉路口停頓，不過開始比較容易轉到正確的方向，向左走而抵達目標。神經科學家一次又一次重複這個過程，每一次都把小鼠放在南側，獎賞放在西側。最後，小鼠的行為終於產生變化：牠不再於交叉路口停頓，牠會直接往前跑，接著毫不猶豫的左轉。這種行為已經變成習慣，就像那些多年來一直走同一條路去上班的人一樣。

當亨茨維爾的交通燈號有所變更時，當局原本的期望是駕駛人會注意到這個變化，並且立即調整他們的行為。但結果顯然不是如此，許多駕駛人根本沒有注意到這個改變，因為他們年復一年在這個路口轉彎，這樣的轉彎動作已完全出於習慣。那些突然必須改走不同路線上班的駕駛人，也會出現類似的情形，一不小心又開上了平時習慣的那條路。那麼如果這些小鼠突然不得不適應新的情況，像是改走不同的路徑，會發生什麼事呢？

在這些小鼠已經練習多次，可以順利從迷宮南側走到西側後，實驗者做了一項改變：讓小鼠從北側出發。食物的位置則依然放在西側，於是從小鼠的角度來看，現在需要一條新的路線：到了十字路口必須改成右轉而不是左轉。面臨這樣的新情境，小鼠有兩種反應方式：如果牠的習慣已經凌駕了找路的能力，那麼牠還是會向左轉，然後發現自己走進死胡同，什麼都沒得吃；這表示牠選擇了平日習慣的路線，跟那些心不在焉的駕駛人一樣。相反的，如果小鼠不是根據習慣行動，牠就會在十字路口停下來，評估該如何選擇，然後往右轉，直接奔向獎賞。

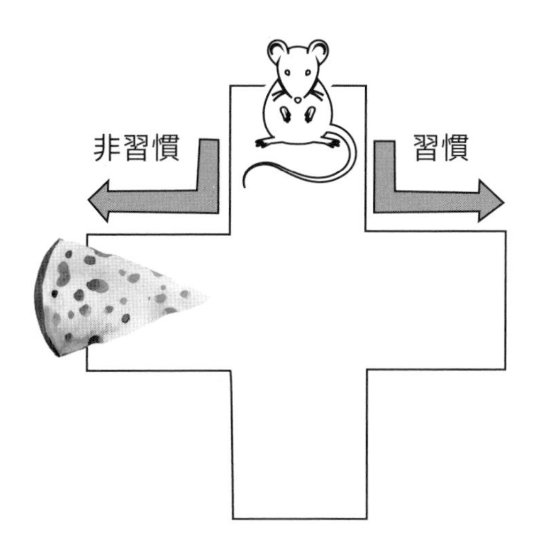

當研究人員把小鼠放進迷宮北側，由於牠已經練習過很多次從南側出發，所以會往前走到十字路口後直接左轉，然後走進死巷。牠犯的錯誤和那些心有旁騖的駕駛人一樣，因為牠的行動已完全由習慣系統來支配。牠已然習慣不假思索便向左轉，這就是實際發生的情況。

接下來，研究人員改用沒有受過訓練從南側出發覓食的小鼠進行實驗。照理說，這隻未經訓練的小鼠應該不會有左轉的習慣。果不其然，未受過訓練的小鼠從北側頂端匆匆趕往交叉路口，停下腳步，朝著兩邊看了看，正確的往右轉，成功找到了位在迷宮西側的食物。

◇◇◇◇◇◇◇◇◇◇◇◇◇◇◇◇◇◇◇◇◇◇◇◇◇◇

看來實驗中的小鼠會因為是否受習慣控制，而產生不同的行為表現。但我們要如何確認小鼠的行為是否出於習慣呢？

神經科學家追溯習慣系統的源頭，來到位於大腦最深處一個稱為「紋狀體」（striatum）的區域，他們發現小鼠練習的次數愈多，牠的外紋狀體的活動就愈強烈。在此同時，隨著小鼠繼續進行訓練，內紋狀體及海馬迴（記憶形成處）的活動程度反而降低，因此科學家相信這兩處則是與非習慣行為有關。如果已經確切知道大腦是在哪個部位產生習慣，那麼理論上我們就可以靠關閉這個區域來阻斷習慣形成。

有一種叫做損傷術（lesioning）的神經科學研究技術，可以透過注入具去活性作用的化學物質，或採用可準確瞄準的電流掃射，來暫時關閉大腦的某個區域。如果科學家先用這種方式損傷小鼠的外紋狀體，關閉了牠的習慣系統，然後再將牠放進迷宮的北側，結果會如何呢？答案是：小鼠會向右轉！當習慣系統失去作用，小鼠在迷宮裡無法再仰賴自動導航方式前進，所以不會自動左轉而走進死巷。相反的，牠不得不在交叉路口稍作停留，察看兩邊的路子，然後選擇往西走，為自己贏得一份點心。

習慣系統運作速度比非習慣系統快，因此養成習慣的小鼠在交叉路口會毫不猶豫的自動向左轉，就像你不用花精神找路時通勤速度會變得更快些。然而，習慣系統也很容易出錯，就像改從北側出發的小鼠，或是你的簡報地點改到別處時所發生的情形那樣。相較之下，非習慣系統則會容許小鼠因應新的情況來調整自己的行為。

這兩個系統共同控制著我們的行為，但又有其各自的分工；我們可以從行為模式的不同，看出來現在是由哪一套系統在主導。理論上兩個系統也可以同時運作，例如在習慣系統自動導引我們把車開往辦公室的同時，非習慣系統讓我們可以與人用手機通話。

用不專心來專心

當我們試著同時做兩件事，譬如說邊開車邊講手機，這時如果不是用兩種系統分別處理兩項任務，而是只用一種系統並將注意力分配給兩項任務，結果會如何呢？這似乎意味著，我們在各任務上表現的好壞，取決於選擇投入多少注意力，精神愈集中，該項任務的表現就愈好。然而這樣的說法並不符合我們對習慣行為的體驗。當我們經過大量的練習，已經可以習慣性的完成任務，這時不要投入太多注意力，讓身體自動去做，往往能取得更好的表現。

2011年2月10日，投效於波士頓塞爾提克隊的雷艾倫（Ray Allen）投出了他職業生涯的第二千五百六十一次三分球，打破了雷吉米勒（Reggie Miller）先前保持的三分球歷史紀錄。艾倫在美國職籃界多年以來，一直以恪守其工作倫理而聞名，他通常在比賽開始三小時前就抵達球場練習投籃動作。在某次接受採訪時，有人問艾倫是怎麼成功的，還有他在投籃時心裡都在想些什麼，艾倫回答：「如果你在瞄準，只要你一開始瞄準，那就是你會偏左或偏右的時候了。所有的一切都會發揮作用，你只要試著達到一個你覺得夠舒服自在、不用瞄準的狀態……然後前踏一步躍入空中，手腕輕輕一抖，球就會應聲入網。」

對於艾倫來說，投籃是一種習慣，這大概就是運動員在討論「肌肉記憶」時所說的意思。艾倫想要投個精采好球時所採取的專心方式，就是「不要專心去做」。投籃時想得太認真，他的表現就會大打折扣；讓自己的習慣系統來做他已經訓練過的事情，反而可以達成最佳表現。

這一點對其他運動員也適用。在一項對高爾夫球老手進行的研究中，參與者必須在研究者所設定的兩種不同情況下揮桿。第一種情況裡，參與者被要求專注於揮桿的力學技巧，仔細監控擊球力道大小、注意該瞄準的位置，還有釋放（release）動作做得好不好。在第二種情況中，參與者完全不用注意自己的揮桿動作，但在準備揮桿的階段，必須分心執行第二件任務：聆聽研究者播放的錄音，並且在聽到特定嗶嗶聲響時，立即大聲報告自己聽到了。

研究者比較了這些高爾夫球員在兩種條件下的表現，平均而言，高爾夫球員在沒有考量自己擊球力道時打出的球，反而比有在想時更接近球洞。與雷艾倫的投籃經驗相同，這些高爾夫球員沒有在想自己的技術如何時，表現反而會更好。

運動員的表現會因為由習慣或意識掌權而有所不同這個事實，有助於支持大腦中存在兩個平行系統控制行為的概念。我們練習某種行為的次數夠多時，就能將它自動化，允許習慣系統過來接手。如此可以釋放有意識的非習慣系統，讓它能夠專注於別的東西。

人類大腦兩個系統之間的分工情形，並非只限於打籃球或高爾夫球方面。我們那些最微妙而難以捉摸的行為，大部分都可以透過習慣或明確的意識方向來控制，而且掌權的究竟是哪個系統，其實是可以看得出差別的。

如何辨識假笑

為什麼有些笑容就是讓人感覺很不真誠？為什麼假裝做出笑容是如此的困難？1862年，法國神經學家杜鄉（Guillaume Duchenne）發表了他的研究結果，他發現真笑與假笑會使用到不同的肌肉。雖然表面上這兩種微笑都牽動了我們嘴巴周圍的肌肉，但實際差異則來自眼睛周圍肌肉配合的方式，此處肌肉稱為「眼輪匝肌」（orbicularis oculi）。當流露出真誠微笑時，我們會收縮眼輪匝肌，拉動眼睛周圍的皮膚，一如你在下面這位似乎缺了牙的先生照片中所見：

不管有牙齒還是沒有牙齒，他看起來真的很高興看到你（一點也不會讓你覺得毛毛的），不是嗎？瞧瞧他眼睛周圍肌肉收縮的樣子，那只有在反映真摯快樂情緒的笑容中才看得到。

另一方面，假笑不會用到那些肌肉；強迫擠出笑容時，我們會用到兩頰上面一條名叫笑肌（risorius）的肌肉，將我們的嘴唇拉成正確的形狀，但是眼周的肌肉並未收縮。為了展現這一點，杜鄉用電流刺激這位缺牙朋友的笑肌，下面就是這種笑容看起來的樣子：

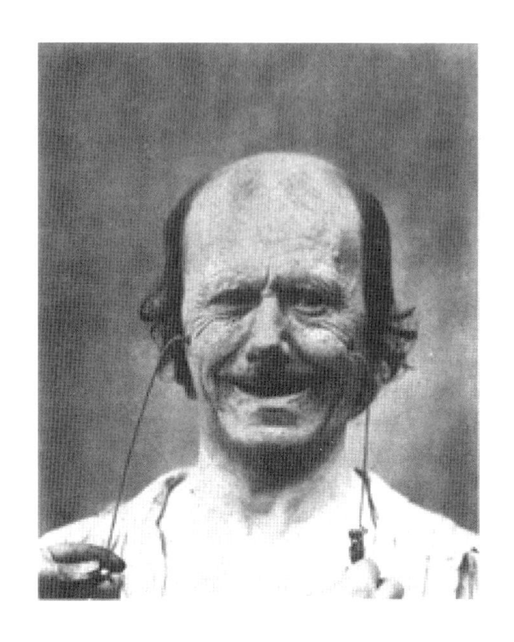

皺紋出現在他的臉頰上，而不是在眼睛周圍，他的眼輪匝肌沒有收縮，眼睛周圍的皮膚並不像第一張照片那樣繃緊，這就是假笑的標記。

真笑和假笑在肌肉收縮上的差異，說明了大腦中的習慣和非習慣系統是分開的。自然發生的笑意會啟動某一組肌肉，而靠意識假造出來的笑容則會改變肌肉活化的模式，因此周遭的人一眼就能看出笑容的真假。

再多舉一個例子。最近我注意到某位同事走在醫院大廳時，顯然被他的智慧型手機分散了注意力。他走過我身旁時，我開口問：「嗨，病人最近如何？」結果他回答：「我很好，你呢？」這個自動產生的回答，很明顯是用來答覆「嗨，你好嗎？」但這並不是我問的話。這位醫師的心思全都放在手機上，他的回答完全出於習慣。我稍後針對這件事又問了他，他完全不記得自己雞同鴨講的答話。後來我又做了些小實驗，向一些心不在焉的人提出類似的問題，發現這種情況經常發生（我知道我也做過同樣的事）。有趣的是，我問過的大多數人都跟我的同事一樣，不記得他們曾經給過我毫不相干的回答。

我們的雙重控制系統牽涉到大腦裡的不同區域，並對行為產生截然不同的影響，不論在運動方面還是社交互動方式上都是如此。而我與同事之間發生的插曲，則意味著這兩個系統在另一方面也有所不同：它們和不同的記憶形式有關。

為什麼我們老是忘了買牛奶

星期二傍晚我準備下班的時候，老婆打電話來，要我回家路上順便買瓶大罐鮮奶。這哪有什麼問題！我踏進電梯，前往停車場的時候，還特地把這件事記在心上；然後我坐進車裡，調整照後鏡並轉動鑰匙發動車子，同時再提醒自己一次；我依照平常走的路線開車回家，一直到抵達家門，朝著大門走去時，才突然意會到：我又……再一次忘了買牛奶。不過我倒是不怎麼擔心這回事，不僅是因為我有個善解人意的老婆，何況在神經生物學上已有相當有力的證據，可以證明我有很好的理由記不住這個任務。

為了描述人類大腦中儲存及提取訊息的方式，研究者提出了許多不同的概念。其中一種是將記憶分為「程序記憶」（procedural memory）和「情節記憶」（episodic memory）兩類。「程序記憶」是我們如何做事情的記憶，像是騎自行車、打結、用鍵盤打字、駕駛車輛等；我們練習這些事愈多次，程序記憶就愈牢固。而「情節記憶」則是用來記住個人所經驗的事件，例如過往的經歷、感覺、去過的地方和想法等等；我們是靠情節記憶來記住生活中發生的事件，像「回家途中要買罐牛奶」的念頭就屬於此類。

這兩種記憶的差異不僅只是負責儲存不同類型的訊息，它們也來自大腦的不同區域。情節記憶儲存於海馬迴，它位於大腦深處的顳葉旁。海馬迴傾向於當非習慣性行為出現時開始活躍，當習慣性行為出現時變得沉寂，正如我們在小鼠走十字迷宮的實驗中所看到的那樣。而程序記憶則是源自紋狀體外側部分，也就是說負責程序記憶與生成習慣行為的大腦區域是相同的，這一點並不是巧合。

如果對沒有受過訓練的小鼠發射電流，將牠的海馬迴暫時關閉，那麼小鼠根本無法通過迷宮。牠既不記得自己身處何方，也不記得自己要往哪去，更不記得自己被放進迷宮是為了做什麼事。沒有海馬迴可以提取相關記憶，於是這隻迷惘的小鼠只能漫無目的到處亂跑。然而，如果小鼠是在完成受訓後才被關閉海馬迴，牠就會先往前跑，然後向左轉，就像之前已養成的習慣那樣。這是因為習慣是由外紋狀體負責，海馬迴並未參與習慣行為，所以讓海馬迴失去作用，對於靠自動導航來行動的小鼠沒有什麼影響。

那麼，這一切又和我忘了買牛奶回家有什麼關係呢？讓我們複習一下，心有旁騖的駕駛人抵達上班地點時，根本不記得自己是怎麼開車過去的，這是由於他的駕駛行為完全出自習慣，而習慣只涉及對程序記憶的反覆提取與儲存。他不記得開車上班的過程，是因為當我們運用習慣系統來完成一項行動時，與這項行動有關的記憶並不會以情節記憶的方式記錄在海馬迴裡。如果生活片段沒有被記錄進情節記憶，我們事後就無法回想起與它相關聯的影像（像是廣告看板）、聲音或感覺，它只會默默增強我們執行這個程序的習慣，僅此而已。

習慣不僅無法將訊息記錄到情節記憶中，它也無法從情節記憶中提取訊息，因為它根本沒有通往情節記憶的門路。這正是我把老婆的指示放進內心深處後，開車回家時所遇到的麻煩，因為我恍神了，程序記憶便在我開車時接管一切，結果我失去了通往情節記憶的通路，無法檢索到那些我想記住的重要事實。我的習慣系統完全不知道有買牛奶這回事，而我允許它接管了開車的過程，讓自己陷入難以記住任務的境地。所以我猜我也不是完全無辜的，因為回想起來，我應該可以更努力一點，試著去克服自己愛讓習慣接管一切的傾向。

為什麼我們不餓的時候還是會吃東西？

當習慣系統掌控一切時，我們提取情節記憶中儲存訊息的能力就會削弱。情節記憶裡存放的是包含上下脈絡、有助於擬定決策的知識，也許是察覺自己的所在位置，或是確定自己務必執行某些任務的念頭。這些知識也涵蓋我們不餓時應該避免吃東西的所有理由，包括應該擔心體重增加、注重個人健康狀況，或者只是單純覺得已經太飽不用再吃。然而明明不餓還是照吃不誤這種事實在太常見了，大多數人都同意這種行為只是一種「壞習慣」，但是大家這麼說的時候，想的並不見得是「習慣」這個詞的真正意義，或是確實有什麼科學根據。不過目前已有研究證實：覺得飽還是繼續把東西吃下去，歸根究柢而言，可能確實是習慣系統操控的結果。

實驗者要求三十二名健康志願者坐在電腦螢幕前面，只要看到指示他們按鈕的畫面出現，就立刻按下按鈕。當他們按下按鈕時，旁邊一台機器會送出玉米片或M&M's巧克力，機器送什麼出來，受試者就吃什麼。一半的實驗對象只接受兩回合各八分鐘的實驗任務，而另一半的人則接受十二次各八分鐘的實驗任務；第二組人練習這些任務的時間是第一組人的六倍，更有可能到最後按鈕時純粹是出於習慣。為了確保第一組不會養成習慣而第二組會養成習慣，實驗者監測了兩組人的大腦活動。由於紋狀體是大腦中發展出習慣的地方，因此實驗者可以確認第二組（接受更多練習的那一組）已發展出習慣，因為在訓練結束後，他們的紋狀體活動顯著增加。基於這一點，我們將第二組稱為習慣組，第一組則稱為非習慣組。

為了確認習慣發展如何影響我們的飲食行為，研究人員對大腦某個區域的活動特別感興趣，這個區域叫做「腹內側前額葉皮質」（ventromedial prefrontal cortex），位於額葉中下段部位。此區域的主要功能是預先評估某件即將發生之事的價值，這一點在大腦的獎賞路徑（reward pathway）中是很重要的，此路徑管理行為的正面或負面強化。

舉個例子，當我們飢腸轆轆坐在餐廳裡，侍者端著一盤盤美食走過來的時候，我們大腦中的神經元就會因為期待餐點來臨，像放煙火似的放起電來。腹內側前額葉皮質是促成這種興奮的主要區域之一，它會在預期某種經驗能夠獲得大量回報的時候加速運作，如此將產生正面加強作用，鼓勵我們繼續從事進行中的行為。所以在我們熱切期盼食物送到面前來時，腹內側前額葉皮質會開始放電，因為它偵測到大量回報。然而，一旦我們吃飽了，這類反應便大幅縮減，此時就算侍者即將端上另一盤食物，腹內側前額葉皮質也幾乎沒有反應。這種低落反應會貶低吃東西經驗的價值，阻止我們繼續吃下去。科學家認為接下來前額葉皮質中的鄰近區域會抑制下視丘（hypothalamus）產生的飢餓感。因此，腹內側前額葉皮質參與了回饋的迴路，它會在我們飢餓的時候正面加強吃東西的行為，但是吃東西的行為最終又會導致腹內側前額葉皮質阻止我們進食，並且辨識出我們已經飽了。

研究人員想要比較習慣組與非習慣組在腹內側前額葉皮質發生的反應。在非習慣組中，腹內側前額葉皮質會在每次按下按鈕，預期點心出現之前活化，鼓勵受試者吃東西。不過這是受試者肚子餓的時候，等到他們飽了，又會發生什麼情況呢？研究人員先讓非習慣小組成員飽餐一頓，直到他們覺得不餓了，再回來進行實驗任務。這一次受試者按下機器上的按鈕時，腹內側前額葉皮質的活化現象減弱了，參與者不餓，所以吃到巧克力或玉米片的預期獎賞感變到最小。腹內側前額葉皮質會降低零食的獎賞價值感，以阻止進一步攝取食物的行為。

接著由習慣組接受測試。在第一種情況下，只要他們的肚子一餓，腹內側前額葉皮質就會在他們按下按鈕時展現出預期的訊號，顯示他們的大腦認定食物帶來很高的回報。接下來，習慣組中的受試者先吃一頓大餐，等到他們吃飽喝足後再回來做測試，繼續進行按鈕任務，實驗者也繼續監測他們的大腦活動。這一次，fMRI的結果，顯示腹內側前額葉皮質的活動情況與受試者仍然有胃口時一樣強烈，儘管他們已經吃飽了，零食的預期獎賞價值卻沒有降低，回饋迴路被打破了。很明顯的，因為受試者是出於習慣按下按鈕及吃掉零食，他們的大腦失去阻止他們繼續吃東西的能力。事實是：腹內側前額葉皮質藉著維持獎賞的訊號，在不覺得餓的時候仍然正面加強吃東西的行為。習慣的發展改變了進食行為，讓這種行為從取決於營養需求，變成一種自動化的動作。

這可能解釋了為什麼我們經常在肚子根本不餓的時候吃東西，因為我們接受習慣系統的掌控，讓進食行為變得自動化。但是我們是怎麼允許習慣系統奪得指揮權的呢？我們有辦法控制它嗎？

我們可以用這樣的方式來思考：有兩種系統指引我們的行為——尊崇固定程序的「習慣系統」和考慮周詳的「意識系統」，兩種系統可以分開作業，也可以同時運作，但是兩個系統都不能一次做兩件事。意識系統可以開車，也可以思考反省當天發生的事，但是無法同時一起做這兩件事。如果意識系統已經被某件事占用了，習慣系統就會被分配負責駕駛的職責。由於被動的允許思緒淹沒我們心靈（也就是我們所說的「恍神」狀態），我們卸除了意識系統的職權，失去存取情節記憶及反思更急迫任務的能力，習慣系統便接管了任何我們正在進行的例行活動。

這種情況常常發生在我們因某些事物（例如看電視）而分心的時候。醫師強烈建議不要邊看電視邊吃東西，因為這樣可能會導致飲食過量。當我們被動的盯著電視看，也就等於是允許電視壟斷我們的意識系統，因此我們平時在看電視時會做的事（比如說吃洋芋片）就會被習慣系統給召喚出來。就像心不在焉的駕駛可以靠自動駕駛機制開車一樣，心有旁騖的進食者也可能因為忙著看重播的《歡樂單身派對》（*Seinfeld*）影集，而不知不覺啃掉五包洋芋片。不幸的是，由於習慣系統沒有提取情節記憶的管道，所以它對於腸胃不適、體重增加、心臟病，甚至於最基本的節制概念，統統都一無所知。

當我們的心靈被各種事物所占據，就會暫時失去以意識控制行為的能力，此時我們的行為就像是遵循編寫好的程序在進行。如果我們是無限期的失去自我控制能力，那會是什麼樣的情況呢？永久喪失自我監測能力的情況，在額葉受損的案例中可以看到，而腹內側前額葉皮質也屬於額葉的一部分。一旦大腦失去集中監控行為的能力，我們就會失去做出周延決策的能力，接著我們的大腦轉由習慣主導，自動化模式就會出現在我們的行為上。

執行功能障礙

在認知神經科學領域，用「執行功能」（executive function）一詞來描述大腦的最高階功能，包括計畫、決策、注意力控制、自我監測等。執行功能對大腦而言，就像是一家公司的執行長（CEO），它使我們擁有控制自己的思考與行動的能力。

當額葉受損，執行功能便會削弱，患者可能失去計畫及做出正確決策的能力，甚至無法控制自己的行為來符合日常社交禮節。不僅如此，他們往往會以一種類似習慣行為的方式行事。

有個名叫佛拉迪米爾的二十來歲俄國工程學學生，因為冒險跑到鐵軌上撿足球被火車撞上，造成大腦額葉受損，不幸失去了做出決策及高階思考的能力。他通常會坐著不動，凝視天空；若護理師試著跟他說話，他不是聽而不聞，就是開始喃喃咒罵。他甚至無法遵循最基本的指示，當研究人員遞給他一張紙要他畫個圓圈，他會茫然地望著對方，什麼事也不做。於是研究人員主動拉起他的手，協助他畫圈。最後佛拉迪米爾終於成功自行畫出圓圈，不過他並沒有停下來，繼續一個又一個畫個不停，直到研究人員把他的手從紙面上拉開才會停止。顯然佛拉迪米爾的程序記憶讓他能夠成功地畫出圓圈，但因為額葉受損，使得他無法讓自己停下來。

另外一個更鮮活的額葉功能障礙案例，是一種稱為「他人之手症候群」（alien hand syndrome）的病症，患者的手可能會自發性抓住附近的物體不放。患者並非刻意移動自己的手，那些動作是自動發生的，有時患者甚至無力讓自己的手放開物體，必須要派出另一隻手來幫忙解圍。在相關病例報告中，我們看到有位患者發現，自己可以藉著對那隻「他人手」破口大罵，來逼它放開東西；在另一個案例中，則是有患者陳述她的「他人手」曾經企圖掐死她。這些「他人肢體」傾向於違背身體其餘部分想做的事，例如你正用正常的手在扣襯衫的扣子，另一隻「他人手」就會伸過來解開扣子。還有些患者的報告中提及他們的「他人手」會把另一隻手拿著的東西搶過來，並做一些調皮搗蛋的事。正是因為額葉功能出現障礙，才會導致這些患者的肢體做出種種不尋常的自動動作。

◇◇◇◇◇◇◇◇◇◇◇◇◇◇◇◇◇◇◇◇◇◇

法國神經學家拉荷米特（François Lhermitte）因其對額葉受損患者所做的研究而知名於世。他發現這類患者會自動開始使用周遭的工具或物品，即使這麼做很失禮也無法停止。在一個實驗中，拉荷米特邀請一位額葉受損患者來到他自己的房間，在門邊的桌子上，拉荷米特擺了一幅裝了框的畫，旁邊還放了錘子和釘子。患者進了房間後，一看到桌上的畫和工具，馬上毫不猶豫的將釘子釘到牆上，然後把畫掛了上去。當然，根本沒有人要求患者這麼做，但顯然他一看到錘子和釘子，就本能的開始進行他原本習慣用錘子和釘子做的事；就像那位心不在焉的駕駛，明明該去別的地方，卻不自覺的把車開到了上班地點，純粹是出於習慣動作。如果大腦沒有發揮執行功能、讓高階判斷能力適時出手干預，那麼習慣系統就接手一切，自動依過去的習慣來行動。

在另一個實驗中，實驗對象是兩名額葉受損的病人，其中一人是幾個孩子的母親，另一個則是單身男性上班族。兩人都被帶進一間房間裡，房裡有張沒鋪好的床。這位母親先進房間，她一踏進房裡，就走到床旁邊把床單邊緣塞進床墊下，拍鬆枕頭，然後仔細鋪平毯子。接下來，實驗人員又把床弄亂，再叫單身男子進來，結果他馬上走到床邊，整個人「砰」一聲撲上去，倒頭睡了一覺。這結果和第一個實驗一樣，由於執行功能出了毛病，使得兩位患者自動依習慣行事；在這個例子裡，兩人的行動模式剛好和一般的性別刻板印象一致。

拉荷米特表示：這種「利用行為」（utilization behavior）的效應，只有在相關受試者很習慣使用實驗中所用物品才會出現。他曾做過測試，把香菸和打火機分別放在吸菸者和非吸菸者面前（兩人的額葉都有受損），只有吸菸者會點起菸來開始抽，非吸菸者什麼事也沒做。這是因為非吸菸者沒有抽菸的習慣，因此不會表現出相同的自動反應。

額葉受損病例中出現的自動化行為，是否跟一般人的習慣反應完全相同呢？不盡然如此。額葉受損引發的效應範圍廣泛，沒有哪個病例會跟另外一個病例一模一樣。但是從額葉受損患者的行為舉止方式中，更可以明顯看出來一項習慣行為的要素，那就是紋狀體，也就是負責習慣行為的區域；這部位在一些僅有局部額葉出現障礙的病例中並不會受到影響，因此執行功能故障時，大腦會更加依賴習慣系統，此時更自動化、更符合一般刻板印象的行為就會出現。

在缺乏執行功能的情況下，不管這情況是源於受傷，還是由於此人的思緒完全被別的事情所占據，大腦都會轉而仰賴其他生成行為的方法，因而導致行為自動化。我們可以短暫切換到自動導航模式，繼續原來的行為卻沒有意識到自己在做什麼，就像殭屍那樣。接著要問的是：既然大腦中的自動化歷程可以在不知不覺間幫我們開車、掛畫、鋪床，那麼它會不會還能幫我們完成一些其他事情？

夢遊殺人事件

二十三歲的派克思（Kenneth Parks）住在加拿大的多倫多，有一份穩定的電子業工作。他已經結婚兩年，有個五個月大的可愛女兒。派克思和他的岳父母相處親密融洽，感覺上比他跟自己的父母還要親近，他的岳母總暱稱他為「我的溫柔巨人」。

1987年夏天，派克思覺得自己快被生活上一些錯誤抉擇帶來的後果壓垮了。他已嗜賭成性，三天兩頭往賽馬場跑，而且老是把重本投注在冷門馬上——也就是那些得勝率最低，但賠率最高的馬兒。經歷過多次失敗的投注後，派克思開始盜用公款來向妻子隱瞞損失。上班對他而言成了噩夢，因為他必須盡力掩蓋自己汙錢的證據。然而最後盜用公款的罪行終究還是曝光了，派克思被公司解雇，並面臨法律訴訟。這讓他愈來愈難對妻子啟齒自己的賭博問題，尤其是後來連他們的房子也面臨被迫出售。

沉重的債務讓派克思經常徹夜輾轉難眠，即使好不容易讓自己睡著，往往也會在半夜驚醒，感覺胸膛塞滿焦慮的苦痛。在參加戒賭無名會（Gamblers Anonymous）後，派克思決定該是跟家人及岳父母開誠布公、好好討論自己的經濟困難的時候了。然而在召開家庭會議的前一晚，派克思整夜無法成眠，隔天早上他疲憊不堪的告訴妻子要把家庭會議往後延一天。就在5月23日星期六的凌晨一點半，派克思終於在沙發上沉沉睡去。

派克思接下來的記憶，是他低頭看到岳母倒在他面前的地板上，臉上滿是恐懼。接著他跑上自己的車子，伸出手去抓方向盤時，才發現自己手中竟然握著一把刀，而且刀子還在滴血。他扔下刀，直接把車開去了警局。在那裡，他告訴值勤的警官：「我想我殺人了。」

歷經多次訊問，派克思的敘述一直非常一致：從他睡著到看到岳母的臉，中間這段時間究竟發生了什麼事，他一點也不記得了。然而根據調查人員的調查，在派克思失去記憶的這段期間，他可是做了一大堆事：他從沙發上爬起來，穿上鞋子和外套，走到家門外，坐上自己的車，開了二十三公里，途中在多達三處的紅綠燈前停車，進入岳父母家，和岳父扭打並且扼住岳父的脖子，然後用刀捅死了他的岳母。然而這些事他從頭到尾完全都不記得了。

醫療評估後並未發現派克思有任何身體疾病或濫用藥物的跡象，因此由四位精神科醫師組成的團隊加入了評估工作，試圖從精神層面找出案件真相。派克思明顯的對所發生的事感到驚駭不已，醫師在他身上找不到預謀殺人的跡象，也看不出明顯的犯案動機，因為他並無法從這場謀殺中獲得任何利益。派克思控制攻擊行為的能力並沒有問題，他的智力中等，不曾有過妄想、幻覺或任何一種精神疾病。精神病評估人員對於這些醫學調查完全得不到結果深感驚訝，他們完全找不到答案。

最後，一位神經科醫師伸出援手，指出派克思的情況可能與睡眠障礙有關。派克思跟他家族中的許多成員一樣，有睡眠斷斷續續及夢遊的病史。他的夢遊經歷可以追溯到小時候，他的兄弟們甚至曾經撞見熟睡中的他正要爬出窗戶，不得不合力把派克思拖回床上。他還曾有夜間尿床、夜驚、說夢話等情形，這些都跟夢遊相關。神經科醫師要求使用「睡眠多項生理檢查儀」（polysomnogram）來對他進行全面睡眠評估，這種裝置會同時測量睡眠期間的腦波、眼動、心率、呼吸頻率及肌肉運動。測量讀數顯示，派克思的「慢波睡眠」（slow-wave sleep）比率異常的高，這是慢性夢遊者的典型表現。所有證據蒐集起來交付審判後，法庭做出結論：派克思是在夢遊狀態下攻擊他的岳父及殺死他的岳母，因此裁定兩項罪名均不成立。正如一位法官在判決書中所說：

> 雖然「無意識行為」（automatism）一詞直到最近才在法律上取得一席之地，然而在基本原則上，「沒有犯意」就涉及的行為而言，永遠可以做為罪行的辯護理由。「行為非出於自願」這個辯護理由足以讓被告完全無條件開釋……就普通法來說，如果一個人是在無意識或意識半清醒的狀態下，犯下於其他情況中隸屬犯罪的行為，那就不算有罪。如果他是因為有精神疾病或心智缺陷，無法理解某種行為的本質與特性或是做出這種行為是錯誤的，那麼他也不需要負責。刑法上的基本準則，就是一個人只需對自己有意識且有意圖的行為負責。

為了更深入瞭解派克思的大腦在那個可怕的夜晚到底出了什麼問題，我們需要先理解睡眠的四個階段。

在第一階段中，你才剛剛睡著，在此階段很容易醒來，而且醒來後可能根本不知道自己剛才已經睡著。到了第二階段，你的肌肉會放鬆下來，但有時也許會出現自發性收縮現象；你的心率開始減慢，體溫也隨著身體準備進入深度睡眠而下降。第三階段稱為「慢波睡眠期」，是整個週期中睡得最深沉的一段時期，夜驚和尿床通常是發生在慢波睡眠期，而夢遊也是出現在這個階段。最後一個階段是「快速眼動睡眠期」，在這個階段我們體驗到最栩栩如生的夢境，同時肌肉會呈現完全麻痺狀態，可以防止我們在現實世界中做出夢裡的那些行為。在派克思的個案中，正如我前面所提到，他的「慢波睡眠」時間長得超乎尋常，而且這個睡眠階段缺乏防止產生實際行為的肌肉麻痺機制。

夢遊是個神祕的例子，說明一個人的行為可以如何被他無法控制的自動化歷程取代，而且也有可能會導致非常可怕的後果，就像派克思經歷的那樣。美國睡眠醫學學會（American Academy of Sleep Medicine）已歸納出夢遊事件的四個特徵：

1. 夢遊過程中難以喚醒當事人
2. 醒來後感到心神昏亂
3. 對夢遊過程完全或部分失憶
4. 可能做出危險行為

在夢遊相關報告中提及的事件包羅萬象，像是拋擲重物、跳出臥室窗戶，甚至是在睡夢中發生性行為。科學文獻中特別用「睡眠性交症」（sexsomnia）來稱呼睡夢中的性行為，這又是一個讓人感到驚訝的例子，證明人們在熟睡時仍能完成複雜的行為。

夢遊時有可能做出危險的行為，然而多數夢遊者並不記得他們做過些什麼，往往是因配偶或其他人的告知，才發現自己會夢遊。也有的人是忽然醒過來後，發現自己不在原本入睡的地方，才知道自己剛剛夢遊了。

為什麼夢遊者總是無法記得自己夢遊呢？或許有人會認為，這是因為夢遊者的大腦沒有在活動，缺乏處理周遭訊息的能力，畢竟他們正在睡覺啊！然而事實上，人類的心靈在慢波睡眠時是相當活躍的。在慢波睡眠階段中，人們會做簡單的夢，而且由於此時肌肉尚未麻痺，大腦甚至可以促使肌肉收縮，做出一些複雜的動作。

另一種說法認為，人們之所以不記得自己夢遊，是因為大腦沒有把那些事情記錄到情節記憶裡。這樣說來，夢遊者跟心有旁騖的駕駛是有一些共通之處的。心有旁騖的駕駛不記得自己是怎麼開車上班的，因為他的腦袋塞滿了其他思緒，像是待會兒的簡報該講些什麼。於是這個駕駛人會記得有關簡報的想法，而不是開車這項複雜任務。那麼，是什麼占據了夢遊者思緒的呢？答案是他們的夢。

◇◇◇◇◇◇◇◇◇◇◇◇◇◇◇◇◇◇◇◇◇◇

我們有時會記得自己的夢，但有時卻完全想不起自己到底夢到了些什麼。研究顯示，能否記得夢的內容，取決於我們做夢時所處的睡眠階段。在快速眼動睡眠期做的夢，大約有75％可以記得；但若是在慢波睡眠期做夢，也就是最可能發生夢遊的那個階段，記得的則只有不到60％。目前還不清楚為什麼會有這樣的差距，但在慢波睡眠期做的夢確實會有些不同，通常比較短、比較像是許多彼此關聯的思緒，而不像是真正的夢。如果慢波睡眠期通常會出現的是短暫且斷斷續續的夢，記得的機率只略高於一半，那麼夢遊者的「夢境」跟「夢遊行為」間又有什麼樣的關聯呢？2009年一個有關夢遊的研究探討了這個問題。

睡眠專家對四十六名夢遊者進行了超過兩年的追蹤研究，要求受試者描述記憶所及在夢遊期間出現的任何夢境及感受，並詳細記錄受試者是否記得自己的夢，如果記得的話究竟夢到了些什麼。研究者發現71％的人記得至少一部分與夢遊過程有關的夢境，在這些記得夢境的人之中，有84％的人描述他們那時感受到害怕或其他類似的不愉快感覺。以下列是部份受試者報告的夢境，以及他們在夢遊時的實際行動：

夢境內容	**夢遊者的實際行為** （根據旁人觀察或夢遊者本人的敘述）
一輛卡車對著她衝過來，眼看車輪快要輾到她	她跳下床，然後從樓中樓上層一躍而下
她的寶寶陷入危險之中	她匆忙抓起自己的寶寶，衝出房間
蜘蛛朝著她爬過來，她想把那些蜘蛛淹死	她開始往床上吐口水
有人在跟蹤他	他爬上了自家屋頂
他的女朋友陷入危險，他必須救她	他一把抓住女友，將她拖下床去

夢遊者往往記得在夢遊期間所做的夢，但不記得自己有夢遊，也不記得在夢遊過程中做了些什麼。他們唯一能做的，只有在實際情況發生後，試著去拼湊出夢遊時到底發生了什麼。

不管是因為大腦相關功能受損，或者單純被其他要事分了神，當我們的意識沒辦法持續專注在眼前的行為上時，自動系統就會立即接管我們的身體。從上面的表格中，我們可以看到「夢境內容」與「夢遊者的實際行為」間，有著明顯的相似之處。在夢遊過程中，夢遊者的心靈全神貫注於內在的夢境之中，身體則由自動導航機制所控制，就好像正在演出夢境內容的機器人。

◇◇◇◇◇◇◇◇◇◇◇◇◇◇◇◇◇◇◇◇◇◇◇◇◇

讓我們回到夢遊殺人事件中的派克思。派克思睡得很不好。想到即將要向岳父母坦承自己那些導致家庭破碎的謊言與魯莽之舉，他承受著難以置信的巨大壓力。在已經瀕臨精神潰決的邊緣。在精神脆弱的狀態下，那天晚上有個異想天開的念頭悄悄爬進他的腦袋裡，說不定他夢到了一個好辦法，能讓他避開這種面對眾人吐露實情的場合：要是岳父母會面之前就死掉了，那該有多好！如果派克思是清醒的，而且有意識的反思自己行為，他應該永遠也不會犯下殺人案件；然而在做夢的時候，一個人的想像是沒有極限的。

那天晚上，派克思的心靈很有可能被一場可怕的夢所占據，意識功能無暇來監控他的行動，於是自動系統便接管了一切 —— 他變成最致命的心不在焉駕駛人，開了二十三公里的車程，然後犯下殺人罪行，而且這一切都在自動導航機制下完成的。顯然殭屍真的存在，而且有能力犯下暴行。

我們天生具備一套可以控制行為的自動系統，然而這個系統有能力做出違背我們利益的行為，像是讓小鼠在迷宮裡跑錯路，或是害一個人犯下殺人罪。這不免會讓人想問：到底為什麼要有這樣的系統存在呢？既然在人類演化過程中保留了這個能力，想必是因為它有些用處吧！那麼它究竟能對我們有什麼幫助呢？

負責多工處理的兩個系統

知名歌手比利喬（Billy Joel）在他1973年首度發行的經典歌曲《鋼琴師》（*Piano Man*）中一次演奏兩種樂器：鋼琴和口琴。要一邊在鋼琴上協調雙手動作，一邊維持歌曲的流暢性，光是這樣就已經夠困難的了，何況還要再同時演奏另一種樂器！這可是只有少數人才擁有的高超技藝。比利喬是怎麼辦到的呢？我實在很想說是他開啟了某些能力的封印，而這些能力是我們其他人望塵莫及的，不過這樣的說法連他本人也不會同意。比利喬在2012年接受亞歷鮑德溫（Alec Baldwin）訪問時，對他自己的鋼琴技巧是這麼說的：

比利喬：我很清楚鋼琴彈得好該是什麼樣子的，我彈得並不好。我的左手算是半殘吧，我是個左手只有兩指會動的鋼琴手。

亞歷鮑德溫：你是說跟誰比呀？

比利喬：跟那些知道他們的左手在幹嘛的人比啊！我從來沒有充分練習過好好使用左手所有的手指，所以我只是一直在低音部彈八度音而已。因為左手那麼笨拙，右手就會一直試著去彌補這個問題，結果右手總是彈得太過火。我的鋼琴技巧爛透了！

儘管比利喬太謙虛了些，不過他提到由於左手缺乏充分練習，所以彈奏複雜的低音旋律時總是很吃力，這部分應該是符合事實的。既然如此，他又怎麼有辦法同時吹口琴呢？訣竅在於他在鋼琴上只彈奏簡單的八度音階或是單音，這樣的模式簡單到能夠成為自動化動作。由於手指彈奏的是一些不用費心的簡單音符組合，他就可以專心在第二種樂器上吹奏旋律了。

接受採訪時，比利喬也承認他在閱讀樂譜上有困難。

亞歷鮑德溫：如果我帶來一段你沒聽過的音樂，我拿到樂譜，把它放在你面前，跟你說：「來彈這個吧……」

比利喬：對我來說那是天書啊！

想像一下比利喬試著一邊吹口琴，一邊看樂譜彈奏鋼琴……這根本是行不通的，因為比利喬之所以能夠同時演奏兩種樂器，祕訣在於他讓其中一部分變得簡單，簡單到可以自動進行。

在依照固定路線開車、演奏某一首樂曲，甚至爬樓梯之類的事變成習慣以後，我們就可以不假思索的更快完成這些事，說不定還會做得更好。將行為的某些部分自動化的真正好處，在於能同時處理多項任務。心有旁騖的駕駛之所以能夠專心思考如何提升待會兒的簡報表現，是因為習慣系統已經接管了駕駛工作。比利喬能夠同時演奏口琴和鋼琴，是因為他彈鋼琴時不需要思考。走路也是一種自動化行為，但年幼時還是得經過一番練習的；現在之所以能邊走路邊講手機，是因為我們已經不必把任何注意力放在腿的擺動方式或腳的踩踏位置上。

◇◇◇◇◇◇◇◇◇◇◇◇◇◇◇◇◇◇◇◇◇◇

要如何證明這種「多工處理」（multitasking）模式確實存在呢？我們必需要能展現某人在大量練習某項任務，直到成為習慣之後，有能力接受第二項全新任務；並且同時執行二者時，效率與成果表現都只有一點點下降，或甚至毫無減損。伊利諾大學一組研究人員就做了這樣的實驗，他們教會三十九名受試者如何去玩一個叫做《太空堡壘》（*Space Fortress*）的電玩遊戲。

在遊戲中，玩家的任務是使用搖桿操縱太空船，在適當時機按下按鈕發射飛彈，來摧毀螢幕中央的太空堡壘；在執行攻擊行動的同時，還必須避開散布整個虛擬環境中的地雷，以免對太空船造成損害。飛彈命中堡壘就能得分，太空船撞上地雷則會扣分。這個遊戲的設定算是比較複雜的，跟駕駛人開車前往目的地時，必須避開行車路線上其他車輛的任務難度差不多。

打《太空堡壘》是第一項任務，而第二項任務則是一項聽力活動。參與者需要聆聽一系列的聲音，從中分辨出哪個聲音和其他聲音不同。如果這些聲音的音頻很相近的話，這個任務就會有點難度，因此會需要受試者專心聆聽。

只要讓受試者學會如何處理這兩項任務，實驗就可以開始了。一開始只是單純執行聽力任務時，受試者可以正確辨識97%的不協調聲音。接下來他們得到指示再次執行此任務，但這次要同時玩《太空堡壘》，結果成績就沒有那麼好了。在沒有好好練習過之前，他們的遊戲得分一直是負的，撞上地雷的次數高於成功攻擊堡壘的次數；此外，由於不得不分散注意力，受試者在聽力任務上的平均成績也下降到82%。

實驗的下一個階段，要求受試者只要玩《太空堡壘》就好。他們一遍又一遍的玩，總共玩了二十個小時，已經變成玩這種遊戲的高手。接著要求他們再玩一次，但是要同時進行聽力任務。這一次，受試者可以熟練的發射飛彈命中堡壘，而且聽力任務的得分也上升到91%。

這樣的結果代表什麼意義呢？如果沒有經過練習，意識注意力必須分成兩邊運作，造成的干擾導致受試者整體表現下降。相較之下，練習打電玩多次之後，他們或多或少可以改用自動系統繼續玩，如此便有能力將更多意識注意力分配給聽力任務，得以在熟練度僅稍微受損的情況下完成工作。下次如果你上班時玩《踩地雷》

被老闆抓到，你就可以用這個實驗結果當辯解的理由了。

研究人員也使用腦波儀來監測受試者的大腦活動。他們想知道能否由訓練前後大腦神經元活動的分布變化，來揭示面對同時執行的任務時，大腦如何分配資源。每次受試者以飛彈成功擊中堡壘，腦波紀錄圖中就會出現了一個明顯的尖峰；同樣的，每次受試者辨識出相異的聲音，神經元活動也檢測得到等效增加。

在接受訓練之前，飛彈命中和聽到相異的聲音時產生的腦波圖尖峰大小大致相同，然而經過二十個小時的電玩練習之後，飛彈命中造成的腦波活動明顯降低許多，表示分配給這個任務的神經元資源變少了；另一方面，聆聽聲音時的神經元活動則顯著增加。隨著打電玩任務多多少少可以轉交給自動系統後，受試者的大腦便能集中更多處理能力，用於在聽力測試中爭取成功。行為測試和電生理學測試得到的結果一樣，第一項任務的自動化使得更多精神資源可以投注到第二項任務上，讓多工處理得以成立。

◇◇◇◇◇◇◇◇◇◇◇◇◇◇◇◇◇◇◇◇◇◇◇

要將資源分配給好幾項複雜任務是十分困難的，但大腦會為我們完成這項工作。我們的大腦天生具備兩個並行的行為控制系統，這兩個系統各有不同的長處，以及通往不同記憶形式的管道。

第一個系統是「習慣系統」，它的特色是程序性、可程式化，而且比較快速，它可以完成一些例行性的工作，像是走熟悉路線開車上班或者只是在迷宮中左轉，就某方面來說，這樣是很有效率的。習慣系統的自動化特性，則讓我們擁有同時使用第二個系統的能力。第二個系統是「意識系統」，它比較深思熟慮，會有意識的進行分析；它可能會比習慣系統慢一些，但更為靈活；它可以承擔一些前後脈絡有所改變的事情，像是熟悉的駕駛路線因道路施工而封閉，必須找出替代路線之類的任務。大腦會運用其邏輯尋找哪些任務可以自動執行，就像電腦會騰出隨機存取記憶體（RAM）的空間那樣，如此我們便可以將意識力量集中起來，處理任何其他我們選擇的任務。

大腦能否進行多工處理的關鍵，在於能夠把部分任務交給習慣系統去完成。例如剝橘子這樣簡單的任務，即使我們正沉浸在喜愛的電視節目，或正在跟朋友通電話，仍然能夠輕鬆的達成。但如果我們正努力讀懂一本艱深的物理學教科書，同時還要看電視或通電話，這就會是個困難無比的任務了，因為閱讀並不是一種可以自動化的歷程，它需要意識的持續投入。不過我們倒是可以一邊讀書一邊剝橘子，因為意識系統可以負責閱讀，而習慣系統則負責剝橘子，這正是人類擁有雙重行為控制系統的好處。

這一點問歐巴馬（Barack Obama）最清楚了。美國前總統歐巴馬在第一任任期即將結束之際，接受《浮華世界》（*Vanity Fair*）雜誌的採訪中，他談到自己是如何將日常瑣事的決定自動化，以便把精力集中在更重要的決策上。「你會看到我只穿灰色或藍色的西裝，」他說，「這麼做是為了努力減少做決定的機會，我不想在決定吃什麼或穿什麼上耗費心思，因為我還有太多其他決定要做。你需要把精力集中在重要的決策上，所以你得把自己的一切慣例化，不能讓自己整天都為那些瑣事分心。」

◇◇◇◇◇◇◇◇◇◇◇◇◇◇◇◇◇◇◇◇◇◇

大腦的內部邏輯創造出適合多工處理的基礎架構，這是殭屍沒有的東西。殭屍只能憑藉自動駕駛系統行事，他們沒有意識，只有一個系統可以控制自己的行為。殭屍可能可以開車上班，但是很不幸的，他們無法像我們那樣可以同時處理多項任務。至於我們呢？我們只有在其中一個系統受損毀壞（像是大腦發生執行功能障礙），或當我們誤用系統（像是做白日夢或夢遊）的時候，我們才會失去人類大腦所賦予的多工處理優勢。

當我們知道只要經過足夠的訓練，就能讓大腦將某些行為自動化，這就意味著我們已經為「練習」這件事的重要性，找到神經邏輯上的立論基礎。對某項行為練習得愈多，它便愈能夠自動化，然後我們就更可以同時進行多項任務。不過派克思的案子仍然為我們留下了一些疑問，他從來沒有練習過掐人脖子或是用刀捅人，不管怎麼說，他都沒有任何殺人的經驗，然而他還是有能力在睡眠之中犯下如此令人髮指的罪行，一切都是他在自動導航機制下完成的。也許靠身體做重複動作並不是積累經驗的唯一途徑，說不定還有另外一種訓練大腦的方法，只需要用到心靈。

第 3 章

想像力可以讓你變成更棒的運動員嗎？

關於運動控制、學習，以及心理模擬的力量

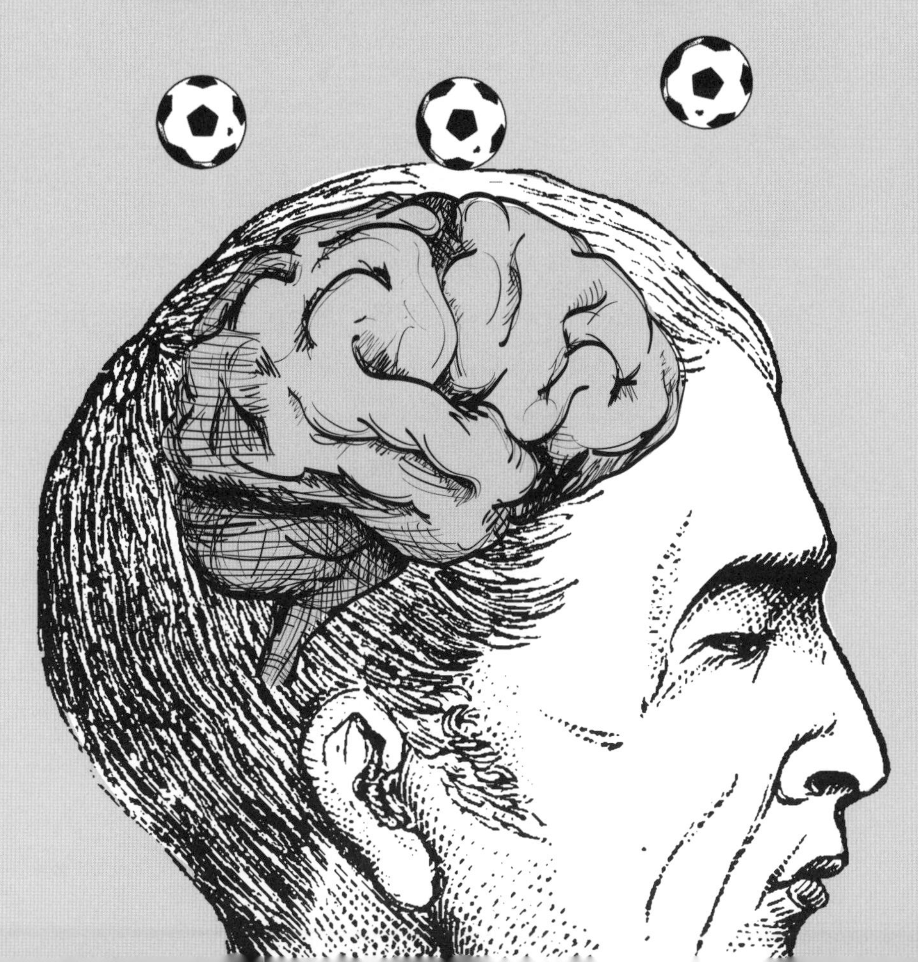

高爾夫球是一種
在五英寸範圍內決勝負的比賽
——也就是你雙耳之間的那段距離。

——美國高爾夫球大師瓊斯（Bobby Jones）

「老虎最愛做的事，一直都是為職業高爾夫大賽做好準備，」厄爾伍茲（Earl Woods）曾這樣形容他的兒子，「他是個擅長分析及系統化思考的人，這也是他掌握高爾夫球的方式。」

從少年時期開始，老虎伍茲（Tiger Woods）就以一絲不苟的工作準備而聞名。他每天的例行訓練活動，包括將近八小時的高爾夫球練習、一小時半的重量訓練，以及一小時的有氧運動。然而，當談起老虎伍茲對職業大賽的準備時，他的父親滿懷慈愛的回憶起他有個不同於一般例行訓練的準備方式，這部分在訓練計畫上是完全看不到的：「每年大賽前夕那週，他都用來進行心理及生理上的微調。我們開車到比賽場地參加練習日活動，練習結束回到家，總會看他閉著眼睛躺在床上。他告訴我他正在腦海中練習接下來正式比賽需要用到的揮桿技巧。」

運動員想在最高級別職業賽事中勝出，單靠良好的身體素質是不夠的，充分的心理準備更是不可或缺的要件。對於老虎伍茲而言，心理準備不只是把心情調整好，等著迎接大賽的到來，他還要不斷在心裡練習揮桿。

截至目前為止，老虎伍茲已經十四次在大型錦標賽中奪冠，成績僅次於高爾夫球界的傳奇人物：尼克勞斯（Jack Nicklaus）。尼克勞斯於1962到1986年間，一共在十八次大賽中拔得頭籌，他在自己的著作《精進你的高爾夫球球技》（*Play Better Golf*）中，也提及類似的心理策略：

> 在每次擊球之前，我會先觀看自己腦海中的影片。以下是我所看到的東西：首先，我會看到球停在我要它結束的地方，又白又可愛，穩穩挺立在鮮綠的草皮上。接著我會看到球是怎麼過去的，看到它的路徑和飛行軌跡，甚至它落地時的情景。下一個畫面則告訴我用什麼樣的方式揮桿，可以把前面看到的那些影像變成現實。這種私房影片，正是我之所以能夠專心致志、每一球穩紮穩打的關鍵。

既然兩位史上最傑出的高爾夫球運動員，都聲稱他們是運用心理演練（mental rehearsal）的方式來增進自己的表現，那麼高爾夫球界當然會特別注意到這回事。

在體育界，心理演練的效用並不限於高爾夫球，我們來談談英國標槍選手巴克雷（Steve Backley）的故事吧！他在1992年的巴塞隆納奧運會上奪得銅牌，但三年半之後他不幸扭傷了腳踝，這時離

1996年亞特蘭大奧運開幕只剩幾個月時間了。他沒辦法走路，需要拄著枴杖六個星期，醫師也不准他做任何訓練——至少不能做身體上的訓練。巴克雷不願放棄亞特蘭大奧運參賽的希望，於是在心中展開了一段艱苦訓練。他讓枴杖靠著牆，自己坐在椅子上閉起雙眼，想像標槍就在自己手中，感覺到蜷曲的手指握著冷冷的金屬槍桿。他想像自己使用最完美的投擲姿勢，擲出的瞬間肌肉緊縮，用標槍畫出一條高高的弧線。他望著標槍劃破天際，飛到最高點時看起來像根針一般，接著開始向下斜傾疾行，直到重力推動槍頭刺入土中。

等到他腳踝的傷痊癒時，他已經在想像中做過上千次的投擲了。巴克雷很驚訝的發現自己在準備工作上竟然沒有落後，他投擲得和腳踝受傷前一樣好。最後巴克雷在亞特蘭大奧運中贏得銀牌。

在想像中進行練習，就可以讓你實際上的運動表現變得更強，這聽起來可能有些難以置信，但一些史上最偉大的運動員，像是籃球員喬丹（Michael Jordan）及網球選手費德勒（Roger Federer），都曾宣稱他們運用過這項技巧。不過話說回來，許多運動員會在比賽前或比賽中進行一些特別儀式，這類活動大概就不會對結果產生什麼影響。舉例來說，芝加哥熊隊的前任線衛厄拉赫（Brian Urlacher）每場比賽前一定要吃兩片女童軍餅乾，別種餅乾都不行。當選2008年世界足球先生的羅納度（Cristiano Ronaldo）每次比賽前總是要去理髮。而網球選手小威廉斯（Serena Williams）則是喜歡在網球錦標賽的每一場競賽中，都穿著同一雙沒洗的襪子。

相較於運動員們五花八門的賽前儀式，「心像」（mental imagery）的效果究竟如何？在心裡做運動練習，真的可以增進你的表現嗎？或者它的效果其實跟穿髒襪子比賽差不了多少？

大腦中的模擬器

想像一下自己正舒舒服服坐在沙發上看電視，然後你決定要去冰箱拿點食物來吃。從沙發走到冰箱要花多少時間？請在心裡想像一下那個畫面：你先站起了身子，走出客廳，經過打盹的小貓咪身旁，繞過廚房的工作檯面，最後終於來到冰箱前，打開一看裡面只有那碗吃剩的辣肉醬。那麼，依你的感覺，這趟前往冰箱的旅程花了多少時間？

當你想像這段旅程時，你就是在用「心像」創造一個自己走到冰箱旁的模擬情境，信不信由你，這種模擬情境的精確度還滿高的。有研究者設計了實驗，測量人們在兩點之間實際行走所需的時間，以及他們在內心想像走這一趟行程所花費的時間，並將兩者加以比對。經過一次又一次的測試，結果顯示「想像行走」和「實際行走」所用的時間幾乎完全相同；在路程較短的情況下，二者的差異甚至不到一秒鐘。這種想像與實際行動緊密相關的情形，不僅發生在想像走路方面，也適用於任何動作；舉例來說，你想像自己畫一個三角形，跟實際畫一個三角形所花的時間也會差不了多少。

這真是一項驚人的發現！一般我們都不認為想像是件實際的事，因為想像就只是……想像而已，那些東西都是虛構的啊。然而，想像我們自己做某些事所花費的時間，居然可以完全反映出實際執行時所需的時間！這肯定不會是巧合。內在想像與實際行動勢必有以某種方式在大腦中相互連接，使得我們於內在想像不只是單純空想，而是對於實際行動的可靠模擬。

美國加州的神經學家做了一項實驗，來比較人們進行實際動作與想像做這些動作時大腦活動有何異同。受試者面前有一組共四個標了數字的按鈕，他們的任務是照下列順序按下按鈕：四、二、三、一、三、四、二；當用手指按下按鈕的時候，他們的大腦活動會顯示在fMRI儀器上。接下來，受試者把手放在自己的大腿上，閉上眼睛，單純想像自己依相同順序按下按鈕。fMRI的比較結果如何呢？結果兩次測試大腦活化模式是相同的，最顯著的是在控制手指動作的運動皮質區。想像中的手指動作所觸發的fMRI訊號，與實際手指動作時觀察到的訊號，二者幾乎無法區分。

很明顯的，內在想像與實際行動活化的是大腦的相同部位。我們想像自己從事某個任務時，大腦會仿照以往身體執行同一種任務的經驗進行模擬；擁有的經驗愈多，大腦的內在模型就愈精確。由於我們已經有過非常多次走到冰箱旁或是畫個三角形的經驗，所以大腦模擬這些動作的表現會相當出色。那些經常練習其他形式動作——像是划船、划獨木舟、溜冰——的人，也能在心理模擬上表現出類似的精準性。

然而光是在心中模擬過去經驗，並沒有辦法讓你變成更好的運動員。所以我們接著要問的是：如果讓自己在內在想像中練習高爾夫球、網球或其他運動項目，真的能夠像實際練習揮桿或發球一樣使人獲得進步嗎？

用「心」鍛鍊肌肉

一群法國神經科學家召集了四十名志願者參加一項實驗，研究在內心執行某種運動任務，對實際以身體進行同一種運動任務究竟有什麼影響。每個受試者前面都有一根桿子支撐著兩排架子，架子上陳列著編了號碼的卡片。這個裝置如下圖所示：

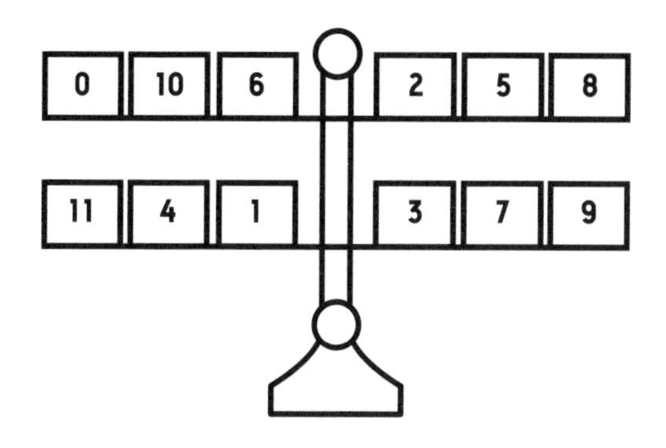

受試者的任務，是要依從〇到十一的數字順序，逐一指出相應編號的目標卡片，速度愈快愈好。研究者要求受試者不能只移動手指，而是要伸直整隻手臂來指向每一張卡片，構成一種手臂大幅度移動的複雜模式，而且這種動作是可以透過練習變得更快的。

研究人員將受試者分成三組，第一組完全遵照指示練習手臂運動，目標是盡可能快速而準確的達成要求。第二組目標相同，但是完全不准動到任何一條肌肉，他們一次又一次在心裡想像自己用正確模式移動手臂的過程，專心想像自己伸展肩膀，再伸出指尖。第三組是對照組，既不必動手也不用想像動作，他們只需要把眼睛從一個數字移到下一個數字。

三組人先是全都做過一輪指出數字的任務，然後分開進行各自的訓練方案，接著再回來重新進行指出數字的任務，以便研究人員評估他們進步的程度。結果顯示：實際以身體練習的那一組，完成手臂移動的速度明顯比訓練前快很多；對照組（這些參與者只需移動目光）則完全沒有進步。那麼心理演練組的成績又如何呢？他們進步的程度幾乎與身體訓練組一樣顯著。

心理演練不只能提高身體動作的表現，還可以實際增強肌肉力量。在一項由克里夫蘭醫療中心（Cleveland Clinic）岳光輝醫師（Dr. Guang Yue）領導的研究中，參與者每週五天、每天花十五分鐘的時間想像自己彎曲手肘和小指，十二週後，實驗人員發現他們肌肉收縮的力量在肘部增加了13.5%，小指部分則增加了35%。相較之下，花同樣時間實際以身體鍛鍊的參與者肌肉力量提高約50%，而那些完全沒有練習的參與者則毫無進步。

岳光輝的研究顯示：心理演練不僅能提高我們的表現，還可以真的增強你在想像中使用的那些肌肉的力量。然而只憑想像，為什麼能讓身體變得更強壯呢？

岳光輝使用腦波儀監測，觀察受試者在練習前、中、後運動皮質（負責控制肌肉）中出現的腦波。腦波的振幅（高度）代表電壓大小，也就是從大腦送往肌肉之訊號的強度。岳光輝的假設是：在內心演練某種運動行為時，會增強送往肌肉細胞的訊號電壓，使得肌肉收縮更為強烈。

對照組的腦波振幅一如預期，沒有什麼改變；身體訓練組也同樣如我們所料，振幅增大；那麼心理演練組呢？結果心理演練組的腦波振幅同樣增大了，而且增大的幅度與身體訓練組差不了多少。這個發現支持了前述的概念：運用心像可以增強大腦對肌肉的刺激，讓我們的動作變得更快、更強。所以，就算你看不到或感覺不到自己的肌肉有動作，在肌肉附近的神經還是會讓它們繃緊起來。

我們的思緒並非被動局限在內心的真空之中，在每一次心像運作的瞬間，背後都是一股帶著資訊的電流，訓練並形塑著傳遞它的神經細胞。心理模擬是一種用意識系統來改變無意識系統的方法，當我們在內心演練一個簡單的動作，就可以強化那個隱身其後、被習慣操控的神經肌肉迴路功能。但如果是那些更為複雜的動作，情況又會如何呢？想像力可以為巴克雷的投擲動作，或是老虎伍茲的揮桿帶來什麼樣的幫助？

PETTLEP心像訓練

2001年，有兩位運動科學家霍姆斯（Paul Holmes）和柯林斯（David Collins）為運動員提出了一個共有七項重點的「PETTLEP」心像訓練模式。現在我們就來看看這七項重點各代表著什麼意思，並以棒球運動員為例，說明可以如何運用這個模式來增進自己的揮棒動作。

身體Physical——在心中模擬完美揮棒所需的每一個動作。

環境Environment——想像燈光照亮整座球場，還有觀眾的吶喊聲浪。

任務Task——不要只想像揮棒的動作，還要想像正準備揮擊的那個目標，並感受棒球正在快速逼近。

時間Timing——模擬實際完成揮棒動作所需的時間。

學習Learning——當技術有所增進後，依實際情況調整心中意象以反映自己的進展。

情緒Emotion——感受那個臨場的關鍵時刻：情緒緊繃、心跳加速的感覺。

觀點Perspective——用第一人稱視角親身經歷與體驗那些心像。

這個訓練模式中，每個項目都是為了讓運動員的心像更為精確、更接近實際臨場體驗。霍姆斯和柯林斯相信，運動員想像出來的模擬情境愈精確，所引發的大腦活動就愈符合真實運動時所需要用到的大腦區域。

PETTLEP模式或是它的其他變化版本，已經成了各類運動進行心像訓練時的準則。因此最常遇到疑問就是：這種訓練方式到底有沒有效呢？

在一項以PETTLEP模式為主題的研究中，研究者招募了三十四名球齡至少十年的高爾夫球員，研究目的是要測試心像訓練是否真的能夠提升臨場表現。參與者被要求將高爾夫球從沙坑裡打上果嶺，並讓落點盡量接近旗竿。研究者則根據球落地處與旗竿的距離，給予零到十的分數。

研究者先讓高爾夫球員們進行十五次擊球，以平均分數做為練習前的初始成績。接著將參與者分成四組，分別為「身體訓練組」、「心像訓練組」、「身心訓練並行組」以及「對照組」。「對照組」不必練習，只要閱讀尼克勞斯的傳記即可。「身體訓練組」接受六週的實地訓練，每週進行兩回合各十五次的沙坑擊球練習。而「心像訓練組」則是採取六週的PETTLEP訓練，同樣在每週進行兩回合各十五次的沙坑擊球練習，但是以想像的方式在腦海中進行；為了符合PETTLEP的「環境」條件，他們是站在自家庭園的土坡或沙坡上進行這些心理模擬訓練。

經過六週的練習，這些高爾夫球員回到球場，再一次從沙坑擊球十五次，以平均得分做為練習後的最終成績。然後研究人員比較四組人在訓練前後的得分變化：

研究證實心像訓練確實有效，雖然效果沒有身體訓練那麼好，但的確達成明顯效果。更進一步而言，若是和身體訓練結合，會讓整體訓練更為完備，對於增進表現有疊加效果。

練習組別	得分變化百分比
身體訓練組	+13.27
心像訓練組（PETTLEP）	+ 7.79
身心訓練並行組（PETTLEP＋身體訓練）	+22.38
對照組	- 1.94

心像訓練帶來的益處在其他運動也得到類似的印證。最近有一項針對網球老手的研究，發現使用心像的確提高了他們發球的準確度和速度，甚至讓他們在實際網球比賽上取得更佳的成績。這種訓練方式也能幫助足球員傳球更精準，提高籃球員的投籃命中率，甚至已獲證明它在射箭、體操、舉重、跳高及游泳等等運動上都有顯著效果。

心像訓練在運動方面的成功，引發研究者研究其他可能應用領域的興趣。例如，假設有位鋼琴演奏家正在搭火車前往演奏會的途中，如果她想利用這段時間多練點琴，那該怎麼辦？她可以在自己心中做這件事，在內心演練演奏曲目時的手指動作，就能增進實際演出時的表現。研究顯示：音樂家採用心理練習所得的效果和運動員一樣好。參與研究的鋼琴家在想像自己的手指滑過鍵盤，彈奏出完美的旋律之後，上場演奏表演曲目時可以彈得更加快速、流暢與精準。

我們已經看過許多透過有意識演練來影響無意識機制表現的例子。無論是運動、音樂表演或其他方面，當我們在心中模擬所有特定行為，就可以實際改變參與這個任務的大腦區域，進而增強我們完成任務的能力。不過心理演練的影響仍有其限度，而之所以有這個限度，正是因為想像與實際參與任務的大腦區域間存在著無法切斷的聯繫。

中風帶來的洞見

1996年，泰勒（Jill Taylor）經歷了一次如災難般悲慘的中風，行動能力退化到讓她覺得自己猶如「住在成年女子身體內的嬰兒」；才不過眨個眼的工夫，她便失去了走路、說話、閱讀及寫作的能力。接下來的八年裡，她憑著密集的訓練，以及「一定要康復」的決心，終於重獲所有曾經失去的功能。

泰勒在她的精采著作《奇蹟》（*My Stroke of Insight*）一書中，詳細介紹了一種她認為對自己的康復非常有幫助的技巧：

> 對於恢復身體的功能來說，心像是很有用的工具。我深信，專心想像能夠執行某些技能時的感覺，有助於讓我更快重拾那些技能。自從中風之後，我每天都夢想著能夠一次跳過好幾級台階，我一直記得那種無所顧忌、盡情跨步登階的感覺。藉由在心底反覆重播這樣的場景，就可以讓這個神經迴路保持活躍，直到我終於能讓身體和頭腦協調，真正完成這個動作。

心像在增進運動表現上所展現的顯著效果，使得人們對此技巧寄予厚望，希望能應用於促進中風等病況的改善。泰勒相信這項技巧對她大有幫助，但是這方法真的有效嗎？

中風是大腦突發性缺氧所造成，不管成因為腦血管阻塞或出血，都會對身體及大腦帶來迅速而無情的破壞，若未能即時接受治療，將導致受影響的大腦組織壞死。當中風發生在大腦運動皮質，就會造成癱瘓。所幸若是透過密集的物理治療，大腦可塑性能讓受損區域的神經元獲得增生，並重新建立其功能。

心像訓練已被列為有效的運動傷害復健方式，經常被運動傷害防護員（athletic trainer）用來協助受傷的運動員恢復健康狀態，甚至已被研究證實能夠減少復原所需的時間。這樣說來，我們應該也能用這套方法來幫助中風患者吧？既然我們已經知道在想像中做出某個身體動作，就能活化現實中控制這個動作所需動用到的大腦區域，那麼理論上心像訓練應該可以刺激此部位，甚至促使受損的大腦組織復原。

然而實驗結果卻出現分歧的情況。一些小型研究宣稱心理演練有助於中風後的運動功能恢復；但在一項於2011年發表的大型研究中，以一百二十一名中風患者為對象，研究結果卻顯示心像訓練並沒有任何效果。

泰勒主張心像有助於中風的復原，但這看法並未得到實驗數據支持。心像對中風怎麼會沒有效呢？受傷運動員和中風患者都會感覺到肌肉無力，那麼為何心理演練對運動傷害有很大的幫助，對中風卻毫無效果？我們可以想想，心像究竟如何影響運動系統的：它是藉由喚醒實際進行動作時所用到的大腦區域，來達成增進實際動作的效果。所以心理演練要有效，前提在於從運動皮質到肌肉的整條神經路徑必須是功能完好的。如果你希望鍛鍊的大腦區域已遭破壞，那麼心像訓練就會失去效力。

相反的，在運動傷害的案例裡，受傷的是肌肉、肌腱或韌帶，這些是肌肉骨骼系統的問題，大腦並未受損，因此心像訓練的康復效果可以順利發揮到極致。

因此心像訓練對中風患者的效果，取決於大腦功能受損的程度。假使必要的功能性組織在中風時倖免於難，那麼心像訓練自然可能會有其發揮餘地，正如一些小型研究所聲稱的那樣。說不定泰勒的情況正是如此，可能她在經歷中風後仍保有足夠的可用大腦組織，因此可透過想像來加以活化，加速了恢復的進程。假設當時她的大腦運動區域已完全壞死，這麼一來心像訓練自然就會變得毫無用武之地了。

◇◇◇◇◇◇◇◇◇◇◇◇◇◇◇◇◇◇◇◇◇◇

運用心理演練來改善你的高爾夫球球技是個好例子，證明了意識可以影響像揮桿這樣高度自動化的身體歷程；不過這種影響是雙向的，運動系統也會反過來影響我們的意識。研究顯示，當你在心理演練的同時進行身體動作，就有可能干擾心像的生成。如果我們一邊想像手臂朝某個方向移動，一邊卻要讓自己的手臂朝另一個方向移動，這是非常困難的一件事。心理演練與身體動作使用的是大腦的同一個區域，所以試圖同時運用二者，就會造成一場神經元資源的爭奪戰。根本上來說，如果大腦相應的區域遭到破壞（就像中風造成的情況），那麼不管是用身體做動作還是用想像做動作，表現都會大打折扣。

中風不僅會讓心理演練變成無效的治療方式，也會從最根本的源頭減損我們運用想像的能力。中國的一群神經科醫師最近做了一項心像研究，找來十一名經歷過大腦左半球中風的患者，以及十一名對照受試者參與實驗。每位受試者坐在電腦螢幕前，看著螢幕上顯示的左手或右手照片。照片中手的方向是隨機的，可能是正立、倒立或是轉向任何角度，受試者面臨的挑戰是要按下按鈕，來表示他們認為照片上的是右手還是左手。這項任務的設計是要強迫受試者在腦海中旋轉圖片方向，來測試他們的心像處理能力。神經科醫師認為：較擅長在內心處理影像的受試者，做出正確反應的機率應該會較高，同時得出答案的速度也應該會較快。

實驗結果非常明確：中風患者的表現不如對照組，他們需要更長時間才能得出答案，而且當他們終於做出選擇時，答案也比較容易是錯的。顯然中風對神經元造成的破壞，不僅損害患者的身體移動能力，也傷害了他們想像做那些動作的能力。為了確認這種解釋，神經科醫師在進行心像測試時，對兩組成員都進行腦波監測；結果一如預期，與對照組相比，中風患者的左腦（中風損傷的那一側）活化現象較弱。儘管這些患者已經做出了最大的努力，但是和健康受試者相比，他們的想像活動還是只能動員大腦區域中的一小部分。

◇◇◇◇◇◇◇◇◇◇◇◇◇◇◇◇◇◇◇◇◇◇◇◇

我們想像身體做某些動作的能力，取決於大腦相對應之運動區域的完整性。如果中風破壞了這些區域，我們的心像能力就有可能削弱。很不幸的，這一點正是心理演練對於中風者的運動能力恢復不見得有幫助的原因。

在泰勒的案例中，說不定她只是適用心理演練技巧的少數幸運兒，因為她正好保有足夠的可用神經元，可以接受想像的激發。只要意識系統和無意識系統都完整無損，它們會互相溝通及互相改變，若能夠將身體練習與心理模擬相結合，就可以把這種互動的影響發揮到最大限度。

中風後由於大腦受損，心理演練可能無法加快運動功能的復原速度，但是這並不是說這種方法在醫療上沒有應用價值。如果運動功能受損之處不在神經系統，譬如受傷的是四肢，那麼心靈的確可以幫助我們克服身體上的局限。

幻肢發癢該怎麼搔？

接受截肢手術的病人，常會出現一種稱為「幻肢症候群」（phantom limb syndrome）的症狀，即使肢體已被截除，患者卻依然繼續感覺到它的存在。也就是說假設某個人的手被截除了，但他仍然可以感覺得到自己的手腕、手掌以及每一根手指的存在，他可以感受得到那隻手在空間中的位置，甚至感覺得到它的移動。許多患者會感受到這些不存在的肢體漸漸出現不適感，最常見的是發熱、受壓或是刺痛感。更糟的是多數患者都會經歷幻肢痛，痛起來有可能達到劇烈的程度，有的患者甚至會感覺到幻肢在發癢。

幻肢症候群發生的原因至今還不是完全清楚，目前所得的最佳解釋，就是即使肢體已遭截除，但大腦中負責解讀來自此肢體訊息的神經元基礎架構依然存在。雖然截肢者在意識上很清楚自己少了一隻手，但他的無意識系統還沒辦完全適應這樣的情況。截肢者的大腦已經習慣用特定神經元接收來自這個肢體的感官訊號，因此即使現在收到的訊號可能是來自神經路徑沿途的其他部位，但大腦依舊誤將這些訊號歸屬於已不存在的肢體。

◇◇◇◇◇◇◇◇◇◇◇◇◇◇◇◇◇◇◇◇◇

《美國醫學會期刊》（*Journal of the American Medical Association*）

於1987年提及一個病例：有位老先生因血液循環問題不幸截除了雙腳，手術過後，他的幻肢開始發癢，癢到無法忍受，他瘋狂搔著兩腿的殘肢，但顯然一點用也沒有。現在要怎麼辦呢？面對已經不存在的肢體，該如何才能搔到它們的癢處？

我們知道這種現象是因為癢的感覺被誤歸於已不存在的肢體，儘管這位先生的意識系統很清楚自己已經沒腳可癢，但他的無意識系統還沒有完全明白這一點。那麼，他該如何填補兩個系統間的落差呢？這時前面提過的原則就可以派上用場了，由於我們「想像某個動作時用到的大腦區域」與「實際執行該動作時用到的大腦區域」是完全相同的，因此既然我們無法真的去搔那個發癢的部位，那就盡可能逼真的想像自己這樣做吧！這位老先生就是這麼做的，他彎著手指，用指甲憑空對著想像中雙腳存在的位置抓了又抓。

結果這方法真的有效！他用想像力去刺激過去為真正的腳搔癢時會用到的大腦部位，成功的克服了幻覺。幾年之後，神經學家拉瑪錢德朗（Vilayanur Ramachandran）運用相同原則，為幻肢疼痛問題引進他自己設計的「鏡像治療法」（mirror box therapy）。箱子中央裝著各朝一邊映照的兩面鏡子，兩側各開了一個洞，可以讓手臂或腿插入。假設有個人左手截肢後出現幻肢痛問題，想要解除這種痛苦，他可以將右手插入箱子的一側，左手殘肢插入另一側，然後看著映照出右手的那面鏡子（手沒有問題的那一邊），開始移動這隻手。雖然他看到的是右手在移動的反射影像，但是看起來就像是他的左手完好無損，同時也在移動一樣。這種巧妙的方式可以有效的減輕幻肢疼痛的問題。

我們的主觀感覺反映的是其背後神經元迴路的運作狀況。截肢者可以透過模擬為已失去的肢體做出搔癢動作，來哄騙這個迴路，減輕不適感。我們在內部生成的心理模擬，不僅是對現實生活事件的精確描述，也會主動促進大腦功能，改變我們的神經結構解讀這個世界的方式。心理模擬是一種用意識系統來操控無意識系統的方法，不過也有人會開始疑惑，想知道這種互動方式反過來運作是否也行得通？無意識系統能不能促發心理模擬作用，然後進而影響意識系統？

拉瑪錢德朗於2009年做了個小實驗，他找來四位截肢者，全都是從肘部失去一條手臂，也都有著栩栩如生的幻肢感。他讓四位患者逐一輪流接受測試，首先要一名研究助理坐在一張桌子前，然後請第一位受試者在助理身旁就坐。接著拉瑪錢德朗要求助理將她的手放在受試者面前的桌上，盡量靠近志願者幻肢所在位置，並避免觸碰到受試者的手臂。接下來，拉瑪錢德朗用他的手指輕輕觸摸了助理的手。

實驗過程中，完全沒人碰觸到這位受試者，他只是看著拉瑪錢德朗用手指輕輕掠過助理的手，但令他深感訝異的是，他竟然感覺到拉瑪錢德朗正在撫摸他的幻肢。「這真是見鬼了！」病人說，「好吧，看來每天我的幻覺都能讓我學到新東西。」四位參與者都出現相同的感受，看著拉瑪錢德朗輕觸助理的手，都讓他們感覺到彷彿有人在觸摸他們的幻肢。在總共六十四次測試中，這樣的現象出現了六十一次，此實驗結果日後也在大型研究中成功獲得驗證。

這些截肢者意識清楚，明確知道且完全確定並沒有人碰觸到自己，然而他們的無意識系統卻受了騙上了當，甚至在根本不存在的手上產生有意識的觸覺。這些截肢者只不過是觀察別人的感覺經驗，自己居然就得到感同身受的感官體驗，這究竟是怎麼一回事？

鏡子般的神經元

回到1990年代，一位義大利神經科學家里佐拉蒂（Giacomo Rizzolatti）在研究獼猴大腦的運動系統時，偶然注意到一個奇怪的現象：當獼猴看到研究人員伸手從盒子中拿出蘋果時，牠大腦中的一組神經元出現了放電反應，就跟自己伸手去抓拿食物時的情況一模一樣。

里佐拉蒂發現，獼猴看到別人做出抓取、撕裂、握持之類的動作，大腦中特定的神經元就會亮起；而且無論看到哪一種動作，被激發的神經元都和牠們自己做這動作時完全相同。這就好像是獼猴在心中模擬牠們所看到的動作，於是這些對「實際做出某個動作」和「觀察別人做出某個動作」都會產生相同反應的大腦細胞，被稱為「鏡像神經元」（mirror neuron）。自此之後，神經科學家也在人類大腦中發現鏡像神經元的存在。正如同「實際做出某個動作」和「想像做出某個動作」都會用到大腦的相同區域一樣，「觀察別人做出某個動作」也是用到同一個大腦區域。舉例來說，看著某人移動手指，跟你自己移動手指，活化的大腦區域是相同的。

此外，正如同「想像做出某個動作」會和「實際做出某個動作」相互競爭大腦資源一樣（在執行某個動作時很難同時想像另一個動作），「觀察別人做出某個動作」也可能干擾我們的運動控制表現。例如有研究顯示，若受試者在執行手臂垂直或水平移動動作時，觀察到別人手臂移動的方向正好和自己不同，那麼他們的動作表現就會變得比較差。試想當你正努力跳好一套之前學過的舞步，這時前方的編舞老師卻忽然決定嘗試一些新動作，那會發生什麼情況呢？你正在跳的動作和你觀察到的動作並不一致，但二者徵召的是相同一組神經元，這會讓你很難照原來的舞步繼續跳下去。

◇◇◇◇◇◇◇◇◇◇◇◇◇◇◇◇◇◇◇◇◇◇◇◇

鏡像神經元位於大腦中的一個神經網路，此網路涵蓋了大腦運動區、額葉和頂葉。我們觀察別人行為時，這個網路便開始運作，在我們內心創造出有如親身進行相同行為的模擬情境，並自動觸發我們的心像。基於我們之前對心像與運動間關聯性的瞭解，顯而易見的疑問就是：觀察專業運動員在運動場上展現的動作，能讓我們自己在這種運動中的實際表現變得更好嗎？

這個疑問的答案仍在研究之中，不過目前已經有了一些初步結果。在2011年的一項研究中，找來二十名至少有十年經驗的射箭老手，觀看一位射箭運動員以正確姿勢射箭的近距離特寫影片。當受試者觀看影片時，fMRI監測到他們的前運動皮質（premotor cortex，位於運動皮質旁）活動激增。相較之下，另一組沒有射箭經驗的對照組受試者觀看影片時，他們的大腦則並未表現出這種活化模式。為什麼會有這樣的差異呢？因為第一組受試者有豐富的射箭經驗，他們的大腦已經為射箭牽涉的複雜動作組合發展出神經元基礎架構，因此在第一組人觀看射箭影片時，他們的觀察結果可以很容易的在這神經元基礎架構中找到對應位置，並啟動準確的模擬情境。另一方面，對照受試者沒有射箭經驗，因此影片並未觸發任何內建的射箭迴路。

無論如何，對這些射箭老手的大腦而言，觀看影片的影響跟心像是一樣的，所以觀看影片也可能有提升射箭表現的效果。或許在我們對某種運動具備一定經驗後，觀看偉大運動員展現完美技巧可以有效訓練我們的大腦，就像做心理演練的效果一樣。不過這個假設還有待觀察，目前的研究仍未證明（或否定）觀察某種運動任務能夠改善我們在這種運動上的表現，但這無疑是鏡像神經元可能適用的領域，值得繼續深入研究。

這倒不是說我們需要更加大肆宣揚鏡像神經元的作用，它們已經是現代神經科學最廣為人知的發現之一。真正的原因在於：如果鏡像神經元的作用確實像科學家所認為的那樣，那麼它們牽涉的範圍可能不僅是身體動作或知覺感受，還涉及許多人類最基本、最私密的反應——當然也包括我們最習以為常的一些平凡舉動。

打呵欠為什麼會傳染？

「打呵欠會傳染」可不是什麼沒有根據的說法，而是已經獲得科學研究證實的普遍現象。我們不只是看到別人打呵欠時會打起呵欠來，連聽到打呵欠的聲音也同樣可以引發我們的呵欠。打呵欠的傳染現象甚至可以發生在不同物種之間，研究發現，黑猩猩觀看其他靈長類動物打呵欠的影片時，牠們也會開始打呵欠。狗與狗之間同樣有呵欠傳染的現象，甚至連人類打呵欠都會引發狗狗以呵欠回應。讀到這裡，也許連你都打起呵欠來了，這可能並不是因為你想睡覺，當然更不是因為你覺得無聊（老天保佑千萬不要是這樣），那麼究竟為什麼打呵欠會傳染呢？

2013年，瑞士蘇黎世的科學家找了十一名健康的志願者，讓他們觀看一組影片，同時以fMRI觀測他們的大腦變化。影片裡顯示的臉孔，有的打呵欠，有的大笑，有的則面無表情。結果正如預期，受試者觀看打呵欠影片時，有過半同樣跟著打起呵欠來，這是很典型的比率；他們對大笑或面無表情的臉孔則沒有什麼反應，這一點也符合預期。而fMRI的結果就很讓人印象深刻了，受試者被呵欠傳染時，他們的BOLD訊號照亮了「額下回」（inferior frontal gyrus），我們已知此區域屬於鏡像神經元網路的一部分；相較而言，看到笑臉或面無表情的臉孔時，鏡像系統則會保持沉寂狀態。

科學家是這樣解釋的：當我們看著某人打呵欠時，鏡像神經元會在我們心中模擬這個動作，這些模擬可以改變我們的行為。請試著在心中用心像模擬自己打了個呵欠，你要非常專心，採用運動員使用的PETTLEP原則，這樣你可能就能真的讓自己打起呵欠。

打呵欠已經成為科學上嚴肅探討的主題，這聽起來或許會有點蠢，不過至少科學家在這方面還是可以表現一點幽默感的，這部分從《神經學與神經科學前沿》（*Frontiers of Neurology and Neuroscience*）期刊上一篇文章的標題可以得到印證，這個標題是這麼寫的：〈呵～呵～呵～呵～呵～呵～呵欠！傳染性呵欠的社會、演化與神經科學面向〉（Yawn, Yawn, Yawn, Yawn; Yawn, Yawn, Yawn! The Social, Evolutionary and Neuroscientific Facets of Contagious Yawning）。儘管如此，這類研究並非全無洞見，事實上它們還發現了在「像呵欠這樣看似無意義的行為」與「人類天性基本構成要素」之間，其實存在著若干潛在的緊密關聯。

◇◇◇◇◇◇◇◇◇◇◇◇◇◇◇◇◇◇◇◇◇◇◇◇◇

並不是每次看到別人打呵欠，都會引發打呵欠的連鎖反應；但研究發現在某些情境下，會比其他情境中更容易發生這種效果。例如我們可以看看下面這個研究：義大利的神經科學家花了四個月的時間，研究一群住在動物園裡的狒狒。在四個月的時間裡，研究人員每天從早上六點到晚上十點觀察這二十一隻狒狒，記錄下他們看到的每一個呵欠，確認打呵欠的究竟是哪一隻狒狒，還有每個呵欠出現的時間。同時他們也記下這些狒狒的許多其他行為，包括睡覺、行走、進食與理毛行為。研究人員想知道的是，狒狒間的互動對牠們的打呵欠模式會有什麼影響。

結果顯示：「傳染性呵欠發生的機率」和「狒狒互相理毛所花的時間」的相關性最高，即使在實驗者刻意透過實驗設計來排除「狒狒彼此靠近程度」所造成的效果後，這樣的趨勢仍然存在。所以導致呵欠傳播的因素不僅是彼此靠近，還包括了相互理毛的行為。這一點非常重要，因為靈長類動物的理毛行為並非只具實用意義，它還是充滿深情的社會關係表現。狒狒在牠們感覺親近時才會互相理毛；理毛次數愈多，就愈感覺親密；感覺愈親密，打的呵欠就愈有感染力。如果這項研究的結果為真，那就是說情感的親密度與打呵欠的感染力高低有關，但這到底意味著什麼呢？

一般認為鏡像神經元與打呵欠的傳播有關，而社交親密度會讓打呵欠更具感染性，若這兩項前提都是真的，那就代表社交親密度和鏡像神經元的活躍度有關。如今有許多神經科學家相信：運用鏡像神經元在腦中模擬他人行為的能力，可以幫助你體驗他人正在經歷的事情，進而「設身處地，將心比心」的體會他人感受。總而言之，由於發現了靈長類動物社會關係與打呵欠之間的關聯，啟發了一系列新的研究，這類研究的主張是：鏡像神經元創造了人類同理心（empathy）的基礎。

同理心、色情及泛自閉症障礙

同理心是感受他人情緒的能力，例如我們常聽到「我懂你的感覺」、「我知道你的痛苦」，這類話語正是同理心的表現。用鏡像神經元理論來理解這些話也滿合適的，這些話意味著我們觀察別人正在經歷的事，透過內心體驗同樣的事，然後產生設身處地的同理心，這正是一般認為鏡像神經元會做的事。雖然這個理論尚未獲得證實，但已有愈來愈多的證據顯示：當我們對同伴產生同情的感覺時，也是鏡像神經元特別活躍的時候。

例如有研究發現，我們見到別人感覺疼痛時大腦活化的部位，和自己親身感覺痛苦時的大腦活化部位有很大一部分是相同的，幸好其中沒有包含實際感受疼痛的區域，所以我們並不會真的感受到別人的疼痛。然而，我們的身體卻以一種微妙的方式，表現出彷彿我們自己正身歷其痛的模樣。當看到有人遭受痛苦的瞬間，我們的肌肉也會緊繃起來，彷彿我們就是那個正在受苦的人。

在另一個讓人感到渾身不舒服的實驗中，受試者被要求觀看以針刺穿人手的影片，為了做比較，受試者還需要觀看另外兩部影片，一部是以棉花棒碰觸人手，另一部則是以尖針刺穿番茄。在受試者觀看這三部影片的同時，神經科學家以「經顱磁刺激」（transcranial magnetic stimulation，簡稱TMS）方式，來刺激控制手部肌肉的大腦運動皮質。

實驗的原理是這樣的：如果你的手處於休息狀態，施加在腦部的TMS可以形成一個人為誘發的大腦訊號，進而活化你的手部肌肉。不過你的肌肉一次只能對一組訊號產生反應，所以如果你已經在用這隻手做某件事，這時人造訊號就會失去作用，因為和你自發的訊號相比，人造的TMS訊號顯得太微弱，無法刺激你的手部肌肉。

在實驗過程中，受試者觀看針刺番茄或棉籤觸手影片時，手部肌肉對於突發的TMS有正常反應，顯示他們的手肌肉處於休息狀態。然而，當志願者看到針刺人手的影片時，他們手部肌肉的活動突然改變了，肌肉彷彿忽略了科學家引發的人造刺激，只對內部自發產生的另一個訊號有所反應。此時肌肉的活動模式，正如同我們平時反射性的將手抽離引發疼痛的東西（如灼熱火爐或暴露在外的尖釘）。顯然，單單只是看見別人的手被刺穿，受試者便無意識的活化了自身抽離疼痛的系統，大腦中的無意識系統啟動了內心模擬疼痛的狀態，促使身體做出宛如自己真的遭到針刺的反應。

神經科學家根據上述情況及其他類似案例做出推斷，認為這種無意識啟動的模擬會影響我們的意識心靈，藉著建立同理心的基礎，塑造我們的思考方式。

當你目睹某人感受痛苦，你的大腦會用極微妙的方式活化那些你自己遭受痛楚時會觸發的肌肉。同樣的，當你看到某個朋友的臉孔反應某種情緒時，你的大腦也會活化你自己臉上相同的肌肉；就算你並未在意識上察覺到朋友臉上的表情，這種情況一樣會發生。心理學家做過這樣的實驗：他們對受試者快速閃示一些快樂、憤怒或無表情的人臉照片，同時用「肌電圖」（electromyography，簡稱EMG）來測量受試者面部的肌肉活動。即使圖像閃示的速度快到讓受試者幾乎無法分辨上面顯示的是什麼，但肌電圖檢測到的肌肉活化情形，仍與他們看不清楚的那些臉部表情相匹配。

更進一步來說，如果我們無法模擬這些情緒，似乎我們識別它們的能力就會降低。若是要求受試者用上下牙咬住一枝鉛筆，防止他們模仿觀察到的情感表達，他們就比較沒有辦法辨識別人臉上表達的是什麼情緒。事實上，有一種罕見的先天性神經障礙，稱為「牟比士症候群」（Moebius syndrome），患者天生顏面神經麻痺，因而無法做出任何表情；對牟比士症候群患者所做的研究顯示：他們無法辨識別人的情緒。

不過，辨識情緒的能力和同理心並非完全等同，這種能力對同理心而言是必要條件，卻不是充分條件。為了直接針對同理心做研究，科學家採用心理問卷調查的方式，先為每一個受試者的同理心程度打分數；藉著運用這樣的計分量表，心理學家發現同理心分數較高的人，比較會去模仿周遭其他人的動作和表情。至於大腦的部分，fMRI的研究顯示：在評估他人情緒表達的時候，同理心分數較高者的鏡像神經元系統活躍程度大於同理心分數較低者。用這種以計分量化同理心的方式觀察到的結果，似乎一個人愈有同理心，他的鏡像神經元系統就愈活躍。

◇◇◇◇◇◇◇◇◇◇◇◇◇◇◇◇◇◇◇◇◇◇◇

當我們目睹別人遭受痛苦，會活化大腦中的鏡像神經元，那麼看到別人快樂時會怎樣呢？來談談色情片吧，這是一個營收高達數十億美元的行業，讓訂閱者付錢觀看別人的性行為。要如何解釋這行業為什麼如此受到歡迎？觀看者明明並未親身體驗到那種樂趣，只是觀察別人體驗那回事，然而竟有人估計色情片行業賺的比整個好萊塢還要多。它們究竟有什麼魅力呢？

法國的神經科學家做了一項研究，他們招募了一群異性戀男子，要他們在觀看色情片時接受fMRI監測（這可能是最快招募到所需受試者的一次研究了），這些色情影片包括性交或口交的場景。除了fMRI之外，研究人員還使用了一種稱為陰莖體積描記法（volumetric penile plethysmography）的技術，來監測參與者觀看影片時的勃起程度。為了作為實驗的對照組，受試者另外還需觀看一組沒有任何暗示的幽默影片。

那麼，滿滿都是色情景象的大腦是什麼樣子的呢？fMRI顯示，當受試者觀看色情影片時，BOLD訊號點亮了他們額葉和頂葉的特定區域，正是已知鏡像神經元系統的所在部位。此外，鏡像神經元的活化程度也和勃起反應的大小一致，也就是說鏡像神經元系統愈活躍，勃起的程度就愈大。

色情片為何會有這樣的效果？人的大腦會在內心進行模擬所看到的性行為，於是身體感受到的反應，就好像自己正在從事性行為一樣。雖然這件事看起來不像是跟同理心有什麼關係，但是二者確實有所關聯。根據鏡像神經元理論，同理心之所以產生，是因為我們在內心模擬別人的體驗，不管是這體驗是痛苦、快樂，或者甚至是極度的快樂。儘管聽起來可能有點出乎意料之外，不過人們觀看性行為會活化鏡像神經元系統的這個事實，和神經科學上對同理心如何產生的看法的確是一致的。

◇◇◇◇◇◇◇◇◇◇◇◇◇◇◇◇◇◇◇◇◇◇◇

鏡像神經元對於同理心及社會行為的作用，從社會功能受損者身上可以得到更多間接證據。例如，大家都知道自閉症患者在社交互動、溝通技巧和情緒表達等方面都會出現障礙，這些同時出現的問題，讓神經科學家不禁懷疑鏡像神經元功能障礙是否在自閉症的發生上扮演重要角色，於是產生了自閉症的「破鏡理論」（broken mirror theory，譯注：意即認為自閉症可能肇因於鏡像神經元功能受損）。促成此理論的主因在於：自閉症患者在自我表達上的困難不僅影響他們表現自己的情緒，也讓他們很難辨識別人的情緒，他們只能單純意會到別人的存在。

對於自閉症這種病況的描述首見於1943年，精神科醫師康納（Leo Kanner）提出了他在執業過程中看到的一些孩童病例。其中有一位是四歲半的男孩，名叫查爾斯。嬰兒時期的查爾斯就只會躺在搖籃裡盯著天花板瞧，很少像一般人預期寶寶會做的那樣和其他人互動。根據他母親所述，這情況到他年齡漸長之後也沒有好轉：「就算我走進房間，他既不會注意我，也沒有顯示出認得我的樣子。」

康納在他的診所裡觀察查爾斯與周遭環境互動的情形；在就診期間的某一刻，查爾斯的母親從兒子手中奪下一本《讀者文摘》雜誌，把書放在地上用腳踩住，讓查爾斯無法再亂翻這本書。康納觀察到查爾斯「試圖把那隻腳搬開，有如那是一個獨立存在且造成妨礙的物體，再一次完全忽視擁有這隻腳的那個人」。

這個理論認為「泛自閉症障礙」（autism spectrum，譯注：因為自閉症其實有許多嚴重程度不等的變化形式，所以近來醫師選用此名詞來描述這種病症）患者可能是在產生同理心方面發生困難。在同理心的心理學測驗中，他們的得分明顯低於對照組；但是在生理學測試方面又如何呢？讓我們回想一下前面提到的測驗：受試者觀察針刺人手或針刺番茄時，神經科學家以TMS的方式刺激其運動皮質。一般人的測試結果是當他們觀看針刺人手時，TMS會失去效果，這是因為他們的手部肌肉已經在使用之中，無意識的想逃避影片中的針頭。我們看到別人遭受痛苦時，會傾向於退縮避開，彷彿我們就是受苦的那個人。

對泛自閉症障礙患者實施同樣實驗時，針刺人手的影片對受試者手部肌肉活動並沒有產生影響。無論受試者看的影片是棉籤觸手、針刺番茄，還是針刺人手，他們的TMS訊號都一樣強，他們不會企圖把手抽開，也不會退縮。他們的大腦不會在內心模擬痛苦的體驗，這一點改變了他們身體的反應方式。

同樣的情況也發生在快樂方面。在一項研究中，受試者為「亞斯伯格症候群」（Asperger's syndrome，屬於泛自閉症障礙的一種）患者，心理學家在他們觀看色情圖片時測量他們的心率和膚電反應（skin conductance response，一種典型實驗量度方式，用於測量激動程度）。觀看色情圖片或影片的典型反應是皮膚電導增加及心跳加快，然而，心理學家發現亞斯伯格症患者的反應並非如此，與對照組相較，色情圖片或影片對他們的神經系統影響很小。

看色情片會激動、能辨識情緒、會表達同理心，以及傳染性打呵欠等現象，都可以歸因於鏡像神經元的活動。我們已知上述情況的前三項在自閉症患者中比較少見，那麼傳染性打呵欠現象呢？這種現象的產生機制似乎與同理心及情緒辨識相同，那麼它是不是應該表現出同樣的削弱結果？有一群心理學家真的試著去解答這個疑問，他們的研究找了五十六名兒童參加，其中一半患有泛自閉症障礙。受試者坐在桌子前，面對一名實驗者，實驗者會這麼說：「首先，我要朗讀一個故事給你聽，然後再問你一些和故事有關的問題。」朗讀故事一陣子之後，實驗者會暫停一下，大聲打個呵欠；整個讀故事的過程中，實驗者一共會這樣做四次。由於整個過程都會錄影，所以研究小組可以將影片倒帶，確認每一組裡有幾個孩子會在講故事者打完呵欠後的九十秒之內也打起呵欠來。

實驗結果很明確：43%的對照組參與者被傳染而打了呵欠，但自閉症孩子打呵欠的比率只有11%。因此，謎題的最後一塊拼圖看來也拼上去了：自閉症患者比較不會被別人的呵欠傳染。

然而，也有研究人員提出質疑，認為自閉症兒童之所以比較不會被傳染打呵欠，是因為他們很少與人眼神接觸，而且傾向於不去注意別人的臉孔，說不定這只是自閉症典型症狀的另一種表現方式。這類爭論始終充斥在有關泛自閉症障礙與鏡像神經元的相關文獻中。

「破鏡理論」具有相當高的爭議性，爭議的解答還是得回到神經學研究上，必須確認自閉症患者大腦中鏡像神經元的運作方式和一般人究竟有無不同。這類研究仍在持續進行之中，目前雙方的主張都各自從不同研究中獲得支持證據。2010年有篇發表於《大腦研究》（*Brain Research*）期刊的自閉症患者fMRI研究報告指出，患者的鏡像神經元系統活動程度與對照組相較呈現異常。然而，同一年發表於《神經元》（*Neuron*）期刊上的另一篇研究報告卻提出恰恰相反的結論：自閉症患者的鏡像神經元系統完全正常，其活動模式與對照組完全相同。截至目前為止，仍然沒有足夠的神經學證據，能證明鏡像神經元功能障礙在自閉症的形成上扮演某種角色。

◇◇◇◇◇◇◇◇◇◇◇◇◇◇◇◇◇◇◇◇◇◇

「破鏡理論」仍尚待證明，但它說明了無意識心理模擬的力量有多大，足以影響我們思考、行動與感覺的方式。無論鏡像神經元和自閉症的形成有沒有關係，它確實有助於同理心的產生，而同理心正是我們視之為人類天性的一部分，也是人之所以為人的珍貴特質。透過以本能模擬別人的體驗，我們得知與他人相關的重要資訊，同時也從中瞭解與自己相關的資訊，從而塑造我們自己的意識發展。就像高爾夫球運動員在參加巡迴大賽前展開的心像訓練那樣，這種心理模擬方式也改變了我們。不過有個關鍵性的差異之處：鏡像神經元是在無意識的情況下運作的。

心理模擬是一座橋梁，將意識和無意識系統連接起來，讓每個系統可以藉著這個管道去影響另一個系統。如果是有意識的將心理模擬做為一種練習模式，像在透過心像增進運動表現時所做的那樣，那麼它就可以鍛鍊無意識的功能運作，對運動控制的習慣驅動機制做出微調。相反的，如果是透過鏡像神經元，從無意識這端啟動這座橋梁，那麼心理模擬可以塑造我們的意識行為、調解我們的社會行為，並幫助我們內化他人的經驗。

無意識系統在未經我們知曉或同意的情況下，默默模擬我們所觀察到的一切；我們通常只會感受到這些模擬的效果，也許是一段思緒，或是一陣情緒。我們也許永遠都不會知道這些稍縱即逝的感覺，對我們造成了多麼深遠的影響；也不清楚這些感覺的起始源頭為何，只知道它們似乎是從內心深處的某個地方冒出來的。

人為什麼會有直覺？

假設我有個朋友有嚴重的酗酒問題，我正猶豫著是否應該鼓勵他接受治療及協助，我會如何做出這個決策呢？在審慎思考的過程中，我會考量哪些範圍內的方法是可能成功的，並且嘗試預測每一種選擇會帶來的後果：要是我單獨當面跟他直接談這件事，他的態度可能會變得很強硬，甚至可能會拒絕我的建議，並對我干預他所選擇的生活方式氣憤不已。如果是找一大堆朋友一起來勸他呢？這麼做也許可以更強烈的表達我們都很關心他的生活走向，但會不會讓他感到壓迫而選擇封閉自己？要是我決定不去理他，他的問題很可能會變得更糟，說不定會因為酒醉駕車遭到逮捕，或者在酒吧裡捲入爭吵毆鬥而受傷。他的上司已經注意到他酗酒的跡象，假使情況持續未獲改善，我的朋友很有可能會失去工作。

這些場景快速閃過我的腦海，快到讓人無法精確界定其細節，然而每個場景都以其特定方式穿透我的思緒。我在內心把那些模擬場面走過一回時，可以感覺到某個選擇不大對，直覺告訴我另一個選擇會更好。甚至在開始試著分析各選擇的利弊之前，我就已經對於每個選擇的優劣有了粗略的印象。這些在心中上演的場景、直覺及印象究竟是從哪兒來的呢？

◇◇◇◇◇◇◇◇◇◇◇◇◇◇◇◇◇◇◇◇◇◇◇

神經學家達馬吉歐（Antonio Damasio）認為這些東西來自我們以往感受過的各種情緒，這些情緒的影響持續留存在神經系統中，直到需要做決策時再冒出來發揮作用。達馬吉歐說每次我們得到某種經驗，會有某些感覺或身體狀態與之相關聯，這些感覺在神經系統留下深刻印象，並與事件的記憶保持聯繫，成為身體上的一些標記物。我們的情緒會留下生物性的殘留物，也就是在神經系統上產生身體變化，達馬吉歐把這些情緒殘留物稱為「軀體標記」（somatic marker，「soma」在希臘文中即為「身體」之意）。舉例來說，如果一個即將畢業的高中生去參觀某所大學，卻遇上悶熱潮溼的下雨天，那麼他可能會在無意識中對這所大學產生負面聯想。或者是某個人對某種食物極為厭惡，譬如說球芽甘藍好了，一般而言這種厭惡感可以追溯到從前吃過這種食物的糟糕體驗，而且通常是在童年時期發生的，像是在學校餐廳喝過味道可怕透頂的球芽甘藍菜湯。

正如鏡像神經元會模擬其他人的體驗一樣，軀體標記會模擬我們自己過去的經驗。那些一開始就跟某些食物、地點或經歷一同感受到的情緒反應，會在日後我們遭遇類似情況或面臨相關決定時突然再度被觸發。在我們開始仔細思量之前，軀體標記早就已經啟動它們的效果，模擬每種情況會如何進行。軀體標記會影響我們的抉擇，甚至從最開頭就限定了我們會考慮的選擇範圍。在我們有機會好好思索每個抉擇的優缺點之前，軀體標記已經從可能選項中消去了某些項目，但是我們可能完全不知道它們造成的影響，因為這種模擬是由無意識啟動的。

軀體標記系統位於額葉，位置正好在兩眼之間，稱為「眼窩額葉皮質」（orbitofrontal cortex），此部位受傷的患者，會因為情緒及決策能力受影響而吃到苦頭。最有名的例子是蓋吉（Phineas Gage），他是一名鐵路建造工程的工頭，因一場意外而完全失去眼窩額葉皮質。當時現場發生猛烈爆炸，導致一根金屬桿從他兩眼之間射入頭部，穿過大腦，從後方燒穿一個洞飛出去，落在他身後一百英尺遠處。蓋吉奇蹟似的從這場災難中倖存下來，但他卻彷彿變了個人。他無法再借助軀體標記產生可靠的直覺，因此失去了事先計畫以及針對如何行動做出明智判斷的能力。蓋吉沒有辦法再做出良好決策，沒多久就丟了這份鐵路工程的差事，他的朋友也很快就感覺到蓋吉「不再是原來的蓋吉」了。

◇◇◇◇◇◇◇◇◇◇◇◇◇◇◇◇◇◇◇◇◇◇◇

達馬吉歐也提到另一個類似的故事，他以「艾略特」這個名字來稱呼這位患者。艾略特需要動手術去除腦瘤，外科醫師基於手術上的需要，不得不清除了艾略特大部分的眼窩額葉皮質，結果艾略特康復之後，個性出現明顯的改變。原本他是個好丈夫、好父親，擁有成功的事業；然而在手術之後，卻突然變成一個做任何事都無法讓人放心的人。他既不守時，也無法妥善完成被交代的任務，因此很快就失去了工作。他一次又一次做出錯誤的決定，最後不但破產，也經歷多次婚姻破裂。他似乎根本無法察知自己所做的決定會導致什麼樣的後果。

達馬吉歐想知道艾略特的情況是否與軀體標記有關，於是設計了一個測試來找出答案。這個測試稱為「賭博任務」（gambling task），目的是要模仿人們於現實生活中會面臨的局面，也就是前方有獎有罰，每件事都不確定但也都有可能的情形。他給了艾略特兩千元的賭金，要他坐在一張桌子前，桌上放著四疊卡片，分別標著A、B、C、D。艾略特得到的指示是每次自選一疊卡片並從中抽出一張，寫在卡上的數字就是他會獲得或損失的金額，例如一張卡片上可能寫的是贏得五十元，另一張則寫著輸掉一百元。艾略特被告知：任務就是在實驗結束前盡可能累積多一點錢。

不過他們並沒有告訴艾略特這幾疊牌是以特定方式設計的，A疊和B疊的卡片每次贏到錢的話都是一百元，C疊和D疊每次只能贏到五十元。當然，每一疊牌裡也都有輸錢的卡片，不過C疊和D疊的卡片每次頂多輸掉一百元，相較之下，A疊和B疊中輸錢的卡片最高可達一千二百五十元。也就是說，A疊和B疊卡片輸錢的可能性遠遠超過獲利的可能性；因此合乎實驗預期的審慎戰略，就是只從C疊和D疊挑選卡片。

健康的受試者一開始會偏好A疊和B疊，因為可得到較高的收益，然而，在他們遭受過重大損失之後，很快就會意識到選擇A疊和B疊實在風險太高了，因此改變抽卡策略，選擇改從C疊和D疊中抽牌。

艾略特曾經描述他自己是個保守的人，做決定向來小心謹慎，很少冒險；即使在他動完大腦手術之後，他仍然如此描述自己。但是他在賭博任務中做選擇的方式完全稱不上小心謹慎，即使不斷損失大筆金錢，他還是不停從風險過高的A疊和B疊中抽牌。

看來他並非不知道怎麼玩，他很清楚遊戲目標為何，也明確瞭解收益和損失的概念，他甚至可以正確指出哪幾疊卡片的風險過高。儘管如此，每次一下場執行賭博任務，他還是不斷做出最糟糕的選擇，似乎完全無視於錯誤選擇所帶來的損失結果。一次又一次損失，全都無法讓他記取教訓。

如果艾略特的軀體標記系統沒有受損，那麼受到重大經濟損失時心中會感受到沮喪和憤怒，將會在他的神經系統留下了印記；等到他下次看到這一疊疊卡片時，就可以透過喚起這些感覺，來體會自己所做的選擇會帶來的後果。於是他應該可以順利模擬出選擇這疊牌或另一疊牌的結果，就像我們可以模擬跟有酗酒問題的朋友直接談他的處境會有什麼結果一樣。不幸的是，艾略特的大腦所受的傷，阻止他的無意識系統用經驗來指導他對未來做出抉擇，結果艾略特只會一次又一次挖出更深的坑給自己跳，不論在賭博任務還是在生活上都是如此。

軀體標記是一種情緒記憶，重新呈現出大腦過去所獲得的訊息，不過在我們的體驗中往往將其視為「直覺」。這些記憶會在無意識狀態下被儲存和啟動，當在生活中遇到與過去經驗相關的事件時浮現出來，引導我們做出決定。

◇◇◇◇◇◇◇◇◇◇◇◇◇◇◇◇◇◇◇◇◇◇

在本章中，我們已經看過訓練大腦無意識系統的幾種方法，無論是身體練習、心理演練或觀察他人，都是透過重複運用，來建立神經元之間的連結的學習形式，一旦我們建立起這樣的基礎結構，大腦的無意識系統就會給予回饋：在運動方面，可以讓我們不假思索便能增進表現，增強我們的肌肉，讓技術更臻完美。鏡像神經元則會模擬我們的觀察結果，讓我們可以相互學習、表達同理、瞭解彼此的痛苦與快樂。最後，軀體標記會運用我們過去的經驗，來指引我們對未來的決策。

透過對過往經驗的回憶及演練，無意識系統會模擬舊的訊息，幫助我們學習與成長；它會從龐大的記憶資料庫中提取必要內容，供我們決策時的參考。然而，記憶並非是永遠可靠的訊息來源，但無意識系統卻總是仰賴記憶來建構其模擬行為。如果記憶中的訊息並不完整或者根本有誤，那又會怎樣呢？

我們已經見識過大腦填補空白的各種不同方式。當我們睡著時，知覺完全停擺，大腦會為我們編織夢境。當我們失去視力或神經受損時，大腦會透過其他感官資訊為我們重建外在世界，甚至不惜編造出幻覺。當我們需要回憶來指引決策歷程時，大腦同樣會立即試著創造出一個完整的故事。依照無意識系統的邏輯，凡是出現訊息空白處時，一定要用環境或回憶中的線索來加以填補。然而，如果這個空白並非源於感知，而是源自記憶本身呢？如果向來依賴的訊息來源出現一個大洞，那麼無意識系統要如何填補它呢？事實證明，大腦會自己編出一個完整的故事。

第 4 章

我們會記得沒有發生過的事嗎？

關於記憶、情緒，以及自我中心的大腦

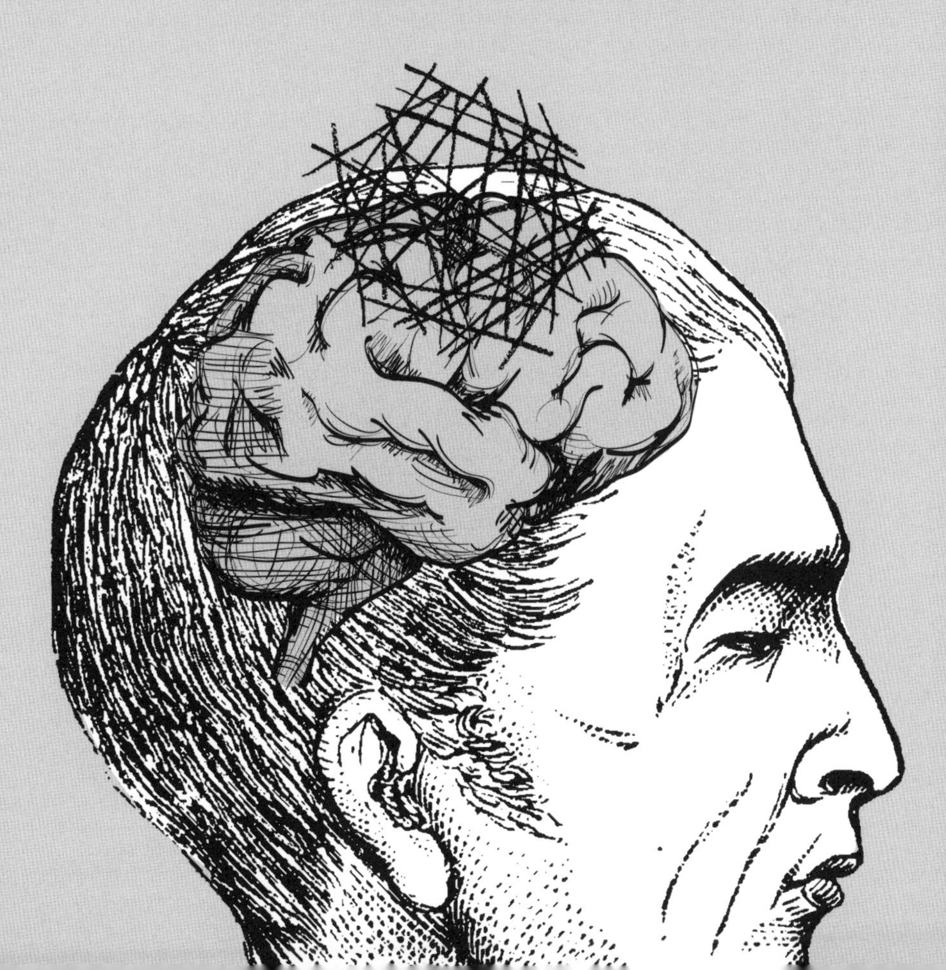

當時他還太年輕，
不知道人心會拋棄糟糕的記憶、放大美好的記憶；
多虧了這個巧妙技能，
我們才有辦法承受過往這個重擔。

——作家馬奎斯（Gabriel García Márquez）

我第一次見到比利的時候，他一動也不動的坐在輪椅上，咬著的那條床單從嘴角垂下來。他不回答任何問題，我問他一些事情，他只是咧嘴對著我笑，彷彿心中藏著別人都不知道的祕密。他的肌肉看起來很僵硬，除了偶爾左顧右盼、咬咬床單、用指甲抓抓自己的手臂之外，很少出現其他動作。比利處於僵直症（catatonia）狀態，出現無法動作及木僵（stuporous，譯注：患者意識清醒，但對外界缺乏反應）的症狀。然而讓我們這群醫療人員苦惱的是，我們完全不明白為什麼一個完全健康的人會在短短幾週內變成這樣。電腦斷層掃描和核磁共振造影（magnetic resonance imaging，簡稱MRI）做完仍得不出結論，尿液篩檢並未發現濫用藥物，血液檢查結果也是陰性，比利的病情根本是個謎。

時間回到兩星期之前，比利走進了一家醫院的急診室，腳上穿的是溼答答而且左右顛倒的鞋子，他說：「我需要跟你們談談……大腦受損的問題。」家人說比利這輩子再正常不過了，他有一頭柔順光滑的黑髮、馬上能贏得好感的迷人笑容，以及過度自信又帶點尖酸刻薄的幽默感；他有足以風靡全場的魅力，輕輕鬆鬆就能交到朋友。三十歲出頭的比利已擁有化學碩士學位，在一家商業實驗室工作多年，他的事業平步青雲，而且有個關係穩定的女朋友。

然而突然之間，事情就完全變了個樣，比利對朋友和家人開始變得很冷淡，接著他被公司解雇，跟女朋友也分手了。他無力支付帳單，沒辦法好好打理車子與房子，也無力照料自己的三餐飲食。比利的母親去他的公寓找他，發現吃剩的披薩空盒堆積如山；她幫比利做的家常料理一盒盒散布各處，看起來根本沒有打開過，容器裡滿滿食物都已經腐敗了，引來一大堆蒼蠅。比利的車子被人發現棄置在一座遙遠公園的禁區內，沒有人知道比利是怎麼到醫院去的，答案只有比利自己知道，但是他一句話也不說。

轉到我們這家醫院後，比利開始接受一種名為「電痙攣治療」（electroconvulsive therapy，簡稱ECT），此療法是在全身麻醉的狀況下，對大腦發射電磁脈衝，誘發長達三十二秒的痙攣發作，這是目前已知最有效的僵直症治療方式。經過幾次治療，比利的僵直症狀開始消退，原本的個性逐漸重現，儘管最初他說的話讓人聽不懂，但他總算又開始說話，而且說得可多了。比利開始對女護理師和女醫師大獻殷勤，偶爾向她們拋個媚眼邀她們出去約個會。幾個星期之後，他的幽默感恢復了，而且已經可以離開輪椅自己行走。不過有樣東西一直沒有恢復正常，那就是他的記憶。

比利不記得自己的基本資訊，也不記得過去的一切。他說不出現任總統是誰，不記得他的醫師是哪位，甚至不記得自己是在醫院裡。然而，他總是假裝自己記得一切，他會信心十足地說出自己杜撰的答案，而且不管你怎麼問，他都堅持相同的答案。我每天早上都會探訪比利，向他詢問我腦子裡所想得到的一切問題，因為我想找出任何一點可能的線索，告訴我們究竟是什麼因素造成他忽然轉變。我會把他的回答寫下來，以便觀察這些答覆如何隨時間推移而有所演變。以下是我們在兩週內的一些對話片段：

第一天

我：你能告訴我今天的日期嗎？

比利：當然啦！今天是2012年2月20日，不過更明確一點來說，今天是1998年的9月3日。

我：你知道自己叫什麼名字嗎？

比利：當然啦，老兄，那還用說嗎！

我：那你的名字是什麼？

比利：在這個節骨眼，考慮你我目前的關係，以及這裡的一切狀況，我真的不覺得現在對你透露這個資訊是恰當的。不過，嘿，老兄！我還滿欣賞你盡忠職守的表現，如果你找得到對的方法，就有可能得到你想要的訊息。

第四天

我：你知道為什麼你現在會在醫院裡嗎？

比利：知道啊！因為我的膝蓋。

我：你的腳有什麼問題？

比利：已經痛好幾個星期了，這就是我昨天接受手術的原因。

我：你昨天動了手術？

比利：是啊！我的韌帶撕裂了。不過手術順利完成，你們把我照顧得很好，我現在走路狀況好多了，不需要輪椅或其他東西幫助。我的膝蓋也不再感覺疼痛了。

我：比利，我在你的病歷上沒看到外科醫師對這件事做任何紀錄，你確定你昨天動過手術嗎？

比利：噢，是啊，他們想保持祕密，沒有人會想到像我這樣的人需要做膝蓋手術啦！

比利不知道當天的日期，也不知道自己身處何方，一開始甚至連自己叫什麼名字也不知道。他不但不肯承認自己不曉得這些事，反而會提出無止境的藉口來掩飾；但更多時候他會堅持自己編造出來的答案，不管醫務人員如何質疑，他就是不願改口。然而這點正是最神祕的部分：比利沒有撒謊。他並非故意誤導別人或掩飾自己的無知，而是真心相信自己所說的每一個答案，例如他是真的完全確信自己正處於膝蓋手術結束後的復原階段。他的記憶包含一些從來沒有發生過的事情。

比利的記憶究竟出了什麼問題？

人生片段之網

想知道比利的大腦發生了什麼事情，我們得先瞭解一下人類記憶是如何運作的。有一種常見的誤解認為，記憶就像是錄影那樣如實記錄下我們生活經驗中的點點滴滴。然而，錄影對場景中所有細節都是一視同仁的，它不會特別挑選出最重要的部分來加以聚焦。

錄影是精確的紀錄，而記憶則會隨著時間推移而出現錯誤與變化。

在大腦深處的海馬迴與其鄰近區域裡，有一張由諸多神經元彼此交織而成的網，記憶機制正是在神經元網絡上運轉不息。大腦中的神經元細胞會伸出蜘蛛狀的附肢——軸突（axon）和樹突（dendrite），它們的功能主要是負責發送及接收神經傳導物質（neurotransmitter）的電化學訊號。這些訊號會穿過軸突和樹突之間被稱為突觸間隙（synaptic cleft）的無人地帶，然後抵達目標神經元上的受體。在我們的一生中，神經元間的連結會不斷演變與發展，每當我們累積新經驗或反思過往經歷，突觸的連結就會隨之增強或減弱。

這現象在1960年代首次被發現，神經科學家注意到當他們重複對一個神經元發射相同的脈衝時，這個神經元的反應就會增強，彷彿它記得曾經接收過這個訊息似的。如果實驗者同時活化兩個或更多的神經元，這些神經元間會建立聯繫，形成緊密的夥伴關係；之後若再有相同訊號活化這個神經元組，就會引起更強大的反應。這個理論認為，若神經元經常以群體的方式受到激發，它們就會徵召更多的受體，進而形成更強的突觸。這種突觸間彼此連接與加強的作用，稱為「長期增益現象」（long-term potentiation），是人類記憶形成的基礎。

長期增益現象不僅能讓記憶被編碼為可識別的神經元激發模式，也可以用於形成記憶之間的連結。神經科學的基本原理之一是：「一起發射訊號的神經元就會連結在一起」（That neurons that fire together, wire together.），如果有幾群神經元經常同時被活化，突觸連接的模式就會逐漸產生變化，並將這些神經元彼此連接在一起。一旦連接形成，未來只要活化其中任何一組神經元，就會促使其他神經元組一起活化。記憶的形成，是終其一生不停演變的動態歷程。我們的經驗被儲存成一種交織連接的模式，當我們重新回想某個經驗或遇到相似情況時，這個模式就會再次活化。你想到一件事的次數愈多，這個記憶就變得更根深柢固，同時也會和其他思緒及記憶形成更多連結。

我們可以把記憶想像成是一堆不同時刻人生片段的集合，大腦必須把它們組織起來，串成一個連續的故事。你和朋友一起吃飯時，有人提起他高中畢業典禮發生的事，你馬上會想到自己高中畢業典禮時的情景。透過畢業典禮，又會讓你想起高中時迷戀的對象，轉眼已經多年沒見了。接下來，你的思緒開始漫遊在許多畫面之間，包括已經逝去的幾段感情，然後是你自己的婚禮，以及喝醉的伴郎打翻了蛋糕，接著是你說服他去參加戒酒無名會的那一天，還有他終於戒酒成功，抱著你哭泣的那一刻。

然而這些有如快照般的人生片段，是可以修改及重新組合的。心理學家羅芙托斯（Elizabeth Loftus）設計了一個實驗，展示我們的記憶可以如何被往後的生活經驗給巧妙的竄改。

她告訴一群志願者，等等會有一位他們的長輩過來，談談他們過去所發生的四段童年往事；但是受試者並不知道長輩其實是跟羅芙托斯合作，幫助她進行實驗。在羅芙托斯的指示下，這些長輩提到的四個事件中，有三個是真實的，一個是虛構的，不過長輩會告訴受試者這四個事件都是真實的。每位受試者聽到的虛構事件，都是受試者小時候曾在某個購物商場走失的故事。羅芙托斯想知道的是：由值得信賴的長輩說出來的虛構事件，有沒有可能成功植入受試者心中，成為假的記憶。她選擇在商場走失的故事，是因為這種故事是個好例子，既令人驚慌又聽起來確實可能曾經發生過。其中一位受試者叫克里斯，由他的哥哥吉姆跟他說了以下的事件：

> 我記得當時是1981或1982年，那時克里斯五歲，我們去斯波坎的購物中心買東西。大家一陣慌亂後，發現克里斯被一個高大的老人帶著，我記得那人好像穿著法蘭絨襯衫。克里斯拉著老人的手，正在哭泣。那個老人解釋說，幾分鐘前他看見獨自邊走邊哭的克里斯，他正試著協助克里斯找父母。

接下來幾天，克里斯漸漸開始想起這個虛構事件的細節。他想起自己當時是多麼的害怕，想起母親告誡他下次不要再這樣亂跑了，甚至想起了老人穿的是法蘭絨襯衫。兩星期之後，克里斯的虛假記憶變得更加活靈活現：

> 我本來是跟你們在一起的，但我想我後來跑去看玩具店，是那家「KB Toys」，然後，呃……我就跟你們走散了，我看看四周，心想：「噢！這下我完蛋了。」接著我……我以為我再也看不到爸媽了，我真的嚇死了。然後這個老人，我想他是穿著藍色的法蘭絨衫，走到我面前……他年紀有點大了，頭頂有點禿……長著一圈灰白的頭髮……有戴眼鏡。

到了實驗的最後一個階段，哥哥告訴克里斯四個事件中有一段是虛構的，讓他試著猜測哪個是假的，結果他猜錯了。小時候在商場走失的畫面已變得如此清晰，讓他深信這個事件比其他真實回憶更有可能發生過。參與實驗的二十四名受試者中，共有七名（29%）發展出在商場走失的假記憶。羅芙托斯的結論是：我們的想法確實可以改變過去儲存的記憶。

記憶相互連結的本質，使得它會隨著時間推移而改變。大腦既然能夠把具有相似特徵的記憶連結起來，凸顯出我們所認為最重要的時刻，它自然也能在日後根據新的想法和經驗來重新組織這些連結。沒有任何記憶是憑空冒出來的，也沒有任何記憶是固定不變的；記憶就像任何一個寫得很不錯的故事一樣，有其既定的走向及觀點，但也可以被修訂改寫。

以色列的一個研究小組曾經連續兩天拍攝一名年輕女子的生活，這名女子沒有任何記憶障礙病史。除了多了記錄用的攝影機，她這兩天的生活一如往常。在接下來的幾年裡，研究人員每隔一陣子就請她填寫問卷，測試她對那兩天生活細節的記憶，並在填寫問卷時使用fMRI監測她的大腦活動。

研究人員發現，距離拍攝的時間愈久，她的記憶在細節上失真的情形就愈嚴重；不過有趣的是，她在填寫問卷時的大腦活動方式，也隨著時間推移而有所改變。經年累月之後，記憶錯誤累積得愈來愈多，而她的記憶顯然愈來愈少仰賴海馬迴。fMRI顯示，隨著她的回憶變得更加遙遠，海馬迴的活動會減少，但包括「內側前額葉皮質」（medial prefrontal cortex）在內的其他大腦區域則會變得更加活躍。內側前額葉皮質和額葉接壤，與自我中心思維有關。這位年輕女子所獲得的記憶，並非像是單純從神經系統文件夾中調閱相關紀錄，而是來自多重系統的重新表徵。隨著時間流逝，她的記憶逐漸偏離拍攝期間的精確細節，而變得更聚焦在她自己身上。

記憶在很大程度上定義了我們，我們的個人歷史塑造出我們的自我形象，也組裝出我們的知識庫。大腦的無意識系統在為記憶編碼時，也正是在塑造我們本身。記憶並不會像攝影機那樣一視同仁地記錄我們所經驗的一切，因為它會把焦點放在我們在此故事所扮演的角色上，而且特別側重我們所在意的面向。在任何特定時刻，我們都有不同的感覺，再加上當下的情緒、我們的期待或恐懼，以及這一刻對我們的意義，共同構成此情此景的來龍去脈，而大腦正是以此為基礎，開始著手草擬它的初稿。

球迷的大腦

如果我們想進行「自我中心思維」與「情緒如何影響記憶」方面的研究，大學籃球比賽是個相當理想的研究環境。每當有其中一隊得分，例如出現兇猛的灌籃或扭轉局勢的三分球，雙方觀眾會同時間陷入強烈或甚至狂熱的情緒之中，只是兩者的情緒恰好位居情緒光譜上的兩個極端。球迷完全認同自己喜愛球隊的球員，從開球到比賽結束的哨聲響起，他們全程緊盯每一球的進行過程，為自己所愛的球隊大聲尖叫，並用噓聲來對付敵對的隊伍。

從競爭激烈的程度來說，應該很少有賽事能比得上杜克大學「藍魔隊」與北卡羅來納大學「柏油腳跟隊」之間的爭霸了。2010年，杜克大學的一群神經科學家（我們假設他們很公正）招募了一批死忠籃球迷參加一項情緒記憶研究，其中十二人是杜克迷，十一人是北卡羅來納迷。在一週之中，雙方球迷在大螢幕上共同觀看一場戲劇性的杜克對北卡羅來納之戰，總共看了三次。

在第三次觀看後的隔天，實驗者透過頭戴式液晶顯示裝置，讓球迷在彷彿親臨現場被觀眾吶喊聲包圍的情境裡，觀看六十四段比賽剪輯片段。在這些剪輯片段中，一半的畫面顯示即將讓杜克占上風的那幾球，另一半則顯示的是會讓北卡羅來納獲得優勢的那幾球。所有的片段展現的都是在那令人激動的關鍵時刻，球員出手前投籃的動作，球迷的任務則是以情緒強度高低為依據對影片評分。不過這些影片都不完整，每段十二秒長的精采片段都會在球員出手時戛然而止，所以球迷們得設法想起球員的那次投籃到底有沒有成功得分。

這些行為數據蒐集完成後，實驗者發現：球迷的記憶在有利於他們喜愛球隊的那幾球表現較好，在不利於所愛球隊的那幾球表現較差；顯然正面情緒記憶往往比負面情緒記憶更準確。

在球迷觀看球賽片段期間，實驗者也使用fMRI來監測他們的大腦活動。神經造影結果顯示大腦的活化區域正如我們所料，出現在海馬迴（負責情節記憶）和杏仁核（amygdala，負責產生情緒）。但fMRI也顯示了別的事情：大腦中其他幾個區域似乎也參與了對這幾球的回憶，其中之一是內側前額葉皮質，我們之前提過此處和自我中心思維有關。這類思維並非只包含自私的想法（像是我想要一輛更昂貴的汽車之類），而是只要我們看到任何自覺與自我認同密切相關的事情，內側前額葉皮質就會開始運作。

在多倫多大學進行的一項研究中，實驗者對受試者展示各種形容詞，例如「頑固」一詞，然後問他們兩個問題：

1. 你覺得「頑固」一詞適合用來形容你自己嗎？
2. 你覺得「頑固」一詞適合用來形容加拿大前總理穆隆尼（Brian Mulroney）嗎？

fMRI結果顯示，內側前額葉皮質在受試者回答問題一時亮起，回答問題二時則否。這表示即使在主題僅限於像「頑固」這樣的概念時，內側前額葉皮質仍然只會在問題涉及自身時接受徵召，論及別人時則不會起反應。

為什麼專門針對自我指涉（self-referential）思維產生反應的大腦區域，也會在回想籃球比賽中令人激動的那幾球時有所反應呢？這是由於這些球迷已將情感完全投入於所愛球隊的表現中，把自己跟球員視為一體，認同程度之深，使得他們觀看球賽時，自我中心思維也會出現在fMRI結果裡。換句話說，當他們想到這些自己喜愛的球員時，就彷彿是想到了自己。

不僅如此，神經造影結果還顯示：當受試者回想籃球比賽場面時，他們的「海馬旁區」（parahippocampal area，圍繞海馬迴的區域）也會開始活化。已知這個區域涉及社會認知（social cognition）功能，譬如我們察覺某段對話帶著譏諷意味時，此處就會有所反應。在一項研究中，受試者觀看一些兩人對話的影片，影片中有個角色會說出一個中性意義的句子：「我很樂意做這件事，我有很多時間。」不過在部分影片中，這位演員是用真誠的口吻；但在其他影片裡，則是以尖酸諷刺的語氣說出同一句話。當受試者正確察覺到片中角色的話帶有諷刺意味時，他們的海馬旁區便開始放電。但若是海馬旁區受損的人進行這個測驗時，他們理解諷刺語句的能力就會比健康受試者差得多。

雖然海馬旁區皮質是以負責處理空間關係而聞名，但上述這類關於諷刺言語的研究顯示，海馬旁區在社會認知方面也扮演某種角色。就籃球比賽的背景脈絡來說，這是完全合情合理的，畢竟球迷無論去球場或是在電視上看比賽，身邊往往有著一群朋友。觀看比賽的場景裡充滿了社會線索，像是其他觀眾的反應、雙方的競爭關係、隱晦的嘲弄話語，或是直白的垃圾話（trash-talk，譯注：指在場上刻意說一些侮辱或騷擾對方的話，用以激起對方情緒，影響其表現）。大腦會將賽事進行中出現的那些社會線索，融入觀看者的生活經驗為脈絡，所以關鍵時刻感受到的情緒強度並非只源於賽事本身，而是源於這場賽事對此球迷的意義。由於球迷對球員產生認同，所以負責自我指涉思考的前額葉皮質會受到活化；此外，由於球迷是和身邊的朋友（以及對手）一同經歷賽事造成的情緒高低起伏，所以負責社會認知能力的海馬旁區活躍程度也會提高。

大腦為記憶編碼時，周遭背景包含大量的事件與情緒，像是賽事的社會建構以及球迷的興奮或失望等等。球迷觀看比賽時所動用的大腦區域，會永遠跟這場賽事的記憶以及對每一球的回憶連結在一起。當球迷回憶起這場比賽的每一球時，也會憶及那些與個人及社會相關的暗示聯想，也就是由內側前額葉皮質和海馬旁區提供的反應。所有這一切會全部同時出現在我們的腦海裡，無論就概念上還是神經上而言，都是結合在一起的。

雖然比賽中的明星是那些籃球運動員，但在每個球迷的記憶中，自己才是真正的焦點。無論球迷自己有沒有意識到這回事，但是他們記住的會是這場賽事對他們的意義，也許甚至包括他們對參與這次經驗的反思。我們想跟別人分享過去某段時光的時候，不會只描述一個靜止的時刻，我們會講述一個有開頭、有中間內容，也有結尾的故事，而且我們每個人都會把自己當做主角。

九一一事件發生那天你在哪？

你記得2001年11月18日星期日上午，當時的你人在哪裡嗎？我也不記得了，我連上上個星期日自己做了些什麼，幾乎都想不起來。然而，我們都清清楚楚記得2001年9月11日那天——不僅記得那天發生的悲慘事件，還能確切記得聽到消息時自己身處何地以及正在做些什麼。每當人們回憶起九一一事件，喚起的第一個回憶都不會是事件本身，而是類似下面所述的情況：「我記得非常清楚，從收音機上聽到這個消息時，我正在星巴克，剛拿到我的卡布奇諾。」或者是：「我正在課堂上，教授走進來宣布了這個消息。」很奇怪對吧？九一一是一場全國性的悲劇，影響我們所有的人，但面對這個改變歷史的重大事件，大家回想起來的第一個記憶（那些直接受到影響的人除外），卻是自己在當天進行的無關緊要活動。

我們對九一一事件的回憶被稱為「閃光燈記憶」（flashbulb memory），是由於經歷引起強烈情緒的重大事件，而產生對事發當時自身所經歷細節的鮮明記憶，是細節極度清晰的影像。在一項針對閃光燈記憶所做的研究中，一百六十八名參與者在2001年的9月接受訪談，要求他們回想自己是在什麼情況下得知世貿中心及五角大廈遭受攻擊的消息。兩年後，實驗者再度訪談受試者，以確認他們的記憶是否一致。為了做比較，有另外一百八十五名志願者被列為對照組，實驗者先告知他們被選中參加一個抽獎活動，之後再逐一用簡訊通知他們沒有得獎。實驗者要求參與者描述他們收到並未得獎的遺憾訊息時身處何地、正在做些什麼；他們一共進行過兩次採訪，一次在簡訊發出後的隔天，另一次則是在一年之後。

結果顯示，雖然實驗組是在九一一事件發生兩年後才進行第二次訪談，而對照組是在收到簡訊一年後就進行訪談，但當比較兩組受試者表現時，可以發現實驗組受試者兩次訪談的說詞相符程度較高。雖然實驗組受試者的前後敘述不見得能百分之百一致，但他們

第二次回憶九一一當日情況時，能想起來的細節明顯比對照組多，而且也和原本的說詞比較接近。

這個結論似乎不怎麼令人意外，但如果我們比較的是不同人對同等嚴重事件的回憶，或根本是對同一事件的回憶呢？我們的反應情緒強度對我們的事件記憶有什麼影響呢？我們需要比較的是那些親眼目睹雙塔倒塌的人所獲得的經驗，跟我們這些從新聞上得知消息者的經驗究竟有何不同。

◇◇◇◇◇◇◇◇◇◇◇◇◇◇◇◇◇◇◇◇◇◇◇

九一一攻擊事件過後三年，研究者召集兩組紐約市居民參加了一項實驗，以瞭解他們在事件發生時的情緒對他們的記憶有何影響。第一組受試者當時身在「下城區」（也就是曼哈頓市中心），親眼在世界貿易中心附近見證了當天的事件；第二組則是由當時身在幾英里外「中城區」的人所組成。受試者敘述他們的記憶時，研究人員用fMRI監測他們的大腦活動；接下來要受試者針對自己記憶的鮮明程度、造成情緒激動程度，以及受試者本人對記憶準確性的信心程度進行評分。結果一如預期，與中城區組相較，下城區組認為自己的回憶更生動、更完整，也更具情緒強烈性，他們對自己的記憶正確度也更有信心。然而，神經造影結果告訴我們的卻不是這麼一回事。

海馬迴是涉及情節記憶的典型區域，例如對九一一事件細節的回憶就屬於情節記憶。但是，基於記憶的存取方式差異，大腦的其他區域也會受到不同程度的徵召。舉例來說，當記憶本質上包含情緒的時候，杏仁核就會被活化；而當大腦試圖獲取更精細的事件周遭環境細節時，就會用到後海馬旁皮質（posterior parahippocampal cortex，海馬迴旁邊及後方的大腦區域）。

當受試者被要求回憶九一一事件細節時，中城區組後海馬旁皮質出現明顯活動，但杏仁核的活動小到微不足道；而下城區組的情況正好相反，他們的杏仁核出現大量活動，但後海馬旁皮質沒什麼動靜。神經造影顯示，下城區組是以情緒衝擊為主的方式來回憶當天的事件，相對而言有關周遭細節的記憶就被犧牲掉了。事實上，研究結果告訴我們：在回憶九一一事件時，情緒受影響愈大者，對當天發生在他們自己身上的事件（例如當時他們人在哪裡）的敘述前後一致度愈高；但提供與情緒無關的細節（像是當時他們穿什麼鞋子）的可靠度就愈低。

我們總會記得那些引發我們情緒的時刻。有人提到他得知九一一攻擊事件發生時，正好剛拿到一杯卡布奇諾咖啡，這件事除了他自己以外，對世上幾乎每個人來說都是件無足輕重的小事。但在他的人生敘事裡，這趟星巴克之旅才是他當日生活經驗的核心，像「世貿遭攻擊的確切時間」之類的事實反而不是那麼重要。

我們在九一一那天的經歷，也是我們個人敘事中不可或缺的組成部分。那是改變歷史的一刻，無論是人在現場還是從遠方目睹，我們都在有生之年見證了這場恐怖的悲劇。我們很在乎自己當初如何得知這個消息，所以當我們重述九一一事件時，最先提到的總會是事發當時自己正在做些什麼。

◇◇◇◇◇◇◇◇◇◇◇◇◇◇◇◇◇◇◇◇◇◇◇◇

在組織過往經驗的片段時，大腦中的無意識系統會採取「以自我為中心」的方式進行，因此我們記得特別清楚的經驗，往往是對我們人生故事比較重要的部分。

我們來看看2013年的一項研究，心理學家要求四十名大學生想像自己被困在草原上，既沒有食物也沒有水，而且有致命的掠食動物正在悄悄逼近。他們列出了三十個單詞給學生看，要求他們評估各個單詞跟他們在這想像的危險處境中求生存的相關性有多大。接下來參與者繼續重複這項任務，但是改用另外一組不同的三十個單詞，而且改成想像被困在草原上的是其他人，而不是他們自己。最後，他們用第三套單詞重複了這個任務，但這次不需要想像任何場景，只要單純判斷這些單詞是與城市或自然界相關。

大學生完成了這三項任務後，心理學家會宣布另外再附加一個小測驗：他們向學生們展示了一百八十個單詞，其中一半是前述任務中曾經看過的，另一半則是新的單詞。現在大學生面臨的挑戰，是要指出哪些是之前實驗中見過的單詞，哪些是新增的單詞。

心理學家發現，學生們表現出最佳準確度的，是他們想像自己困在草原上時看到的那些單詞；在沒有故事的場景中表現最糟糕；而涉及第三者被困在草原上之場景的表現則居中。也就是說，當提到跟自己求生存的故事有關的細節，參與者的記憶會最準確，即使這故事純粹是想像的。我們建構記憶時，大腦會將注意力放在對我們而言最重要的那些特點上，通常這麼做會以犧牲細節為代價，因為這些細節在當時情境而言，是比較平凡乏味的。

◇◇◇◇◇◇◇◇◇◇◇◇◇◇◇◇◇◇◇◇◇◇

再看看另一個例子。1967年，波士頓紅襪隊與加州天使隊的比賽來到第四局中，突然發生了一件可怕的意外。這時輪到紅襪隊的明星打者康寧亞諾（Tony Conigliaro）上場打擊，天使隊投手漢密爾頓（Jack Hamilton）對他投出了一個快速球，結果擊中他的頭部，這一球的撞擊力道讓康寧亞諾顴骨骨折、下巴脫臼，並造成視力長期受損。幾年之後，漢密爾頓接受採訪，提及幾乎殺死康寧亞諾的那一球，他說：

> 我知道在我心裡並沒有想要打到他……但是大概第六局的時候，事情就這樣發生了，我想那時候得分是二比一，他是第八棒……我沒有理由會用球打他……那天下午或傍晚的時候，我去了醫院想探望他，但是他們只讓家屬進去。

儘管這是漢密爾頓生命中的重大事件，但紀錄顯示他的說法部分有誤，他說錯了局數（是第四局）以及打擊順序（康寧亞諾是第六棒）。此外，康寧亞諾是很強的打者，因此想用觸身球保送他上一壘也是很合情理的想法。還有最重要的一點，比賽是在晚上而不是下午舉行的，漢密爾頓直到第二天才到醫院探望。

漢密爾頓對這個事件有清晰的記憶，或者說對他而言似乎是清晰的。他可能記得康寧亞諾被球擊中時臉上的表情、可能記得事發那一刻他自己的感受，他可能還可以告訴你去醫院探望康寧亞諾的所有情形；然而周遭的一些細節，例如那是第幾局、對方上場打擊的棒次，甚至是事情發生的時間，他就沒有辦法記清楚了。漢密爾頓就這樣忘記了康寧亞諾是位優秀的打者，忘記了自己其實有很好的理由用觸身球把他保送上一壘，以免冒著被擊出全壘打的風險。說不定漢密爾頓真的曾經起意用球打康寧亞諾，只是他不想承認。不過還有另一種可能：也許漢密爾頓的大腦無意識地把這項細節從記憶中剔除，因為他不想記得這件事。漢密爾頓可能視自己為很有道德的球員，才不會為了贏球而不擇手段；如果他相信是自己投球太過魯莽，甚至是故意去傷害康寧亞諾，那麼這件事可能會一輩子糾纏著他。或許漢密爾頓的大腦是在無意識中保護著他，避免上述想法摧毀他對自我的感知。

無知是福

1969年9月22日，一個名叫蘇珊（Susan Nason）的八歲女孩到位於加州福斯特市的朋友家玩，之後就失蹤了。她的父母在警方協助下發起長達數月的搜查行動，但是一無所獲。同年12月，舊金山水務局的一名員工進行日常巡查工作時，在水晶泉水庫附近的溪谷發現一具孩童屍體。調查人員檢查過現場後，指出屍體手中握著一只壓壞的銀戒指，身上的衣服已被拉到腰部以上。牙科紀錄確認這具屍首是蘇珊，病理報告顯示她的死因是頭部遭受鈍器重擊，手腕骨骼的傷勢則是接近死亡前反抗掙扎的證據。但是誰是兇手？這個疑問就這樣塵封了二十年，一直未能得到解答。

直到1989年1月，那天二十八歲的婦女艾琳（Eileen Franklin-Lipsker）看著自己的女兒在地板上玩耍，當她的女兒抬起頭來看著她，艾琳凝視著女兒眼睛的瞬間，腦海裡忽然浮現出一幅令自己感到驚恐無比的畫面。她回憶起自己八歲時，和最要好的朋友蘇珊坐在一輛廂型車的後方。後來車子在水庫附近停下來，她的父親法蘭克林帶著蘇珊來到廂型車後面，他分開蘇珊的兩膝，開始用胯部對蘇珊磨蹭擠壓，蘇珊拚命掙扎反抗，艾琳則是被嚇壞了。接下來畫面跳到另一個場景，蘇珊在車外地上哭泣，艾琳看見父親走近她的朋友，用石頭猛砸蘇珊的頭部。蘇珊的手都是血，手上的戒指也被壓壞了，頭髮凝結成一團團散落在地上。

艾琳最初是跟她的心理治療師提到這段記憶，後來她告訴了丈夫，她丈夫馬上打電話報警，說他的妻子可以指認殺死蘇珊的兇手。警方認為這個故事有可能是真的，於是前往法蘭克林的住處。法蘭克林開了門。

「我們正在調查一樁過去的凶殺案，」一名警官先開口說，「被害人的名字是蘇珊……蘇珊・納森。」

法蘭克林盯著警官瞧，過了一會兒才回答：「你們跟我女兒談過了嗎？」

法蘭克林的案子進入審理階段後，有幾名專家證人出面就「記憶壓抑」（memory repression）概念提出證詞。控方找來的是泰爾（Lenore Terr）博士，她是精神科醫師，也是加州大學舊金山分校的教授。泰爾提及事實上艾琳本身也是童年時期遭受身體暴力及性虐待的受害者。她表示：「一個人如果童年時期經歷可怕的暴力行為，從很小就遭受多人或父母的反覆身體虐待或性虐待的，……那麼這類記憶很有可能 —— 或許應該說是絕大多數都會出現記憶壓抑的現象。」

辯方證人則是華盛頓大學的心理學教授羅芙托斯博士，她提出一種可能性：即使某件事根本不是真的，只要一再重述這個故事，就能說服一個人相信這件事是真實的。更進一步而言，一件事發生後愈久，事後獲得的資訊就有愈多時間可以滲入我們的潛意識，改變我們對這件事的記憶；她把這種現象稱為「記憶汙染」（memory contamination）。

辯方認為艾琳的證詞細節源自她在事件發生那段期間所看到的新聞報導，他們說艾琳所講的「每一個細節」都是社會大眾可以獲得的資訊，也許她記得的不過是調查報導中的描述。辯方律師也指出艾琳對事件的回憶前後並不一致，每次重述時都有細微變動。例如，在審判過程中，艾琳提到她和父親接蘇珊上車時，有看到她的姊姊珍妮絲正好在附近；然而在此之前，艾琳的說法是珍妮絲本來也在車裡，坐在她旁邊，但是在他們接蘇珊上車之前，她父親就已經叫珍妮絲先下車了。珍妮絲則作證說：她記得蘇珊失蹤的那一天，但不記得當天到底有沒有看到她的妹妹或她的父親。

儘管艾琳的證詞除上面所述還有其他前後不一致的地方，但證詞中所含的細節程度，以及她對自己記得這件事的信心滿滿，已足以說服陪審團，因此法蘭克林被判一級謀殺罪成立。（譯注：法蘭克林原本被判終身監禁，但此案後來翻案，法蘭克林坐牢六年半後無罪釋放。）

二十年前，艾琳真的親眼目睹父親殺了她最要好的朋友嗎？還是她只是把「讀過新聞報導後腦海裡出現的畫面」和「曾經見過的影像」連結起來，構成類似記憶的連續鏡頭？

本案中被壓抑的記憶究竟是真實的還是扭曲的呢？我們無法對此爭議提出解答，我們所能提供的最佳答案，就是真真假假各有一些吧。當警察找上法蘭克林時，他馬上提到他的女兒，所以艾琳所述故事的核心方面很有可能是真實的，只是她記錯了一些外圍細節，這情況跟我們之前提過的記憶研究是一致的。艾琳確實見證了她父親的罪行，但她的記憶被壓抑了二十年。

記憶壓抑通常發生在遭受創傷的背景下，舉例來說，身體虐待或性虐待的受害孩童有時不記得自己遭受過什麼事，直到多年之後，遇到某件事觸發了記憶，這些記憶才像洪水般潮湧而出。像性虐待這類的情感創傷，可以摧毀一個人的心理功能，傷害他們的自我價值感（sense of self-worth）及個人特質（personhood）。關於記憶壓抑，主要的理論認為它是大腦的安全閥門，用來保護我們脆弱的自我感，避免它遭到那些難熬的痛苦回憶傷害。就像外科醫師用麻醉來防止術後疼痛一樣，無意識大腦會用壓抑來麻痺我們，以避免重溫創傷經驗時所帶來的巨大苦痛。

研究顯示：負面情緒記憶通常比快樂記憶消退得更快。在心理學上，有一種理論稱為「記憶忽視模型」（mnemic neglect model），認為人們傾向於容易記起那些與自我感知一致的事物，並容易忽略與自我感知相衝突的感受及記憶。在一項研究中，實驗者對受試者展示一份行為清單，要求他們評估自己可不可能從事某些行為；這些行為的範圍從自我否定式的負面行為（例如「我不會償還欠朋友的錢」），到自我肯定式的正面行為（像是「我會花好幾天去照顧生病的朋友」）都包含在內。經過一段時間後，參與者被要求試著盡量列出他們所記得的清單中行為，結果他們記得正面行為的機率高很多，似乎比較容易把那些負面行為忘掉。

為了做比較，研究人員進行了另一個類似的實驗，他們讓受試者看一段文字，內容是在描述一個名叫克里斯的人的特徵，接著要受試者就清單上的正面或負面行為做出評估，判斷哪一些可能是克里斯會做的事。結果受試者事後被要求回想那份清單時，他們想到正面行為的機率跟負面行為差不多。看來因為那些負面行為是跟別人相關，而不是跟自己相關，他們就比較不會忽略掉這個部分。

大腦經常以自我保護的方式來組織我們自身歷史的片段。如果無意識的大腦是個新聞頻道，那麼它肯定是個偏見很深的頻道。正如同民主黨人往往偏好傾向自由主義的節目，而共和黨人則偏好傾向保守主義的節目，我們的無意識系統也比較偏好吸收符合我們自我感知與世界觀的經驗。大腦會協助維持這樣的觀點，創造出與我們自己或我們關心事物有關的故事；有時候它會稍微改動一下事情發生的時間軸，或是為了省事，而刻意忽略掉一些跟我們想要相信的那個故事沒那麼符合的細節。

這並不是壞事，這是一種非常健康的適應機制，可以保護我們的意識思維和決策能力。記憶壓抑是極端的例子，顯示大腦可以如何用扭曲或忽略部分事實來保護我們自己。不過在艾琳的案例裡，她的記憶除了被壓抑之外，本身還有很多小問題，我們永遠也無法得知她的證詞裡究竟有多少是真實的記憶，有多少來自其他來源，不過我們倒是可以很有把握的說：她的記憶至少有部分是受到媒體大規模報導犯罪行為的影響。

我們知道記憶可以被改變，甚至可以被植入，例如能夠讓人錯誤的記得自己曾在商場走失。大腦在將一幀幀快照編排為連續記憶時，這些快照可能有著不同來源，可能是個人親身經歷或其他類型的記憶。無意識系統會蒐集這些快照，不管它們的來源為何，把它們全都串連在一起，構成一個與自我感知相符合的故事。之前說過記憶並非單純的錄影，而是一個不斷演變的動態歷程；現在我們明白它還可能是一個逐漸偏差的歷程。然而，到底大腦為了說出一個好故事，可以偏差到什麼程度呢？

只要你相信，它就不算謊言

在紐約市的斯隆凱特林癌症中心，有一位心理學家葛詹尼加（Michael Gazzaniga）正準備去看一名病人，看來這名病人應該是位聰明的女子，葛詹尼加走進病房時，她正讀著《紐約時報》。他對病人做過自我介紹後，詢問病人知不知道自己現在身處何處。

「我現在人在緬因州的自由港，」她說，「我知道你不相信我說的話，波斯納醫師早上跟我說過我是在斯隆凱特林紀念醫院，而且那些住院醫師也是這麼說的。好啦，那也沒什麼關係，反正我知道我是待在緬因州自由港主街的自己家裡。」

患者顯然處於混亂（confusion）狀態，但葛詹尼加想知道她的妄想嚴重到什麼程度。「好吧，」他開始這麼說，「如果你是待在自由港的自己家裡，那房門外面怎麼會有那些電梯呢？」

病人不為所動的說道：「醫師，你知道我花了多少錢，才把這些電梯裝進家裡來嗎？」

在別人當面提出與她相信之事互相衝突的證據時，病人羅織出一套記憶，設法讓已感知有電梯存在的事實，和相信自己正躺在家中床上的想法能夠協調一致。她召喚出假的記憶，不但認為自己曾在家裡裝設電梯，甚至還暗示這些電梯花掉那麼多錢讓自己很不開心。她沒有說謊，她真心相信這個記憶是真的。

比利在跟我的許多次談話中，也有出現相同的症狀：

第七天

我：我聽說你母親今天過來幫你付清一些帳單。

比利：是啊！今天付了一大筆帳款，該解決的事總是要解決的。

我：有多大？

比利：一萬美元吧。

我：哇，這筆帳也太大了吧！比利，那些錢是用來付什麼東西的？

比利：有線電視。

我：你確定嗎？對有線電視來說這筆錢太大了吧？你不可能看那麼多片子啊？

比利：噢，我可以的！我看了幾千部片子，我超愛看電影的。

第十一天

比利：嘿，老兄，想跟我喝杯啤酒嗎？

我：幹嘛喝？

比利：開個派對歡樂一下嘛！

我：比利，這是個好主意，但是醫院裡是不准帶酒進來的。

比利：這裡當然可以喝酒，這裡是天主教大學耶，大家成天都在開派對呀！

我：比利，其實我們現在是在醫院裡，不是天主教大學。

比利：噢，好吧，一定是有人把我的文件搞錯了，我才會在這裡。

在我們每一次的談話中，比利都是用假的說詞來填補他記憶中的空白。他記不得自己付了什麼帳單時，就提出一個荒謬的萬元有線電視帳單的說法，然後強調自己看過多少影片來為這個驚人的數字辯解。他不記得自己在哪裡的時候，就說是他原本要申請進入天主教大學的文件被送錯了地方，自己才會來到此地。這些說法當然不是真的，但是比利並沒有說謊。就像在《歡樂單身派對》影集裡，康斯坦扎在建議主角傑瑞該如何應付測謊器時所說的那樣：「只要你相信，它就不算謊言。」比利一直以來展現的症狀叫做「虛談」（confabulation），他會無意識的羅織虛假記憶。有虛談症狀的人並非有意識的企圖欺騙他人，他們甚至不知道自己說的不是真的，他們會記得從來沒有發生過的事。

可能造成虛談的成因有很多，例如大腦損傷、阿茲海默症、藥物濫用、高沙可夫症候群（Korsakoff's syndrome，長期酗酒所引起）

等。此現象源於大腦透過創造虛假的記憶，以彌補個人記憶中的空白，最常發生在那些與個人資料相關的資訊。虛談症狀可以是自發性（spontaneous）的，也就是說這個人會在沒人詢問特定問題時自行產生記憶；或者也可以是誘導性（provoked）的，由於他人的提問，迫使此人必須面對記憶中的空白，因而引發虛假的記憶。在倫敦所做的一項研究中，讓一組患有高沙可夫症候群或阿茲海默症的患者閱讀了以下故事：

> 安娜住在南布里斯托，在辦公大樓擔任清潔工。她向警局報案，說她昨夜在街上遭人搶劫，被搶走十五英鎊。她有四個小孩要養，房租也到期，一家人已經兩天沒有吃東西了。這位女士的情況讓警官們深感不忍，於是合捐了一筆錢給她。

患者讀完這故事後，每隔一段時間患者便被要求試著回憶故事裡的一些重點。以下是他們剛讀完故事後馬上提出的一些答案：

- 「她才剛到家，就有兩名警察上門來，想確認她的情況是不是真的像她所說的那樣。」
- 「她的錢和貴重的東西都被搶走了，她的同事 —— 辦公室裡的那些小姐們 —— 捐了錢給她。」
- 「布朗帶著他的老婆安娜去布萊頓了。」
- 「故事主角是康丘醫院（Cane Hill Hospital，譯注：是一所廢棄多年的精神科醫院，以鬧鬼聞名）的安娜，她死了。」

才剛讀完故事沒有多久，這些患者已經錯誤地記得一些根本沒提過的細節，像是安娜的丈夫、她的同事，以及她的死亡。為了做比較，實驗者也讓健康的對照組看了這個故事，結果他們可以正確回憶故事情節，也比較不會編造任何細節。然而有趣的是，過了一週之後，實驗者再次訪談受試者，這一次連健康的受試者也開始說出一些錯誤的回憶：

- 「她有個兩歲大的兒子。」
- 「事情發生在火車站附近。」

誘導性的虛談症狀可能出現在任何人身上，但自發性的虛談症狀幾乎全都是大腦受損造成的結果。不管是上述的哪一種情形，大腦為什麼要這樣做呢？為什麼不讓記憶裡的空白留在那裡就好了？

大腦的許多區域受損都可能造成虛談症狀，例如內側前額葉皮質（與自我中心思維有關）以及眼窩額葉皮質（情緒上的直覺）。額葉是較高層思考及決策的中心，由於此處受損是很常見的病因，因此許多神經科醫師認為，人們若失去決定記憶片段該如何組合的能力，就會產生虛談症狀，他們所說的故事會是將過往經歷事件扭曲混合後的結果。

有些研究人員則相信虛談症狀是妄想的一種形式，就像罹患思覺失調症時會出現的那些妄想一樣。目前對於虛談的病因仍莫衷一是、沒有定論，但最主要的神經心理學理論之一認為：當記憶片段出現缺失或失真的情形，使得自我存在感的穩定性受到威脅時，就會出現虛談症狀。因為大腦中的無意識系統試圖維持我們個人歷史的連續性，於是提取各式各樣的記憶片段，嘗試將它們組成一個單一的敘述，即使它必須用虛構的記憶來修補破洞也在所不惜。大腦會用盡各種手段來創造出一個統合一致的敘事。

在電視節目《吉米夜現場》（*Jimmy Kimmel Live*）的某個片段中，一位假裝成記者的女士參加了加州印第奧一年一度的科切拉音樂節。這位假記者帶著攝影師，隨機採訪參加音樂節的群眾，詢問他們對某些沒什麼名氣的獨立樂團有何看法。他們設的陷阱就是捏造了一堆假樂團的名字，看看參加音樂節的觀眾會不會假裝聽過這些團體的音樂。這位假記者鼓勵群眾討論像是「師落寞博士」、「腸胃診所」、「矮子吉索」、「水管工狂克嘻哈」、「肥胖流行病」等樂團的音樂風格，結果受訪者不但假裝知道這些樂團，還大放厥詞討論這些樂團的「生猛」和「充滿活力」，並表示他們深感興奮，終於有機會看到這些樂團的現場演出。

這些受訪者顯然是在說謊，而不是出現虛談症狀。他們根本沒有聽過這些樂團的名字，那麼他們為什麼要假裝知道呢？因為他們認為自己是知識淵博、經驗豐富的音樂愛好者，不只對流行樂團瞭若指掌，對那些比較特立獨行或剛嶄露頭角的樂團也一樣有所涉獵。這些參與者覺得若被人發現他們對某些樂團一無所知會很沒面子，所以開始有意識的撒謊。

或許這也正是虛談者的大腦在無意識層面上所做的事。就像記憶壓抑是情緒受創傷之後保護自我（ego）的方式，也許虛談是保護自我免受記憶喪失或陷入混亂之苦的方式。就神經學的角度來說，這是很合理的；虛談通常源於內側顳葉受損，這個部位負責的是以自我為中心的思維，但此處也是那些大學籃球賽死忠球迷觀看賽事時，將自己與最喜愛的球員連結在一起時會放電的大腦區域。內側顳葉受損會讓我們的自我感遭受威脅，也許虛談就是大腦想維持自我感的保護機制。

如果這個假說為真，便能解釋人類產生虛談症狀的心理動機：這是一種防禦機制，讓記憶 —— 也就是我們人生故事 —— 的連續性保持完整無缺。然而，這個理論仍然無法解釋大腦是如何產生這些故事的，在創造虛假記憶的時候，大腦究竟是從哪裡得到所需要的素材呢？

虛談者大腦中的童話

第十四天

我：比利，你記得9月11日發生過什麼非常糟糕的事嗎？

比利：我記得呀！

我：你可以告訴我發生了什麼事嗎？

比利：好，大概就像這樣：有一架飛機……正在飛，但是一切都開始變得不對勁，所以飛行員不得不非常小心的讓飛機著陸，所有人都鬆了一口氣。

我：你確定事情是這樣子的嗎？

比利：你看到我的臉了嗎？

我：看到了。

比利：你看我這張臉就是知道的樣子啊！

我要求比利回想2001年9月11日發生過什麼大事，他正確的指出事件與飛機有關，但是其他部分就不記得了。當時我認為他回答方向正確，只是記得的東西不夠多；不過後來回想起來，我開始懷疑那其實是對另一個事件的記憶。2009年1月，一架全美航空班機和一群加拿大野雁相撞，所有的引擎都失去動力。機組人員展現了驚人的緊急情況處理能力，設法成功將飛機迫降在哈德遜河上，沒有造成任何傷亡。真的是多虧了這些機組人員的英勇和努力，才能讓所有人都鬆了一口氣。比利把這個被稱為「哈德遜河奇蹟」（miracle on the Hudson）的事件，跟九一一事件搞混了；也許他的大腦是用另一個記憶的片段來填補這個記憶中的空白。

研究顯示：幾乎在所有的虛談案例中，虛談者編造故事所用到的素材，都可以追溯到此人過去實際經歷過的事件或者是先前已經擁有的知識，大腦只是在重新排列這些記憶片段。舉個例子，在瑞士的一個實驗中，研究人員召募了三組受試者：無虛談症狀的健忘症患者、有虛談症狀的健忘症患者，以及健康的對照組。實驗人員向受試者展示一系列圖片，每次一張，要求他們判斷張圖片是否已經出現過。譬如說，如果有張小喇叭的圖片先前出現過，那麼在它第二次出現時，就要回答「是」，就像下面這樣：

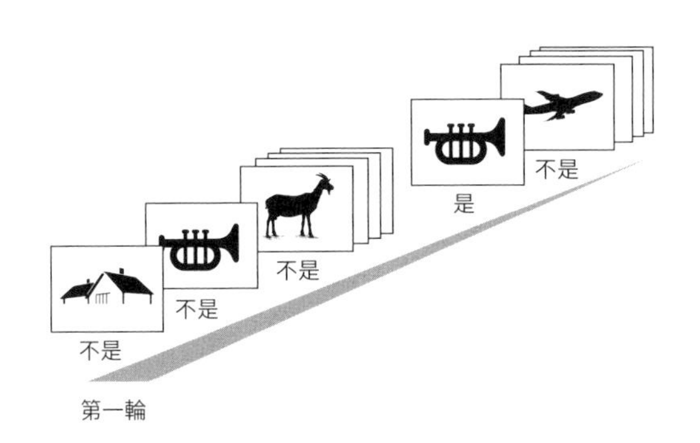

對照組完全可以勝任這項任務，一看到目標圖片（也就是出現第二次的圖片）出現時，毫不猶豫的就回答「是」。這任務對另外兩組健忘症患者而言就顯得有些困難，不過有虛談症狀者和沒有虛談症狀者的表現沒有差異。

一小時之後，研究人員再次進行這個實驗，用的仍然是相同的圖片，但以不同順序展示，而且會重複出現的目標圖片跟第一輪時是不一樣的。他們指示受試者完全不必理會第一輪時的結果，在新的圖片序列中看到重複出現的圖片才回答「是」。譬如說，這一輪重複出現的不再是小喇叭的圖片，而是飛機的圖片，那就只有在飛機圖片第二次出現時要說「是」。

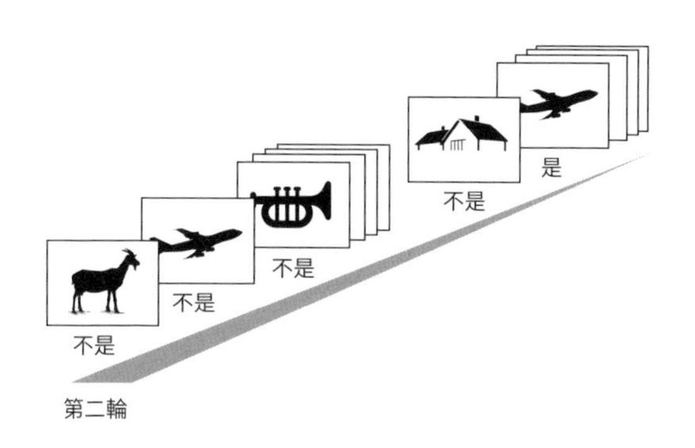

這一次，對照組和無虛談症狀健忘症患者組的表現都跟第一輪一樣，但是有虛談症狀者的表現就大不相同：他們的誤報率提高很多。他們不只對飛機的圖片答「是」，連對這一輪中並沒有重複出現的小喇叭等圖片也說「是」。患者的大腦把第二輪實驗跟第一輪混淆在一起，所以開始出現虛談的行為。這些患者無法從腦海裡的圖片挑出哪些跟目前的任務有關，因此把過去的經驗拉出來，製造出謬誤的記憶。

在另一次展現此現象的實驗過程中，研究小組測試的是十二名患者對經典童話故事或聖經故事的記憶。參與研究的所有患者都有大腦動脈瘤破裂的病史，而且出毛病的是負責供應額葉血流的動脈。神經心理測試顯示所有患者都有記憶喪失問題，但只有其中四位患者出現虛談症狀。實驗者要求受試者不管有無虛談症狀，都要從一份清單中挑選出任意四個故事。這份清單包括一些膾炙人口的故事，像是：《小紅帽》、《白雪公主》、《傑克與魔豆》，《糖果屋》，以及《舊約聖經》裡的摩西出埃及、挪亞的方舟等等。他們的任務，是從頭到尾敘述這些童話故事或聖經故事，盡量提供他們想得出來的細節。實驗者記錄下他們所說故事的每一個字，鼓勵患者努力挖掘自己的記憶，描述的場景愈生動愈好。

接下來研究者會針對他們所說的故事評分，評分標準是根據故事的完整性、錯誤的數量，以及錯誤的類型 —— 是扭曲了情節，還是把不同故事的情節元素混為一談。例如有名患者說：「女巫建了一座薑餅屋，把它送給小兄妹⋯⋯」這就是扭曲了情節，原本應該是小兄妹在森林裡偶然發現一座薑餅屋；另一名患者則是聲稱小紅帽在故事中被強暴了，這也是屬於同一類的錯誤。

無論是虛談組還是非虛談組，這種扭曲錯誤類型出現的比率都差不多。不過，虛談組的病人從各個不同的童話故事與聖經故事借用細節，插入原本所說故事中的比率就高出很多。舉例而言，在嘗試講述《糖果屋》時，一位有虛談症狀的病人說：「這對小兄妹⋯⋯他們爬到山上，想把桶子裝滿水。」顯然他把《糖果屋》跟其他故事混淆在一起了。另一個病人說白雪公主「有兩個姊姊，她們對她很壞。」其實白雪公主是跟一群以性格特徵來命名的小矮人住在一起，被姊姊們欺負的是灰姑娘。

虛談者往往會在無意識中借用不相干的想法或記憶，將它們混入正在思考的事情而羅織出虛假的答案，但他們通常無法憑空虛構出新的東西。有個研究小組招募了一群虛談者，詢問他們一些純然虛構的事物，像是「普瑞莫拉在哪裡」、「誰是洛麗塔公主」、「水克努伯是什麼東西」等等。結果他們編造答案的傾向並沒有高於一般人，多數會直接承認自己不知道，因為面對從來不曾聽聞的事物時，他們缺乏可以借來編造答案的材料。

在另一個類似的研究中，實驗者要求虛談者說出一些歐洲及非洲國家的首都。與非洲城市相較，他們為歐洲城市編造名字的比率高出很多；這是因為他們對非洲的地理較不熟悉，因此更有可能直接承認不知道，而不是編造出地名來。

◇◇◇◇◇◇◇◇◇◇◇◇◇◇◇◇◇◇◇◇◇◇◇

比利談到他自己的過去時，他並無意誤導任何人，只是從自己的生命裡借來各種片段，並加以替換和混合而已。在比利不斷虛構記憶的同時，仍然保有其特定模式，例如他從來不承認有些事他不記得了，彷彿他正在保護自我，從潛意識裡否認他的記憶中有任何空白。再者，回答問題的時候，他會剽竊自己生命經歷中不同角落的時刻，把它們拼湊起來填滿這些空白。由於他的大腦迴路有些地方中斷了，比利正在漸漸流失他的個人敘事，就某種程度而言，等於慢慢在失去他自己。他的情況看起來的確像是典型的虛談病例，但是原因是什麼呢？

照料比利幾週之後，我們依然對他的病情感到困惑，導致他住院的原因也依然晦暗難明。有一天下午，比利加入了其他患者的團體活動，在這個活動中，每個參與者都要畫出他們最喜歡的東西。「我要畫我最愛的化學反應！」比利大聲宣布。由於他曾在實驗室工作多年，經常合成各種化合物，所以他會想畫這個似乎也是很自然的事。比利毫不遲疑地在筆記本上畫了起來。他畫的似乎是某種化學反應的部分草圖。有個醫科學生看到這張圖深感好奇，問他：

「你畫的是什麼呢，比利？」

「這是製造氯胺酮（ketamine）的反應，差不多就是這樣，我只需要再做一些調整。我以前會在實驗室裡製造這種東西。」

「你為什麼會決定要畫這個？」

「因為好玩呀！這東西跟派對超搭，從前我老是在吃這東西。」

我對氯胺酮沒什麼瞭解，所以馬上開始研究這種物質。這東西俗稱叫「K他命」，醫學上用做短程麻醉藥物，適合短時間手術使用。它用在消遣娛樂方面又被稱為「強姦藥物」，因為如果你把它摻進某人的飲料中，這東西幾乎是完全無法察覺的，攝食後會導致混亂及失去抑制作用（譯注：開始亂講話、亂唱歌，或是「亂性」等等），接下來則是短期記憶喪失。攝食後若經過夠長的時間，常規藥物篩檢有可能會檢測不出來。很明顯地，長期濫用氯胺酮會對大腦造成浩劫，引發嚴重記憶缺陷與虛談症狀。結果果然沒錯，比利的第二次頭部MRI顯示他的大腦深處有擴散性損傷。比利被診斷為「急性中毒性腦病變」（acute toxic encephalopathy），用白話來說就是「大腦被毒品燒壞了」。

幸運的是，比利一天比一天進步，上次我見到他的時候，他的記憶已大有改善，順利踏上通往康復的道路。他把手搭在我肩膀上，堅定地直視我的眼睛，對我說：「嘿，老兄，我要給你一些明智的忠告：一定要遠離氯胺酮！」

這是很好的忠告，但並不是我從他身上學到的首要教訓。我學到的是：在任何一個看似莫名其妙的行為、習性、陳述及信念背後，都有其社會心理與神經生物學上的合理原因。比利所說的以及他相信的事情，很多都是虛假、不切實際、不正常且沒什麼道理的東西，但如果以他大腦中發生的情況做為背景脈絡來解讀這些事，可以看得出有一種運作模式蘊含其中。

大腦解讀經驗、編碼記憶，以及撰寫我們生命故事的方式，其實背後自有一套基本邏輯。無意識系統為我們生命中的各種片段創造聯繫，它無時不刻都在監控我們的情緒，以決定該強調哪些重點；而它之所以如此組織這些生命片段，目的是為了講出一個統一且簡明的故事，最重要的是，這個故事還要夠個人化及夠深入。這個故事就是我們所意識到的人生。

無論如何，一旦故事有部分出現缺失，不管是因為大腦受損，還是出於生活經驗容易混淆的本質，大腦都會依循同樣的邏輯來填補這些漏洞。就像我們正試著完成一個有空缺的拼圖，大腦的無意識系統會從我們龐大的知識庫搜尋記憶與想法的片段，並從中找到最合適、最可信的片段來填補記憶的空缺。

大腦永遠是個以自我為中心的說書人，它仰賴的是我們的信念與個人觀點、我們的希望與恐懼，來指導它刻畫情節的任務。然而我們可以想像得到，如果記憶系統中的空白愈來愈嚴重，或者原有的經驗愈來愈混淆，大腦就必須往更深處探索，才有可能繼續編織其敘事。對於身為局外人的旁觀者來說，大腦在這種情況下所講述的故事，顯然會讓人覺得……嗯，有點怪怪的。

第 5 章

為什麼有人相信外星人綁架事件存在？

關於超自然體驗、瀕死經驗，以及怪異信念的產生

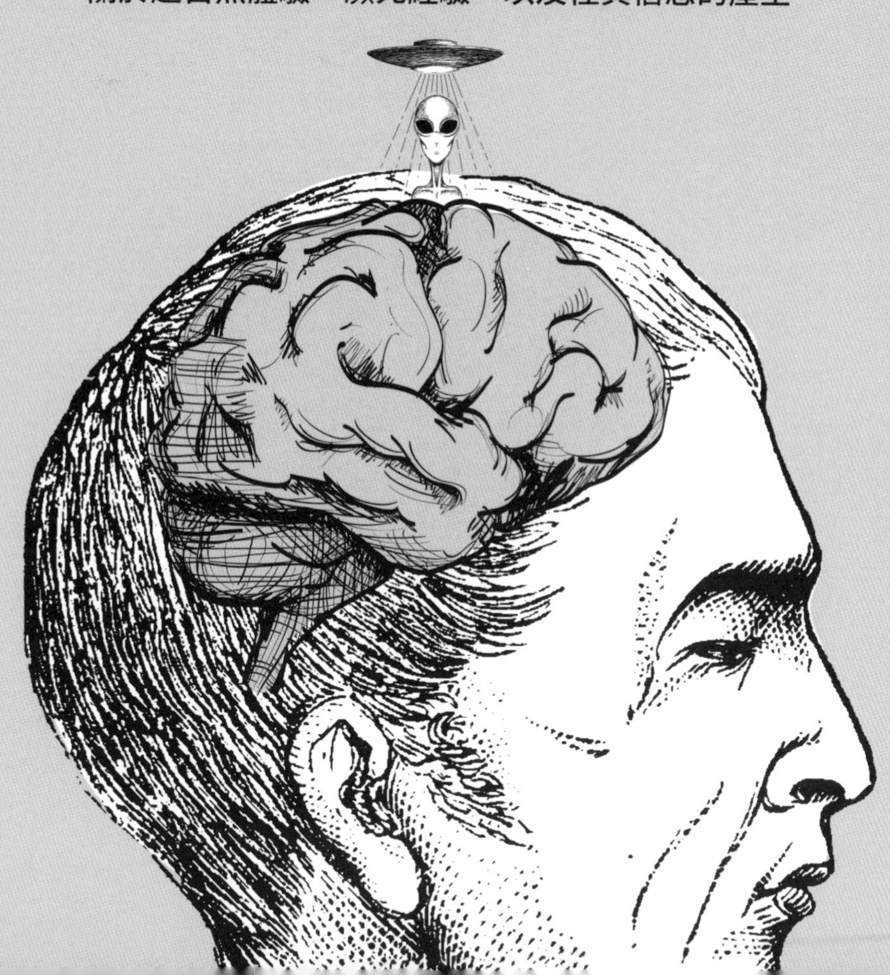

對於外星生命的多數想像，
往往充斥著人類的自大與傲慢。
《星艦迷航記》及其他上百部太空史詩電影
所虛構出來的那些外星人，
對我們來說可能比隔壁鄰居還不陌生。

——微軟首任首席技術長及創投家米佛德（Nathan Myhrvold）

「今天要學的是『OVNI』，」杜蒙夫人對選修她九年級法語課的學生說道：「這是法語『不明飛行物』（UFO）的寫法。」她把這個詞寫在黑板上，「終於到了學習這個詞的時候，每年這時我都要告訴同學們我的親身體驗 —— 我被外星人綁架的故事。」

台下學生紛紛翻起白眼，互使眼色。杜蒙夫人愛講自己被外星人綁架故事的臭名，早已傳遍整個學校。她每年都要說一次，每次都強調這故事是真的，並急切的警告學生必須小心，這些入侵者可能還會回來，也許他們就是下一個被捉走的對象。

「那是八年前的事了，」她開始描述當時的情景，「我在半夜裡醒來，因為我感覺到他們正進入我的房間 —— 雖然那些外星人是悄悄的走進來，但是我還是聽到了他們的腳步聲。他們是灰色的，很瘦，有大大的眼睛，裹著黑色的斗篷。他們壓住我，把某種東西注射進我的胳臂和雙腿，讓我沒了力氣，完全無法動彈。然後他們把我綁起來，開始用些小小的儀器刺我，電流通過我全身，我想要尖叫，但是卻叫不出聲音！其中一個外星人對我施虐……性虐待，其他外星人則是拿我做某種實驗，我不確定是什麼實驗，但他們從我身上取了一些細胞樣本，然後他們就離開了。我永遠不會忘記那種感覺，這件事改變了我的一生，而且我知道這種事情絕對不會僅此一次，我知道他們一定會回來的。這就是為什麼我要告訴你們這一切，這樣等到他們再回來的時候，你們就已經有所準備了。」

「我被外星人綁架了！」

身為杜蒙夫人九年級法語課堂上的學生，而且還跟許多其他學生討論過這件事，我可以告訴你，她每次講這故事時，態度都是一樣的嚴肅鄭重，她的身體語言顯現的是一個人正在重新回想一段可怕的經歷，而且每次總是以「外星人一定會再回來」的警告做結。她是真的確信這件事曾經發生過。

為什麼這樣一位擁有正常家庭及日常生活的終身職高中老師，居然會相信自己曾經被外星人綁架？簡單用「她瘋了」這種說法來解釋，肯定不會是這個問題的真正答案，尤其是當我們注意到這種奇怪想法的普遍度其實高得驚人！針對數千人進行「外星人是否存在？」的隨機意見調查，所得結果如下：超過九成的人相信宇宙中有外星人存在，四分之一的人認為外星人造訪過地球，9%的人表示自己跟外星人接觸過，或是認識某個宣稱曾有這類接觸經驗的人；總不可能說這些人統統都瘋了吧？研究結果也發現：那些相信有外星人綁架事件存在的人，並不會比不相信這回事的人更容易罹患精神疾病。心理學評估報告則顯示：自稱曾被外星人綁架者在創造力測驗方面的得分比較高，並且表現出較強的幻想傾向，但是具有這類特徵當然並不代表他們瘋了。

許多被綁架者不但跟一般人沒什麼兩樣，而且他們所說的經歷也存在明顯一致性。根據這些被綁架者的報告，入侵者來臨時，他們通常是躺著的，而且無法動彈。外星人有模糊的灰色或白色外形，他們站在受害者旁邊，開始戳刺受害者的身體、用受害者的身體做實驗，或者性侵受害者。被綁架者可能會有各式各樣的感官體驗，包括聽到腳步聲或耳語之類的聲響、感覺身體在振動或有「電流」通過、產生疼痛感（通常在腹股溝部位）。在事件發生期間受害者會非常恐懼，即使到事件結束之後，也仍然感到害怕、沮喪，或精神受創。故事細節因人而異，但都有著大致相同的情節。

為什麼這些沒有任何精神病跡象的普通人，會聲稱他們曾經與外星人相遇？這種信念從何而來？他們又為何會如此深信不疑？

鬼壓床之謎

一個多世紀以來，神經科醫師早已熟知一種被稱為「睡眠麻痺」（sleep paralysis，譯注：俗稱鬼壓床）的神祕現象。在快速眼動睡眠期間，我們的肌肉處於麻痺狀態，而心智則沉浸在最生動的夢境之中。隨著早晨的來臨，正常情況下我們醒來時會經歷兩個重大變化：第一個變化是意識的恢復，就像電燈開關被打開，我們忽然間意識到自己醒來了；第二個變化則是脫離了麻痺狀態，我們開始重拾對肌肉控制能力。雖然大腦負責意識與負責肌肉控制的是不同區域，但這些區域會在我們早晨醒來時同時重新活化 —— 至少大多數時間是這樣的。在某些情況下，意識恢復和重拾肌肉控制力這兩件事可能有所延誤，使得我們神志已經清醒、能夠意識到周遭事物，但身體卻仍處於麻痺狀態。這樣的狀態可能維持幾秒鐘、幾分鐘，甚至曾有持續超過一小時以上的案例。

1876年，美國神經科醫師米契爾（Weir Mitchell）提出了對這種狀況的首次描述：「當事人從睡夢中醒來，可以意識到周遭環境，但完全動彈不得。他躺在那裡看起來跟睡著沒什麼兩樣，但其實正拚命使勁想要稍微動一下，精神上則蒙受巨大痛苦。」睡眠麻痺發生時，通常會讓整個身體呈現麻痺狀態，只有眼睛和喉嚨的肌肉除外；在許多案例中，可能連呼吸肌也出現停擺的現象，因而產生窒息感。視覺和聽覺上的幻覺也常伴隨著麻痺發生，睡眠麻痺者會聽到奇怪的聲音，但通常事後也說不清楚那些聲音像什麼。他們還可能看到可怕的形體，或感覺到房裡存在著某種外來的東西。這些幻覺往往逼真到令人驚駭的程度，也可能構成完整而複雜的故事情節，讓人有如在清醒狀態下經歷一場噩夢。

根據研究者的估計，睡眠麻痺影響約8%的人。也就是說單是在美國就有兩千萬左右的人，一生中曾至少經歷過一次這種現象。睡眠麻痺的嚴重程度差異很大，因此許多人經歷的麻痺只持續幾秒鐘，也沒有出現額外的幻覺體驗。但研究顯示，為焦慮所苦的人，比較容易在睡眠麻痺期間感覺到周遭有外來存在體；他們帶著壓力入睡後，這些壓力以某種方式加劇了恐怖的視覺幻象。此外，一種稱為「社會意象功能失常」（dysfunctional social imagery）的輕度「社交恐懼症」（social phobia），也可能增加睡眠麻痺期間幻覺的產生。社會意象功能失常患者會覺得其他人總是在監視他們、對他們品頭論足，在經歷睡眠麻痺時，這些幻覺會被放大，讓他們覺得自己彷彿成為外來存在體研究及戳刺的對象。

睡眠麻痺症狀與被外星人綁架的描述間，有著極高的相似度：都會感覺到有形象模糊的入侵者出現，也都會感覺自己的身體像是被釘住般無法動彈。神經科學家已對這種神祕的「異體存在感」（felt presence）現象做過研究，並且借助腦部造影技術，追溯出這種感覺的源頭：顳葉。

那個朦朧的身影是誰？

艾莉森是你常見的那種平凡的二十二歲女子，她不相信鬼魂或靈魂的存在，也不相信任何號稱超自然的事物；她沒有思覺失調症或任何其他精神疾病，但是她確實有一種神經學上的病況。她自七歲開始就患有「顳葉癲癇」（temporal lobe epilepsy），也就是說位於大腦兩側的顳葉會不時產生癲癇發作。她的癲癇歷經各種治療均無效果，所以醫師將她轉診至神經外科，看看是否可以用手術治療。艾莉森跟神經外科醫師報告了她過去的完整癲癇病史，包括最近一次跟以前截然不同的體驗：她感覺到自己的靈魂離開肉體，然後又回來了。

艾莉森同意讓一個神經科學研究小組對她進行實驗，以做為病情評估的參考。為了監測癲癇發作時的大腦活動，研究者在她頭皮上裝設了一百多個電極，並試著在艾莉森的顳葉誘發類似癲癇的活動，以模擬發作的情形。

癲癇發作是神經元過度活動的現象，就像大腦遭到一陣電風暴侵襲一樣。根據這一點，研究人員對著艾莉森的左顳葉區域精確的發射了電磁脈衝。就在一陣電磁脈衝撞及顳葉頂葉交界處後，艾莉森出現了奇特的感受：她覺得有個人在房間裡，有個原本不存在的人出現了。她把那個存在體描述為「影子」，但她無法判斷這個存在體有無性別。

「那個影子人現在在哪裡？」一名研究者問道。

「他在我身後，幾乎快靠在我的身上，但我感覺不到他。」她回答。

到目前為止，艾莉森在實驗中一直是躺著的，所以研究者要她坐起來。他們又再次對她的顳葉頂葉交界處發射脈衝。艾莉森發起抖來，因為那個影子現在坐在她身邊，緊緊抓住她的手臂。

接下來，研究者給了艾莉森一個任務：要她讀出一組卡片上的單詞，在她讀的時候，他們對著顳葉與頂葉交界處發射了第三次脈衝。那個陰影般的存在體又回來了，他再度坐在艾莉森身邊。「他要搶走這些卡片，」艾莉森堅稱，「他不想讓我讀這些單詞。」

對顳葉的刺激可以造成外來物出現在附近的感受，大腦面對這種奇怪的感覺，會努力尋求解釋。艾莉森在意識上很清楚知道醫師正透過電極對她的大腦發射電流，所以她不會對那個影子賦予任何神祕或超脫塵世的意義。但如果這種刺激是自然發生的呢？想像一下假如有個人的癲癇發作於顳葉，也就是神經科學家對準艾莉森的大腦發射電流的位置，這個人同樣會感覺到有個影子般的東西出現在身旁，他的大腦一樣會努力尋求解釋，但這答案肯定不會像在艾莉森的情況中那樣顯而易見，畢竟他並沒有接上任何電極，這種感覺也不是發生在人為操控的實驗場合中。於是他勢必會產生懷疑：那個朦朧的身影究竟是誰？

與上帝的對話

事情發生在羅伯特四十七歲那年，當時他正坐在小卡車後頭的車斗裡，突然一輛轎車攔腰撞上，強大的撞擊力讓羅伯特飛出車斗，頭部著地撞上人行道。羅伯特被緊急送往醫院，急診處醫師發現他大腦右顳葉部位的顱骨發生骨折，顱內大量瘀血。所幸醫療團隊很快就讓他的病情穩定下來，並且修復了他的顱骨受損處。羅伯特幸運死裡逃生，然而不久之後，他就發現了這次意外所帶來的永久影響。

三十年後的現在，羅伯特已是一位退休的內科醫師，他向神經科醫師求診，討論從那場車禍後就不時困擾著他的癲癇問題。神經科醫師要求他的家人描述羅伯特發作時的樣子，他們說羅伯特一開始看起來像是盯著空中瞧，表情一片茫然，接著身體突然扭曲起來，頭部猛然轉向左邊，然後他會倒在地上開始抽搐，背部彎成拱形，四肢狂亂揮舞，直到癲癇消退才會恢復正常。

然而，當神經科醫師要求羅伯特描述他自己癲癇發作時的經歷，他提供的卻是一個截然不同的說法。

他說一開始的時候，左邊會出現一道「美麗」而不斷擴大的光，那是從天堂延伸下來的光。他覺得很平靜，處於「平和安寧」狀態，很清楚「接下來不會有任何壞事發生」。那道光很快就開始有了形狀，形成一條通往天上的隧道，他的靈魂進入隧道往上飛，愈飛愈高，直到他遇上一個天使般的形體。「羅伯特，」天使呼喚道，「你的時間還沒有到！」接下來，突然有道火焰像尖矛般刺中他的胸膛，奇怪的是他一點也不覺得痛 —— 他只感受到一種「無條件的愛」。「上帝是愛我的。」羅伯特這麼說。

真是個特別的故事啊！但說來奇怪，羅伯特並不是第一個說出這故事的人。研究者隨後發現羅伯特所見到的異象，讓人不禁聯想到亞維拉的聖女大德蘭（Teresa of Ávila）在1565年所做的描述。大德蘭是羅馬天主教會冊封的聖人，也是一位神學家，她在自傳中描述了自己經歷宗教狂喜（religious ecstasy）的那一刻：

> 我看到有位天使出現在我身旁，就在我左邊，他有著人的形體。我不大習慣看到這種狀況，這實在太罕見了……他並不高大，個子很小，但是非常美麗——他的臉孔亮得有如火焰一般，彷彿他正是最高位階的天使。我看到他手中握著一根黃金長矛，鐵製矛尖似乎冒出小小火花。看來他將要把這長矛一次又一次刺入我的心、刺穿我所有的內臟；當他把矛拔出來的時候，我的臟腑似乎也隨之而出，讓我置身於上帝偉大之愛的火焰裡。

羅伯特對他的神聖接觸體驗所做的描述，與聖女大德蘭的描述幾乎沒什麼兩樣。二者的敘述都提及在左側看見亮光，以及與天使相遇；在兩人所見的異象中，天使都用火一般的尖矛刺入他們的胸膛，但他們都不覺得痛，只感受到上帝深深的愛。

羅伯特是在信仰羅馬天主教的環境中長大，整個高中時期持續接受宗教教育，但他對聖女大德蘭幾乎沒什麼瞭解，只記得她是位聖人。羅伯特並沒有精神疾病的病史，最近所做的心理評估也回歸正常結果。然而MRI檢查卻顯示他的大腦右顳葉區域有因發炎而產生的軟化現象，腦波監測則顯示同一區域有異常腦波出現。癲癇發作於大腦右側這個事實，說明了為何他看到的異象出現在左邊。

儘管羅伯特認為這個體驗是天啟，但神經科醫師卻認定他的經歷只不過是大腦顳葉的異常活動。

神經科醫師用「宗教狂熱」（hyperreligiosity）這個術語，來描述顳葉癲癇患者可能會經歷的症狀。每百位顳葉癲癇患者當中，約有一到四人會有某種形式的宗教體驗或覺醒經驗，通常就是見到像羅伯特描述的那種天堂異象。在某些患者的案例中，癲癇發作造成的效果可以擴及額葉，對行為產生持久影響——使他們變成狂熱而虔誠的宗教信徒。

心理學家葛詹尼加主張顳葉癲癇可能正是某些人聲稱獲得聖靈啟示的真正原因，他舉例說：畫家梵谷（Vincent van Gogh）就有顳葉癲癇的所有症狀，也曾經多次看到宗教異象，譬如其中一次他還看到耶穌基督復活。葛詹尼加認為像摩西、穆罕默德和佛陀這類宗教上的精神象徵人物，從他們所展現的各種不同行為看來，都可能代表他們患有此類病症。這種病症會不會正是他們預言能力的來源呢？葛詹尼加認為至少是有這種可能性的。

在所謂的神經神學（neurotheology）研究領域中，針對從事宗教活動者進行的神經造影研究，顯示他們的額葉和顳葉有活化現象；神經科學家透過對這些區域發射電磁脈衝，成功引發了超自然的心靈體驗，就像刺激艾莉森的大腦類似區域，會誘發她感覺有模糊的影子人存在一樣。在一項研究中，研究小組使用會產生磁場的頭盔來刺激顳葉的特定區域，結果受試者報告他們出現了各式各樣的心靈體驗。有的人聲稱他們感覺到已故親人現身；有的人則描述他們出現心靈與身體分離的感覺，也就是所謂的「靈魂出竅」（out-of-body experience）；也有人同樣感覺到身旁有「另一個實體」陪伴，但無法分辨造訪他的究竟是上帝還是其他的靈體。

大家都對那種「彷彿有人在附近」的感覺不陌生：也許你也曾轉過身想看看究竟是誰在背後，但發現後面並沒有人，於是你聳聳肩，然後就把這件事忘了。我們現在已經知道對準顳葉的刺激可以產生這樣的感覺，但如果你的顳葉有缺陷而讓這種擺脫不掉的感覺不斷席捲而來呢？你會如何解釋這樣的現象？如果你從小讀的是天主教學校，你的大腦可能就會朝宗教方向去尋求答案，你的無意識會像羅伯特那樣，鎖定很久以前聽過的聖女大德蘭的故事：到底自己感覺到的是什麼人呢？原來那是天使，他的出現是為了將全能上帝的愛灌注到你的裡面。換個角度來看，如果你並沒有宗教傾向，也許你得到的結論會是：那不過是我自己的影子罷了。

就像小溪通常是順著坡度往下流，遇到障礙物就從兩旁繞過，它會尋找阻力最小的路徑，我們的大腦也是這樣。例如觀看魔術師表演時，你的無意識在那個當下的反應是：「天哪，他剛把他的助手切成兩半了！」這是最簡單、最直觀的描述，接下來更細緻的意識分析出現了，你才會開始懷疑這件事可能另有解釋：「也許箱子的兩邊各有一名助手。」

大腦的無意識系統是個直觀的邏輯系統，當它檢測到互相矛盾的刺激——例如那種明明周遭無人卻感覺有人存在——大腦就會盡力運用手頭擁有的資訊來編出最好的故事。它會從我們看到及感受到的結果中，辨識出最顯著的特徵，再掃視我們的記憶深處、我們的信念、我們的希望，以及我們的憂慮，來找尋某種模式，試圖編織出一個令人滿意的解釋，它追求的是「意義」。大腦藉著將我們的感知套入框架，形成一個統合一致的敘事，來建構出我們的生活經驗。如果遇上適當的人選、給定適當的一些刺激，大腦甚至可以沿用同樣方式建構出死亡的體驗。

「你看不出來嗎？我已經死掉了」

星期一的一大早，我正在為一位先生看診，他已經被送進精神科病房過了一夜，但是因為我之前並未值班，所以這是我第一次見到這個病人。他是位罹患躁鬱症的老人，過去幾個月來漸漸變得很孤僻，不再跟親友來往。

「你今天覺得怎麼樣，墨菲先生？」我問道。

「該死的糟透了。」

「很遺憾聽到你這麼說，但究竟是發生了什麼事呢？」

「你在跟我開玩笑嗎？難道你看不出來嗎？我已經死掉了。」

這回答已經完全超出了我的預期。我問他：

「你說的是什麼意思？」

「我講得還不夠清楚嗎？我已經死掉了，三個月前就死了；而且，小夥子，既然你跟我在一起，看來你也死掉了。」

「你怎麼判斷得出來自己已經死掉了？」

「憑我的感覺啊！我已經不在這個世界上了，反正就是不在這個活人的世界上。我對任何事都沒有感覺，我也不認識任何人，我根本不在這裡。」

這類對話持續了大約十五分鐘，他完全肯定自己已經死了，不管是我還是其他任何人都無法說服他，讓他相信自己沒死。我束手無策，只好說：「好吧，墨菲先生，我待會兒再來看你，需要幫你拿點什麼過來嗎？」

他用嘲諷的口吻說：「你對一個死人還真是慷慨啊！」

墨菲先生罹患的是「科塔爾妄想症」（Cotard delusion），又稱「行屍症候群」（walking corpse syndrome），有這種病況的人相信他們自己已經死掉了。他們覺得自己跟整個世界是隔離開來的，和周遭所有人都很疏遠，連那些最熟稔親密的人也是如此。就像墨菲先生所描述的那樣：「我看得到每個人來來去去，在我身邊做他們自己的事情，但是我是在另外一個不同的世界。」有科塔爾妄想症的人，會覺得世上所有人彷彿都在演一齣電影 —— 只有他們自己不是，他們是觀眾，從遠遠的地方空虛的看著這一切。

科塔爾妄想症常伴隨思覺失調症或躁鬱症等精神疾病發生，但也可能因顳葉與頂葉交界處受損而引發，例如幾年前有名男子出了車禍之後，就發展出覺得自己已經死了的妄想症狀。顳葉與頂葉交界處若是受到過度刺激，像艾莉森的案例那樣，就會產生有外來實體出現在身旁的感受，彷彿見鬼了似的；但若是缺乏足夠的刺激，像墨菲先生這種大腦受損造成的科塔爾妄想症患者，效果就正好相反，喚起的是自己並不存在的感覺，這時就換你變成鬼了。

目前還無法確切知道科塔爾妄想症是如何產生的，但有理論主張這是感知與情緒連結失敗所造成。從神經學的角度來說，這和大腦的兩個區域 —— 感官系統和邊緣系統（limbic system）—— 之間的連繫中斷有關。邊緣系統負責處理情緒和記憶，包含位於顳葉下側表面的杏仁核及下視丘等區域。理論認為，若是顳葉與頂葉交界處遭受損傷（或者邊緣系統本身受損），感官系統和邊緣系統之間的傳達溝通就中斷了；這時病人雖然還是可以看得到、聽得到、聞得到這個世界，但是無法產生任何情緒反應。墨菲先生看到他的妻子時，他同意這位女子看起來像是他的妻子，但是他感受不到那種溫暖的熟識感，就是那種你見到熟悉的人、尤其是你鍾愛的人時該有的感覺。她看起來像是他的妻子，但他感覺不到她是他的妻子，這種情感與感官連結中斷的情況，延伸到他生活中的所有體驗。

如果有個人突然覺得自己在情緒上變得跟別人很有距離，感覺脫離了現實，彷彿站在很遠的地方觀看這個世界。這聽起來真的很像已經死掉了，至少很像一般小說、電影或宗教故事裡所描述人死後的情景。因此，對許多像墨菲先生這種經歷科塔爾妄想症的人來說，他們的無意識大腦最容易獲得的解釋，就是自己已經死了。為什麼對這個世界的體驗變得如此遲鈍？為什麼對任何事都沒了感覺？因為已經死掉了呀！

跟自己的老婆外遇？

有一種與科塔爾妄想症相關的病症，稱為「卡波格拉斯症候群」（Capgras syndrome），患者的大腦也會出現怪異的想法：他們相信自己認識的每一個人，都已經被外型容貌完全相同的冒充者所替代。就像有個病人跟醫師所說的：「每次你離開房間，我覺得之後再回來的是另一個穿著這件衣服的人……這也沒什麼可怕的啦，只不過是一個人穿著你的衣服，過來做你的工作而已。」

另一個特別適合拿來當做例證的病例，主角是位七十歲的老先生巴特爾，他相信自己的老婆已經被一個長相像她、行為像她，連名字都跟她一樣的陌生人所取代了。根據巴特爾夫人所述，他們兩人的性事開始變得相當頻繁，次數比原本多了很多，然而魚水交歡之後，她的丈夫會央求她千萬不要把這件事告訴自己的妻子。巴特爾還會在她耳邊喃喃低語，說他有多麼享受跟她做愛的感覺，比跟自己老婆上床好多了；他甚至還開發出一些新的性愛招式。結婚四十五年之後，巴特爾先生宣稱他和老婆的性關係太「平淡」，和這個「新女人」上床刺激多了。

巴特爾夫人對丈夫的行為深感煩惱，巴特爾對待她的方式就好像她是他的情婦似的。即使她的丈夫在實質上並沒有背叛她，但巴特爾確實相信自己是在跟別人偷情，而且還成功瞞過了老婆。

電腦斷層掃描顯示巴特爾的杏仁核、海馬迴和顳葉都有萎縮的情形，這些區域和科塔爾妄想症患者功能失調的部位是一樣的。卡波格拉斯症候群和科塔爾妄想症都會在辨識他人的能力上造成問題。巴特爾先生同意在他床上的那位女子看起來像他的老婆、穿著打扮像他的老婆、言談舉止像他的老婆，但不知為何就是感覺不是他的老婆，所以她一定是冒充的。同樣的，有科塔爾妄想症的墨菲先生看到妻子時認得出來她應該是誰，但是卻沒有感受到看到她時該有的那種感覺，所以覺得自己一定是已經死掉了。

巴特爾先生和墨菲先生都是在認知（尤其是辨識人們的面孔）和情感相連結方面出了問題，然而他們對為何發生這種情況，各自提出了不同的推論。他們的症狀就像是硬幣的兩面，患者對於大腦中這些詭異反常現象，做出兩種不同方式的解釋。在硬幣的這一面，巴特爾先生把指責的箭頭朝外，聲稱他的妻子已經被別人取代了，他的大腦對自己的症狀提出了偏執的解釋。在硬幣的另一面，墨菲先生則把指責的箭頭朝內，指向自己，判定自己應該是死掉了，他的大腦走的是抑鬱、虛無主義的路子。

大腦中的無意識系統可以產生無數種故事來解釋同一組症狀，其中我們自己最容易相信的那個故事，就會成為我們實際感受到的體驗。所以巴特爾先生比較容易發展為偏執狂（paranoia），而墨菲先生則容易演變成憂鬱症。當大腦試圖編造出一個故事來將彼此衝突的刺激調和在一起，它必須深入挖掘，把我們埋藏在心靈深處的那些信念、傾向與奇蹟全都召喚出來，最後產生的結果就會像是……超自然體驗。

來自死亡邊緣的景象

幾年前在義大利，有位名叫卡洛的患者和一個神經科學家與心理學家組成的團隊見了面，希望這些專家能夠解釋他的神祕經驗：

> 我和我四歲的孩子在山上過暑假，當時我剛和妻子離異不久，覺得日子相當難熬。有天晚上我待在我們住的房子裡，忽然看到一道巨大的白光……接著，一個個光球出現了……當時，我有一種深刻的感覺，好像世界上所有的生命都在我裡面，同時我也覺得自己彷彿在他們裡面。那些光的源頭是橢圓形的，充滿了愛與喜樂，我感覺有某一種光束穿過我的身體……我欣喜若狂，連呼吸都停止了，然而我的頭腦很清楚，隨即意識到自己沒有在呼吸，於是我重新開始呼吸，但是我的呼吸打亂了眼前的景象，經過幾次呼吸之後，那幅景象就消失了。

這個故事看起來非常像是有過瀕死經驗者所提出的敘述，經驗中通常會包括看見「明亮的光」、感覺心滿意足，或是自覺從一種存在狀態轉變為另一種狀態。事實上，針對瀕死經驗所進行的研究，已從那些走過死亡邊緣者的報告中，歸納出一些共同特徵。舉例來說，荷蘭研究團隊曾針對經歷心臟病發作而倖存下來的患者進行研究，在來自十家醫院的三百三十四名患者中，有六十二人報告他們曾有過某種近乎死亡的感官經驗。下表即為他們看到及感覺到的景象：

體驗類型	患者百分比
意識到自己已經死亡	50%
狂喜的情緒	56%
靈魂出竅的體驗	24%
穿過隧道	31%
看見明亮的光	23%
看見顏色	23%
看見天上的景象	29%
與死神相遇	32%
回顧自己一生的畫面	13%

卡洛的經驗與一些心臟病發作倖存者所描述的景象是相符的，譬如看到明亮的光、有狂喜的感覺，以及看見可能是天國景象。這些景象的發展似乎會跟身體行為同步進行：所見景象在他停止呼吸時出現，當他開始呼吸就消散了。然而，卡洛與那些心跳停止者的主要差別，在於他完全不是處於死亡邊緣，他沒有任何嚴重的健康問題，當然也不是處於病危狀態，他生活中唯一的重大壓力來源，是他與妻子正在經歷的離婚過程。他也不是一個屬靈的人（spiritual man），雖然他小時候上的是天主教學校，但他自此之後一直拒絕任何形式的宗教信仰。卡洛並不是那種你預期會從他口中聽到神祕體驗的人，然而他卻真的感受到這種體驗。這次的事件激發了他寫詩的熱情，他宣稱自己克服了對死亡的恐懼，意識到死亡並不是件

令人害怕的事，而是自然秩序的一部分，應該以欣然的心情迎接它的到來。

既然瀕死經驗在不同個體的感受上是如此一致，而且像卡洛這種既非瀕死也無屬靈傾向的人也可能體驗到它，代表這些現象背後必然有某種神經學方面的解釋存在。當人面臨生死關頭，他的大腦顯然會發生某些可以產生幻象的變化；更神祕的是，無論這個變化歷程為何，它同樣可以出現在一個完全健康、完全未身陷險境的人身上。

靈魂出竅的戰鬥機飛行員

佛根（Dan Fulgham）上校是已有三十多年經驗的空軍飛行員，他回憶起自己在職業生涯早期曾經發生過的一件事。當時他在亞利桑那州參加訓練演習，這是一次標準的飛行練習，佛根必須跟戰鬥機群進行編隊飛行。就在第五次演練期間，他經歷了一個奇怪的體驗。當時他以純熟巧妙的技巧操縱飛機轉彎，這動作他之前已經做過無數次了，然而「下一個瞬間，我好像坐在飛機後面俯瞰著駕駛艙。」他覺得自己好像忽然變到飛機外面去了，「我看著我自己，但沒意識到那是我，這到底是怎麼回事？然後突然之間我明白了……那不是夢，事實上那就是我，我又回來駕駛飛機了。」不知道為什麼，佛根操控飛機所做的飛行動作，讓他覺得自己跟身體分離了。

當飛行員讓戰鬥機猛烈加速時，他們的身體會暴露在強大的重力之下，這種力又稱為「G力」（G-Force）。強大的G力會讓血液從腦部擠出並流向雙腳，使得腦部出現暫時性的缺氧狀態。在執行需承受高G力的飛行操控時，約有10%的飛行員報告他們曾暫時失去意識；不過也有部分飛行員沒有陷入昏迷，而是短暫進入了另一種意識狀態。

溫勒瑞（James Whinnery）是位海軍軍醫及航空學研究者，多年以來致力於研究極端重力對戰鬥機飛行員的影響。他的研究數據來自要求飛行員坐進一台巨型離心機，這台離心機有五十英尺長的長臂，猛烈旋轉時可以模擬出飛行員駕機進行空中纏鬥時會感受到的G力。在研究過程中，溫勒瑞發現一些有趣的事：有些飛行員從離心機裡出來後，會報告他們見到奇異的景象。溫勒瑞是這樣敘述的：那些景象「非常逼真，出現的經常是家中成員及親密好友，一般會有美麗的背景環境，內容則包括以前的回憶，以及對他們個人別具意義的一些想法……這樣的經歷對這些飛行員產生重大影響，而且那些景象在發生多年後仍然極為清晰。」他們看到家人、所愛之人，以及自己的生活，全都在眼前閃閃發光；許多飛行員也提到他們感受到狂喜情緒，彷彿自己飄浮起來；有些人甚至跟佛根上校一樣，描述他們有靈魂出竅的體驗。

暴露在高G力之下的飛行員，還可能會感受到另一種近似瀕死經驗的症狀：感覺自己穿過一條有光的隧道，周邊視野會變暗五到八秒的時間，而中央視野則出現一個似乎在遠方的明亮光點。

「承受高G力的戰鬥機飛行員」和「處於病危情況下的心臟病發作病患」都出現瀕死幻覺症狀，為什麼會這樣呢？二者之間究竟有何共同之處？對飛行員來說，快速加速的過程迫使血液流出大腦；對心跳驟停的患者來說，心臟失去推動血液充分循環的能力，沒有血自然就沒有氧氣。研究顯示當視覺皮質或眼球的供血不足，可能導致周邊視覺喪失及視野中央部位增亮，因而產生有條隧道末端出現光芒的感覺。總而言之，二者的大腦都有突發性缺氧的現象，這就是他們感受到瀕死經驗的原因。

◇◇◇◇◇◇◇◇◇◇◇◇◇◇◇◇◇◇◇◇◇◇

現在讓我們回到卡洛的案例，他在爬山時所感受到的視覺幻象，也和一般對瀕死經驗的描述非常相似，但是他既非心臟病發作，也沒有駕駛戰鬥機，那他究竟是出了什麼問題？我們現在已經無法得知確切答案，不過我們確實知道在幻象出現時他沒有在呼吸，是否因為大腦缺氧導致這個幻覺出現？也許是，不過就這方面來說還有更多可討論的部分。

針對瀕死經驗所做的研究顯示：大腦及眼球的血流量減少時，大腦會試圖填補視覺上的空白。在一種稱為「快速眼動期入侵」（REM intrusion）的歷程中，大腦會進入類似快速眼動睡眠期的狀態，也就是我們夢境最栩栩如生的睡眠階段。快速眼動期入侵期間，夢境般的幻覺悄悄進入意識層面，模糊了現實與幻想之間的分界線。你是否曾經在剛入睡或剛睡醒時，看到或聽到別人沒看見或沒聽見的東西？其實這種情形還滿常見的，這就是快速眼動期入侵的例子。研究顯示，有過瀕死經驗的人當中，有60％曾經歷過快速眼動期入侵。

大腦中位於腦幹的「藍斑核」（locus coeruleus）有可能跟這些幻象的產生有關。藍斑核會藉著釋放神經傳導物質「去甲腎上腺素」（norepinephrine，是腎上腺素的親戚），來協助身體對壓力及恐慌產生生理反應，也就是一般所說的「打或逃反應」（fight or flight）。此類反應的觸發因子，包括恐懼或焦慮等情緒壓力，以及低血壓或缺氧等身體壓力；說巧不巧，這些正好就是心臟病發作者和戰鬥機飛行員會感受到的壓力源。

藍斑核一旦發動，便會啟始化學訊號的連鎖反應，最初釋放的就是去甲腎上腺素，因而讓我們產生恐懼與驚慌的感受。在這樣的狀態下，我們的身體會試圖緩解壓力、讓自己放鬆下來，於是大腦會釋放出具相反作用的神經傳導物質，創造出平靜的感覺。然而不知道為何，在神經系統的一系列拮抗反應過程中，會啟動快速眼動睡眠期的構成因子，將我們的夢境與清醒時的思緒混和在一起。

瀕死經驗的幻覺，是大腦試圖抵消恐懼與驚慌，並且促進平靜感覺時所產生的副作用。或許卡洛在離婚協商過程中所承受的焦慮與痛苦啟動了他的藍斑核，但他的身體想要抵消這些苦惱，於是快速眼動期入侵現象發生了，讓他進入一個充滿光明、美好及喜樂的世界。

我們目前還無沒斷言上述解釋是否完全正確，但我們知道瀕死經驗確實並非垂死之人所獨有。瀕死經驗其實是當神經傳導物質為爭奪神經系統控制權而展開大戰時，我們的意識所見證到的現象。較容易發生快速眼動期入侵現象的人，也較容易感受到瀕死經驗，當這些人的大腦想要抵制壓力產生的影響時，他們就會進入夢境般的幻覺狀態。

還有另外一種人也特別容易產生瀕死經驗：睡眠麻痺症患者。研究顯示，睡眠麻痺症患者較容易有瀕死經驗及快速眼動期入侵現象。看來睡眠麻痺與心臟病發作之間一定有什麼共通之處，不但讓人傾向於容易產生幻覺，還會觸發大腦的無意識系統去仔細衡量死亡的可能性。那麼，此二者的共同點究竟是什麼呢？答案就是 —— 恐懼。

人質的幻覺

我們來看看下面這兩個創傷經驗的案例：

案例一

一名二十三歲的男性幫派成員被敵對幫派綁架，以他為人質要求贖金。挾持者蒙住了他的眼睛，把他綁在椅子上毒打。直到他的幫派支付贖金，才讓他獲得釋放。後來在接受採訪時，他提到自己曾經出現很詭異的幻覺：「他們毒打我的時候，我整個人陷入迷幻狀態，彷彿離開了自己的身體。那就像一場夢似的，我一直不斷看到惡魔、警察，還有怪物……我想這算是噩夢吧！」

案例二

一名二十五歲的士兵在北越被俘虜了三個月，他的雙臂遭到捆綁，被單獨囚禁在一個黑暗的房間裡。多年之後，他描述自己曾看到「充滿燈光的隧道，還有高聳的現代摩天大樓，全都閃耀著各式各樣的色彩……還有一幕幕我家和我那些死黨的畫面，就像他們真的在那裡一樣，我幾乎可以觸摸到他們……那房間會不斷變形，有時候會變得很好笑。」他還覺得自己「感覺慢慢枯竭了，就像有堵牆擋在我和發生的事情之間……我變得非常虔誠……一切都好虛幻。」

上面兩個案例，來自一項對二十八名受害者進行的研究，這些受害者曾經受到恐怖行動、綁架、強暴、外星人綁架、成為戰俘等經歷的折磨。其中四分之一的人報告他們曾經出現幻覺，這些幻覺包括：看到不同形狀及色彩、明亮的燈光、穿過隧道、飄浮、靈魂出竅、模糊的人形、熟悉的人、宗教象徵人物、怪物等等，雖然受害者遭受折磨的方式各不相同，但他們受到的創傷在許多方面都是一致的。

這些人質受挾持時的狀況有三個共通特點，使得受害者容易產生幻覺。第一，他們被黑暗包圍，正如我們在第一章談過的大腦腳幻覺症，幻覺往往發生在黑暗之中。由於視覺刺激在黑暗中達到最小或者根本不存在，無意識就可能用幻覺來填補感知方面的空白。第二，他們感到孤立無援，身體可能遭受繩索或手銬的束縛；獨自一人，與他人的交流互動完全中斷，在這種情境下心神特別容易混亂。第三，也是最重要的一點：他們都很害怕。

處於這種可怕又行動受限的環境，讓人質很容易產生幻覺。無巧不巧，這也正是那些報告被外星人綁架的人產生睡眠麻痺現象時所處的環境，所有三個因素都齊備了：受害者感覺受困及無助、被自己突然動不了的身體所束縛、處在臥室裡的黑暗中，而且心裡很害怕。

與一般正常的人相比，有睡眠麻痺問題的人更容易體驗到快速眼動期入侵現象。神經科學家相信，快速眼動期入侵現象是大腦在焦慮期間，試圖安撫神經系統所產生的副作用。就像心臟病發作的創傷會引發快速眼動期入侵，導致瀕死經驗幻象產生那樣，也許睡眠麻痺充滿壓力的本質也會誘發快速眼動期入侵，使得那些帶著模糊人影的夢境般幻象，悄悄潛入我們的意識之中。

不管快速眼動期入侵現象究竟在幻覺生成上扮演什麼樣的角色，對於那些相信自己被外星人綁架的人，睡眠麻痺似乎是一個很好的解釋。睡眠麻痺不僅會引發許多怪異感覺，而且根據對人質所做的研究顯示，它也能創造出一個非常適合幻覺產生的環境。如果想用理論來解釋像遇見外星人這類令人困惑的情況，睡眠麻痺可以說是一個十分理想的選項。

那麼，為何還是有人堅稱他們是被外星人綁架的呢？也許有些人從來沒聽過有睡眠麻痺症，但即使當他們知道有這種症狀後，往往仍然拒絕接受他們的超自然體驗可能是睡眠麻痺所引起。心理學家克蘭西（Susan Clancy）記錄了許多人對睡眠麻痺理論的反應，她曾經無意中聽到某個被綁架者在外面用手機對朋友說：

> 簡直是氣死我了！你能相信那女生有多麼不要臉嗎？……（她跟我說：）「噢！其實那是睡眠麻痺現象。」最好是這樣啦……她有親身經歷過這種事嗎？我對上帝發誓，如果再有人跟我提什麼睡眠麻痺之類的東西，我就當場嘔吐給他看！那天晚上我房間裡明明就有某種東西，我先是頭暈目眩，然後就昏過去了。某件事發生了——而且是很可怕的事，絕對不是正常的情況。你懂我的意思嗎？我沒有睡著，我被抓住了，我被侵犯了，被狠狠蹂躪了——不管是照字面上來說、用比喻來說、還是用隱喻的方式來說，隨便你怎麼說，事情就是那樣！她真的明白那是什麼樣的感覺嗎？

那些體驗是如此的逼真而有說服力，以至於即使遇到聽起來很合理的其他解釋，這些被綁架者仍然堅信自己的看法。儘管他們說的明明是些不可能發生的事，為什麼他們還是對自己的故事如此肯定呢？

正如我們之前看到的，人們回想帶有強烈情緒記憶的方式，和回想一般記憶是不同的，他們會以更自信的方式重複回想這些記憶，並且抗拒接受故事中有漏洞的想法。這就是為什麼當你說被外星人綁架的體驗是來自睡眠麻痺，這些被綁架者就會勃然大怒。好吧！所以他們可能無法接受睡眠麻痺這回事，但為何要說是被外星人綁架呢？在這麼多的可能解釋中，為什麼他們非得要選這一個？

老巫婆的攻擊

1970年代，加拿大紐芬蘭東北港的漁村居民飽受某個幽靈傳說騷擾，這個幽靈會在夜間出沒攻擊受害者，居民稱之為「老巫婆」（Old Hag）。根據一般流傳的說法，老巫婆會悄悄溜進某人的房裡，坐在那個人的胸膛上，將難以言喻的恐懼灌滿他的體內。受害者雖然完全清醒，卻被釘在那兒無法動彈，軀體感覺受到重壓折磨。就像某位居民所述：「你整個人像是被捆綁起來一樣。你知道一定是有人對你做了什麼，就像下咒那樣。」另一位當地漁夫如此描述他的經歷：

> 我很晚才從棚屋（漁具儲藏室）那邊過來，我們在這小徑上鋪了海灘的石頭，然後我走進屋子裡，像這樣躺下來（靠在一把椅子上）。沒多久我就聽到腳步聲踩著小徑上的石頭走過來。外面的門打開了，接著是裡面的門；我正在納悶來者究竟是誰，因為都這麼晚了，然後我看到一個穿著全身白衣的女人穿過廚房、走過爐子，來到我身邊，接下來她伸出手臂，按住我的肩膀往下壓，然後我就什麼都不知道了。她「巫」了我。

那些被老巫婆攻擊（他們會說被「巫」了）的人，通常會報告他們在幽靈退散之後全身大汗，覺得非常疲憊或沮喪；也有人報告他們經歷這種事後感到非常疼痛：「有時候你會看到有人進入房間，然後他們就把你給『巫』了。我曾經被那個老巫婆抓住私處，然後醒來之後全身一碰就痛得要死。媽呀！那真是一大酷刑。」

老巫婆對每個人現身的方式都不一樣，有時是以人形出現，有時則會變成受害者最近看到的角色。有位居民回憶道：

> 我可以感覺得到它來了，你知道，那是一種真的很不舒服的感覺，就像恐懼蔓延開來一樣……我幾個星期前才剛被「巫」過……你知道就是電視上那個花栗鼠還是布偶之類的，隨便你怎麼叫它們啦，我正在看那種節目，後來上床睡覺，然後它們就跑出來「巫」了我。

無論老巫婆是以哪一種樣貌出現，每個有此經歷的人所做的描述幾乎都相同。故事的開始都是忽然醒來，但全身無法動彈，然後看到一個模糊縹渺、令人害怕的人形幻象，恐慌之感油然而生。那個幽靈靠近過來，對受害者的身體施加重壓，周遭冒出許多奇怪的噪音，受害者的胸部、腹部或腹股溝感覺疼痛。當這種駭人的幻象消逝之後，受害者會覺得很疲累、困惑或沮喪。

動彈不得、矇矓的人形、感覺受壓或疼痛、強烈的恐懼——這故事我們好熟悉啊！如此看來，老巫婆現象和典型的被外星人綁架故事，只是對於同一種體驗的不同描述方式。

大多數人沒有聽說過睡眠麻痺，所以一旦遇到這種情況，他們最先會想做的事就是找出一個解釋。在紐芬蘭，人們把睡眠麻痺經驗描述為遭到「老巫婆」攻擊，而在世界各地也能找到各種不同的描述方式。在加勒比海地區，人們將此現象稱為「卡馬」（kokma），認為是未受洗便死去之嬰兒的靈魂跳上受害者的胸膛、掐住他們的喉嚨所造成的。在墨西哥，人們稱之為「死人爬上身」（subirse el muerto）。在英國，過去把這種現象稱為「定身」（stand-still），據說是靈魂在睡著後離開了身體，醒來時還沒回來。在西非，人們則是把這現象和巫術聯結在一起，有些人甚至會覺得那是強暴事件，例如某位女士的敘述：「那個戴著白帽子的高大男人想跟我發生性關係，有時候他就躺在我身上，等我一睡著，就要強暴我。然後我醒了，可是躺在那裡動不了，我快要嚇死了。」

人們經歷睡眠麻痺現象時，大腦的無意識系統會創造出一個故事，好將這個情況合理化。那麼它會選擇什麼樣的故事呢？這就取決於你的文化，取決於你相信什麼、疑惑什麼、害怕什麼、喜歡什麼、對什麼感到好奇，還有你記得過去的哪些事情。在美國，有些人相信有外星人綁架事件存在，有些人則抱持懷疑的態度，不過每個人肯定都聽說過這樣的事。

當我們遇到陌生或超乎尋常的情況，像是當身體麻痺與幻覺同時發生，大腦中的無意識系統便會開始尋求解釋，而且它會選擇阻力最小的路徑。什麼樣的故事最能夠有效解釋這些症狀呢？對世界上各種不同文化而言，可能答案都不一樣；但對許多美國人來說，最合適的解釋就是「遇上外星人了」。這個故事不但合適，它還非常簡單明瞭，它能讓你馬上明白自己遭遇了什麼，甚至還能證明過去讓你半信半疑的傳說原來是真的。這個故事也會讓你感到自己不孤單，因為你有很多同伴，跟你一樣相信這回事，而且擁有相同經驗的人很多。對於那些對此類想法抱持開放心態的人來說，被外星人綁架是個令人滿意且合乎邏輯的解釋，可以讓黑夜中的困惑與恐懼瞬間都變得清楚明瞭。

◇◇◇◇◇◇◇◇◇◇◇◇◇◇◇◇◇◇◇◇◇◇◇

在我們生命中的每一天，大腦的無意識系統都在累積無數迥然不同的資訊，並將它們編織成井然有序的個人敘事，而我們的意識則是體驗那個故事。不過當大腦中的訊號溝通發生錯誤，這個敘事就會產生不同的走向。在睡眠麻痺現象發生時，由於意識與肌肉控制之間缺乏協調，無意識系統就得面對一堆混亂而矛盾的資訊，因此它會努力尋求解釋，讓一切能夠調和一致。同樣的，這種令人困惑的場面也會發生在感知與情緒連繫中斷的情況，譬如出現科塔爾妄想症症狀的時候，或是因身處高海拔地帶或心跳驟停造成血壓突然改變的時候。在神經元系統無法依照該有的方式正常通訊時，或是我們獲得的諸多感知結果都很陌生怪異時，大腦所說的故事就會漸漸偏往神祕、超自然、超常態的方向。

通常我們都會選擇相信自己大腦所說的故事，除非我們能說服自己為何不該這麼做。如果大腦很健康，我們便可以運用教育來協助修改及擴增自己的知識庫。藉著調整我們的信念、更新大腦邏輯系統所根據的基礎，於是我們可以提供可靠的資訊，指導無意識系統做出更理性、更務實的解釋。然而，如果大腦本身並不健康呢？要是大腦的缺陷造成長期溝通錯誤，那又會出現什麼樣的情況呢？那就會導致大腦不斷講述同樣的虛構故事，造成持續終生的超自然體驗。

第 6 章

為什麼思覺失調症患者會有幻聽現象？

關於語言、幻覺，以及自我與非自我的區分

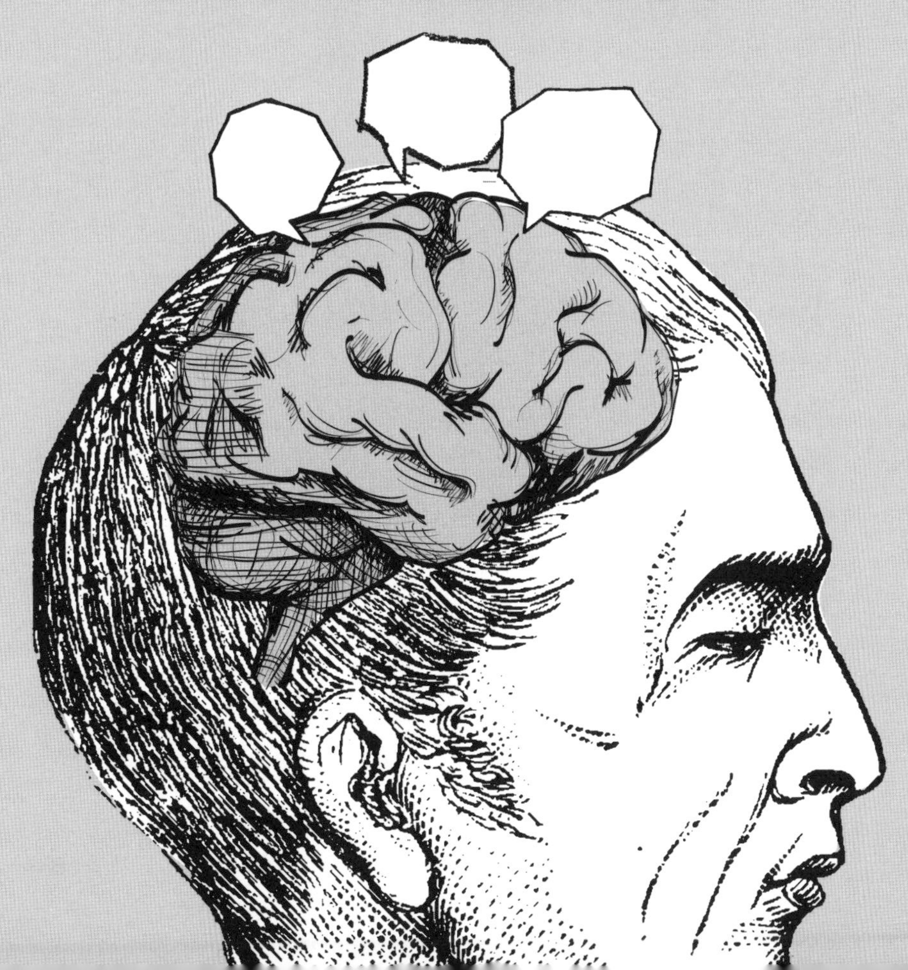

如果你在跟上帝說話，代表你正在禱告；
如果上帝在跟你說話，代表你得了思覺失調症。

——精神科醫師薩斯（Thomas Szasz）

當我第一次與思覺失調症患者相遇時，還是醫科學生。那是我在神經科實習的第三個星期，神經科主治醫師和我受召去為一名剛剛癲癇發作的精神科住院病人會診。主治醫師問我：「你已經到精神科實習過了嗎？」我說我還沒去過，於是他堅決主張我應該自己一個人去看這位病患，聆聽病人的故事及病史後，再回來向他報告；他認為這對我來說會是一次很有用的學習及體驗。於是我單槍匹馬前往精神科病房，穿過兩道遙控金屬門後，進入六二一號病房，在那裡見到了布蘭登。他是一名妄想型思覺失調症（paranoid schizophrenic）患者，有頻繁發生的幻聽問題。

二十八歲的布蘭登畢業於康乃爾大學，擁有歷史學學位，但畢業後就一直找不到工作。他有張稚氣的娃娃臉及蓬鬆的棕色頭髮，外表和我從他病歷讀到的那些令人困擾的行為很不相稱。三週前布蘭登首度入院治療時，一而再、再而三追著醫院工作人員跑，用力拉扯他們的耳垂，說要「扯下他們的竊聽器」。在住進病房的這段短短期間內，布蘭登兩度試圖攻擊照顧他的護理師，一次用筆，一次用鑷子，他宣稱護理師是聯邦調查局（FBI）派來的特務，目的是完成撒旦交付的工作。布蘭登在那天早上癲癇發作之前，已經大吼大叫了好一陣子，抱怨護理人員「想要把他逼瘋」，而且他們把「憤怒的想法輸入他的腦子裡」，讓他看起來糟透了。我問清楚那些關於他的癲癇發作我該知道的資訊後，開始向布蘭登詢問他的幻覺情形。

我：你曾經在腦子裡聽到過別人的聲音嗎？

布蘭登：一直都有啊！通常我獨處時就會聽到他的聲音，但他偶爾也會在別的時候跟我說話；要是我大聲咆哮叫他閉嘴，情況就會好一點。有時候只要我打斷他的話頭，他就沒辦法再說下去。

我：為什麼你會說是「他」？

布蘭登：他叫傑若，是個大混蛋，他為聯邦調查局工作，一直都在暗中監視我，對我的一切瞭若指掌。這件事從我小時候就開始了 —— 你知道的，他們就是在那時候把竊聽晶片裝進我腦袋裡 —— 不過這裡的醫師都說他們幫我做大腦掃描時沒有看到晶片。

我：他都會跟你說些什麼事？

布蘭登：他說我又弱又蠢，說我是膽小鬼，說我應該趕快滾出這個骯髒的地方。他叫我去找我的槍 —— 我一定得找到我的槍，然後扣下扳機。（他開始對著自己說話）我早就跟你說他們把槍沒收了，我永遠也沒辦法拿回來！不要再來煩我了。

我：你現在也聽得到他說話嗎？

布蘭登：聽得到。

我：他現在說些什麼？

布蘭登：他提到你了。

我：他說我怎樣？

布蘭登（往前靠過來，凝視著我的眼睛）：魔鬼！他從你的眼裡看到魔鬼！

到此似乎是結束訪談的好時機，但是我心裡仍然充滿疑問：為什麼布蘭登會在腦子裡聽到聲音呢？這聲音從何而來？又為什麼會說那些話呢？

除了幻聽之外，思覺失調症患者還會經歷一些別的神祕症狀：有些病人出現妄想，強烈堅持某些古怪的信念。這類妄想可能是偏執型的，比方說認為自己遭到聯邦調查局監視，或者是像認為自己曾經被外星人攻擊之類的超自然體驗。另外有些思覺失調症患者則是相信他們自己的行為被某種外在神祕力量操控，我在精神科病房見過的另一名患者珍娜就跟我表示：自從看過《幸運輪盤》（*Wheel of Fortune*，譯注：美國知名的電視益智遊戲節目）後，她的行為就被電視機發射出來的電力場控制住了。有些思覺失調症病人會聲稱他們遭到「思想植入」，他們覺得腦袋裡的那些想法並不屬於自己，而是有其他人——某個人、某種靈體，或者甚至是聯邦調查局——把那些念頭植入他們的心靈。例如有個病人叫賴瑞，他的妹妹因為嗑藥過量丟了性命，他告訴我妹妹的鬼魂一直糾纏著他。根據賴瑞所言，他妹妹喜歡「把思想借給他」，讓他不得不照著那些想法行事；這一點至少說明了為何賴瑞會把他的金髮綁成兩條辮子，而且夾著瓢蟲髮夾。

有些思覺失調症患者的表現是思維混亂，意思是他們傾向於將各種概念以奇怪的方式連繫在一起。例如在電影《美麗境界》（*A Beautiful Mind*）中，由羅素克洛（Russell Crowe）所飾演的那位數學家納許（John Nash）；納許是諾貝爾獎得主，但長年為妄想型思覺失調症所苦。電影中有個場景是納許的妻子找到他的辦公室，發現房間裡四處散布著從雜誌和報紙上蒐集而來的文章，彼此以細繩連接，用怪異的方式標注出重點，牆壁上還塗滿了無人能懂的字跡。這一幕正是混亂思緒的戲劇化展現，然而對羅素克洛所飾演的角色或其他思覺失調症患者而言，一切卻是清楚明晰又合乎邏輯的。

布蘭登不僅聲稱他腦海裡有個聲音，而且他還能跟這個聲音對話溝通。他和那位沒人看得到的「傑若」常常起爭執，我就曾經短暫目睹過一次。那個聲音如此真實，使得布蘭登甚至為他取了名字。傑若有他自己的個性，或許不大討人喜歡（他是個「大混蛋」），但無論如何確實是個獨立人格。傑若有自己的職業，他是聯邦調查局的特務，而且也有固定的任務，包括監視布蘭登、慫恿他自殺或殺死別人。布蘭登飽受這個幽靈般的幻象折磨，最令人困擾的就是這個心靈入侵者不斷嘲弄他、欺騙他、霸凌他，逼迫布蘭登聽從其意圖。這種幻覺無孔不入，除非接受治療，不然病人根本無法逃離其魔掌。但是這種幻象的力量怎麼會如此強大呢？

不管對布蘭登而言這種體驗是多麼的真實，但是他聽到的那個聲音似乎並不是耳朵鼓膜偵測到聲波後，再經過大腦處理得到的結果，因為畢竟除了他之外，其他人都聽不到這個聲音。所以唯一合理的推測，就是這聲音是他想像出來的。在我們試圖解答思覺失調症患者為何幻聽這個疑問時，一開始需要面對的問題，就是既然這個聲音只存在於患者的腦袋裡，身為外部觀察者的我們，究竟該怎麼做，才能理解他們從內部感受到的那個聲音呢？不管我們做出什麼解釋，都只能算是揣測，除非有某種方式，能讓我們真正聽到那個聲音。

麥克風傳來的低語

你有過這樣的經驗嗎？你站在一棟不熟悉的建築物的大廳裡，周遭淨是沒有任何標識的一條條走廊及一座座電梯；你搔頭苦思，想要搞懂手上拿著的方向指示，原本照著它走應該可以抵達主會議室才對。上面寫的是：「沿著左邊第二條走廊往前行，穿過雙開門之後，搭乘C電梯上五樓，到五一一號房。」你正琢磨著究竟哪條走廊才算左邊第二條，甚至開始懷疑自己的認路能力到底有沒有問題時，忽然感覺到有人輕拍你的肩頭。

「C電梯往那邊走。」一個友善的過路客為你指出正確的方向。顯然你太過專心思考方向問題，居然把心裡想的事喃喃自語的說了出來。原本你只打算把這段對話擱在心裡，沒想到最後卻讓另一個完全陌生的人聽到了。類似這樣的事情每個人都發生過，不過如果你仔細思索，就會發現這種事真的很古怪，我們怎麼會一不留神就把心底想的事說出聲來呢？這問題的答案，勢必跟大腦處理說話能力的特定方式有關。

每次你一決定出聲說話，額葉就會向顳葉（語言在此生成）以及運動皮質（負責控制肌肉的動作）發出命令，電訊號路徑自此延伸而出，迅速從一個神經元傳到另一個神經元，直到抵達產生聲音的喉頭（larynx）——也稱為音箱（voice box）——肌肉，接著嘴脣與舌頭的肌肉一起接受刺激，再清晰明確的吐出你命令它們發出的字音。

正如我們之前所提到的，想像自己在做某件事時，比方說想像揮動高爾夫球桿，同樣會讓大腦實際執行此動作時活化的那些部位發起亮來。在說話方面也是如此，當你閱讀一段文字，心裡想著：「哇噢，這段話一點意義也沒有！」此時你的顳葉便亮了起來，因為你的思考過程需要用到語言。但這個訊號並不會就此停步，顳葉的神經元一旦活化，便會無可避免的開始放電，並且藉著這樣的行動將訊號沿著此路徑推送到更遠之處，瞄準運動皮質開火，接著往下活化喉頭的肌肉，甚至嘴脣和舌頭的肌肉，結果有時候就會導致你無意中把自己的思緒吐露出去。

幸好這種情況並不是每次都會發生，我們也不會像自動發布貼文的社群媒體外掛程式那樣，不停把每個想法傳送給周遭的每一個人。顳葉的活化程度通常很輕微，一般而言，當你在你的腦袋裡思考某些事情時，大腦便會啟動說話路徑，有時會稍微伸展一下與說話功能相關的肌肉，不過通常輕微到不足以發出聽得見的聲音。

上述現象稱為「無聲說話」（subvocal speech），而且隨時隨地都會發生。我們的大腦負責處理所有的語言，即使在心裡自言自語，也會用到特定的語言區域及大量的神經路徑，將指令傳送給負責說話的肌肉。當這種機制強到足以激發這些肌肉產生收縮時，我們的思緒就會變成無聲說話；不過正如前面所述，這類刺激通常太弱，無法產生別人真的聽得到的聲音。過去有些研究者曾經提出理論，認為人類的思維本身就是某種形式的無聲說話，我們在內心想到任何字眼，其實都會用無聲方式把它說出來；然而實驗證明那些聲帶肌肉麻痺的患者仍然具有思考能力，因此這種說法也算是被推翻了。不過儘管如此，無聲說話確實是一種可以在實驗室裡進行研究的真實現象。

神經科學家借助肌電圖技術，已經可以直接看到無聲說話的產生過程。為了獲取肌電圖的讀數資料，技術人員會先將電極插入受試者喉頭的內部肌肉，用來記錄肌肉細胞的電活動。只要我們一說話，喉頭肌肉就會開始收縮，此時肌電圖紀錄便能顯示出與肌肉纖維運動相對應的電活動峰值。使用肌電圖技術的目的，在於記錄說話所用肌肉何時運作，以及運作的強度大小。如果想要測試無聲說話現象是否存在，就必須將受試者接上肌電圖儀器，要求他們不要說話，而是在心裡用力思索某些念頭；結果參與者的內心對話一開始，肌電圖記錄到的波形也同時產生變化，出現一些小型尖峰。這表示即使受試者沒有發出一丁點聲音，也沒有打算說話，但他們的說話肌肉仍然產生收縮現象。

◇◇◇◇◇◇◇◇◇◇◇◇◇◇◇◇◇◇◇◇◇◇

1940年代，精神科醫師路顧爾德（Louis Gould）想知道思覺失調症患者的幻聽是否與無聲說話現象有關。這種「在患者腦袋裡的聲音」會不會只是說話肌肉的無意識喃喃自語呢？如果是的話，為什麼思覺失調症患者會那麼湊巧的注意到自己的無聲說話，而健康的人並不會如此？顧爾德設計出一套肌電圖實驗，招募了一批有思覺失調症問題以及精神健康的患者，逐一記錄他們的聲帶肌肉活動。顧爾德將思覺失調症患者正經歷幻聽現象時的肌電圖紀錄和無幻聽現象者的紀錄做比較，發現在患者聽到聲音時，肌電圖紀錄也顯示他們的聲帶肌肉活化情況增強。這個結果表示：思覺失調症患者聽到自己腦袋裡出現聲音時，他們的聲帶肌肉正在收縮，也就是說他們自己正在進行無聲說話。

無聲說話確實是一種聲帶肌肉活動現象，只是我們聽不到聲音。但是為什麼會聽不到呢？究竟是因為根本沒有聲音生成？還是因為那些聲音非常非常微弱？如果根本沒有聲音產生，那麼無聲說話就不可能是幻聽的聲音來源；然而有沒有可能是無聲說話的聲音極度微弱，除了病人之外沒有別人聽得到？這樣是否就能解釋為何思覺失調症患者會聽到聲音？

顧爾德決定從他的一名患者身上尋求答案，我們暫且稱呼這名患者為麗莎。麗莎是名四十六歲的女子，罹患妄想型思覺失調症，有一系列與布蘭登類似的症狀。麗莎為頻繁發生的幻聽現象所苦，那些聲音讓麗莎認定俄國政府正在監視她，她深信俄國人有一種雷射槍，正用來逐漸吸走她的生命力。麗莎擔心俄國人會在她睡覺時來攻擊她，所以她在床邊擺了一把劍。她相信自己聽到的那些聲音是透過一種看不到的力量傳送到她的心裡，因此她表示：「我不知道那些電力和雷射怎麼能夠對我的身體產生作用，但我感覺得到我和靈界是有聯繫的，而且這種聯繫顯然是借助氦氣流達成的。」

如果無聲說話是聲帶肌肉產生輕微活化，使得生成的聲音極其微弱，那麼我們能不能把這聲音放大呢？就理論上來說，用麥克風應該可以放大本來小到聽不見的聲音。於是顧爾德將一個小型麥克風貼在麗莎喉嚨部位的皮膚上，結果令他相當驚訝，原本聽不到的無聲說話現在化為輕柔低語：「飛機……是啊，我知道他們是誰……還有……沒錯，她很清楚這件事。」麗莎才剛剛跟顧爾德提到她最近做了一個跟飛機有關的夢。那個聲音繼續說道：

低語：她知道我在這裡，接下來該怎麼辦？我認得出她的聲音，但看不出來她要去哪裡。我知道她是個聰明的女人，她不知道我想要做什麼。她很聰明沒錯，不過一般人會以為她是另外一種人。

麗莎：我又聽到那聲音了。

低語：她知道的，她是這整個世界上最厲害的人了。我唯一聽得到的聲音就是她的聲音，她什麼都知道，她對飛航方面的事瞭若指掌。

麗莎：我聽到他們說我對飛航方面的事相當熟悉。

顧爾德大為吃驚，每次麗莎一報告她聽到腦海裡傳出聲音，他就聽到麥克風裡傳出低語聲。此外，每一回詢問麗莎那個聲音究竟跟她說了些什麼，麗莎的敘述也和那個放大的聲音所說的一字不差。麗莎腦海裡的聲音和她自己產生的無聲說話，在同樣的時間點說出同樣的話語。

數年之後，又有另外一個研究小組跟一名五十一歲的男性患者進行了類似的互動實驗。我們姑且稱這名患者為洛伊，他常常跟自己腦海中一位稱為瓊斯小姐的靈體交談。研究人員就像顧爾德的實驗那樣，把麥克風貼在洛伊的喉嚨上，記錄到下列的交談內容：

低語：如果你在他腦海裡，你可以從那裡出來，但如果你不在他腦海裡，你就無法從那裡出來；你會想要留在原處。

測試者：這話是誰說的？
洛伊：呃……是她說的。
低語：是我說的。
測試者：你是在自言自語嗎？
洛伊：我沒有啊！（對他自己說）這是怎麼一回事？
低語：親愛的，你別多管閒事，我不想讓他知道我在做什麼。
洛伊：聽到了吧？我問她究竟在做什麼，她叫我別多管閒事。

幻聽發生的時間點與所說的內容，再一次與患者的無聲說話完全相符，一字一句都是患者用自己的頭腦、肺與肌肉明確表達出來的。不管這個「腦海裡的聲音」對洛伊而言，有多麼驚人的真實感，但瓊斯小姐並不存在，他聽到的顯然一直都是他自己的聲音。

「只要我打斷他的話頭，他就沒辦法再說下去」

我正要離開精神科病房的時候，聽到布蘭登的病房傳出尖叫聲；我問護理師那是怎麼回事，她告訴我布蘭登一直都是這樣，他宣稱這麼做可以讓他腦袋裡的聲音閉嘴。

每個思覺失調症患者都有他們自己對付幻聽的絕招，為了瞭解這些方法究竟有沒有效果，研究人員針對五種應對策略展開測試，看看這些招數對幻聽的發生次數及持續時間有無影響。受試者是二十位思覺失調症患者，每個人都接上了肌電圖，實驗者要求他們只要一聽到腦海裡出現聲音，就馬上通知研究人員，研究人員會把患者出現幻聽的頻率和持續時間記錄下來。得到這些數據資料後，實驗者開始要求患者嘗試五種方法，一次試一種就好，以確定症狀是否有任何改善。這五種方法是：一、嘴巴保持打開；二、咬住舌頭；三、大聲哼唱；四、握拳；五、挑眉。

實驗結果顯示，多數方法不是讓症狀變得更糟糕，就是幾乎毫無幫助；不過大聲哼唱卻可以把幻聽的持續時間縮短將近60％。後來也有研究則發現，患者在發作期間可以藉著大聲數數來擺脫腦中聲音的糾纏。

看過這些研究結果後，我想起了布蘭登提到他的幻聽主角傑若時，曾說「只要我打斷他的話頭，他就沒辦法再說下去」。如果幻聽患者聽到的其實是他們自己的無聲說話，理論上就可以打斷它，因為嘴巴保持打開或咬住舌頭時要說話就已經不太不容易；如果一邊哼唱、尖叫或大聲數數字然後還要一邊說話，自然是難上加難。

布蘭登及其他幻聽者可以藉由打斷自己的無聲說話，來打斷腦袋裡的那個聲音，這個事實進一步證明了：這種腦海中的聲音其實是他們自己的聲音。布蘭登也承認他很訝異那個聲音彷彿什麼都知道，不但知道他所擁有的知識與記憶，也常表達一些他內心的想法。然而除了布蘭登外，沒有人聽得到那個聲音，有時他可以透過同時說話來讓那個聲音閉嘴。從我們已經得知的證據來看，顯然布蘭登聽到的只是他自己的聲音，但是為什麼他不明白這一點呢？

低聲喃喃自語是大家都會做的事，通常我們並不會注意到自己正在這樣做，但就算我們注意到了，也會很清楚地辨識出聽到的是自己的聲音，不會覺得是侵入我們腦袋的詭異人物在發言。然而像布蘭登這樣的思覺失調症患者，為何會出現如此明顯的錯誤？他接受過良好教育、不是吸毒成癮者，之前跟聯邦調查局也扯不上關係，但為什麼會認定是聯邦調查局的特務把那個聲音植入他的腦袋呢？

「只要我一開口，就會有另一個人開始說話」

2006年時，有個英國研究小組設計了一個實驗，來確認思覺失調症患者對辨識自己的聲音是否有困難。他們測試了四十五名思覺失調症患者，其中十五名受測時有幻聽問題，另外三十名則是過去有幻聽病史；兩組患者的測試結果都會和健康的對照組相比較。

實驗者要求受試者逐一對著麥克風讀出一些英文單詞，這具麥克風連接著一台可以扭曲人聲的機器，聲音經過扭曲之後，聽起來會跟受試者真正的聲音稍有不同，但是仍有足夠相似度，讓健康的受試者可以輕易辨識出那是他們自己的聲音。每次讀完一個單詞，受試者會馬上從耳機裡聽到自己聲音的扭曲版本。接著他們需要辨識這聲音的來源是「自己」或是「別人」，還是「無法確定」，並且按下相對應的按鈕。

健康對照組在辨識自己的聲音方面毫無困難。同樣這個任務，對過去有幻聽病史但現在沒有幻聽毛病的思覺失調症患者而言，雖然有些困難，但還是可以做得很好。不過那些目前有幻聽問題的思覺失調症患者，在這個實驗中就遇上很大的麻煩，他們把自己的聲音錯認為別人聲音的比率比另外兩組高出很多。

看來思覺失調症患者不僅在識別自己的聲音上出了問題，他們還會傾向於將那些聲音歸因於外在來源。例如幻聽的患者常常會說：「只要我一開口，就會有另一個人開始說話」，或者是：「我覺得只要我一開口，有個惡魔就同時說話」。聲音的辨識究竟是什麼樣的過程呢？為什麼思覺失調症病人會缺乏這種能力，使得他們無法認清其實是自己在說話？說來奇怪，從一種獨特的魚類身上居然可以得到答案。

人類與電魚有何相似之處？

象鼻魚（mormyrid electric fish）是原產於非洲河流的淡水魚，牠們以一種獨特的方式彼此溝通：電流。象鼻魚的神經系統會將電訊號釋放到周圍水流中，這種電訊號被稱為「發電器官放電」（electric organ discharge，簡稱EOD），它就像電場一樣，可以朝四面八方同時放射出去。這種魚會為了導航所需，而朝著周遭發射EOD（就像一道閃電那樣），然後等待它從附近的障礙物上反彈回來，再以特化的「電受體」（electroreceptor）檢測這些反射回來的訊號。象鼻魚用這樣的方式，來建構周遭環境的粗略地圖；這一點和蝙蝠偵測聲波以進行回聲定位，以及潛艇運用聲納探索海洋深處的目的相同。

象鼻魚也會用牠們的電受體偵測其他魚類發出的EOD，接著發送自己的EOD做為答覆，用這樣的方法可以協調彼此的狩獵行動，甚至可用來選擇可能的配偶。研究顯示，雌性象鼻魚會受特定頻率的EOD吸引，不過這一點對雄性象鼻魚而言很不利，因為這代表雌魚並不是那麼容易追到手。每條雌魚喜好的頻率都不一樣，所以不能對所有對象都用同一套追求伎倆。跟人類一樣，雄魚面臨的挑戰，就是要對雌魚放出正確的訊號，兩魚之間才能來電速配。不過人類和電魚的共同點還不僅只於此。

這種放電並不是像雷射光那種具有目標指向性的線性訊號，它是一種朝著所有方向往外膨脹散射的電場，範圍內的所有電受體都可以偵測到訊號，包括一開始發送EOD訊號的那條魚本身在內。所以問題就出現了：象鼻魚要如何區分其他魚發出的訊號和牠們自己發出的訊號呢？

根據對象鼻魚的神經系統所做的研究，在象鼻魚釋放與其他魚溝通所用的訊號之前，牠們的大腦會先放出所謂的命令訊號，指示發電系統放電。1970年代有位神經科學家貝爾（Curtis Bell），他與他的同僚對這種命令訊號展開研究，所用的方法是以麻醉劑讓發電器官失去作用。在他們這麼做的時候，象鼻魚的大腦仍然可以發出命令訊號，指示放出一道EOD，但是並不會真的有EOD因應這個命令釋放出去。用人類的情況來比喻，就像是有人讓你的聲帶肌肉陷入麻痺，但並未損害你的大腦，你仍然可以在內心命令自己說話，但是並無法發出聲音。

貝爾決定用他自己發射的電訊號來取代電魚缺失的EOD，他先把記錄電極連接到魚的電受體上，再用外在的發電機對著象鼻魚放電。每次他一對著魚發射電刺激，電受體的活化紀錄就會出現一個尖峰，代表象鼻魚偵測到這個脈衝。

貝爾模擬的是象鼻魚接收到其他魚發出的溝通訊息後的情況，受體檢測到輸入的電訊號之後，會產生活化現象。但如果是這條魚自己放的電，又會造成什麼結果呢？貝爾也想到一個方法來模擬這種情形。讓我們回想一下：象鼻魚打算發射EOD時，牠的大腦會先發送一個命令訊號給發電器官，指示它放電。貝爾想出來的好主意，就是再次用他的發電機來刺激象鼻魚，但是這次要在象鼻魚的大腦發出命令訊號後馬上這麼做，希望能夠騙過這些魚，把他發射的冒牌訊號當成牠們自己的EOD。

這一次，在貝爾用電刺激過象鼻魚後，受體並未偵測到任何東西。為什麼偵測不到呢？請記住命令訊號是大腦通知受體「我正在發出一個電脈衝」的方式，受體因而得知電脈衝已在發射中，不要把它誤認為來自另外一條魚的訊息。

在上列情況中，貝爾之所以能夠騙過魚的神經元迴路，是因為他發射的冒牌電刺激是在命令訊號剛通知過受體，受體正預期會有電刺激出現時來臨的，所以象鼻魚會假設這是牠自己產生的電流，瞞騙計畫順利成功。貝爾發現：只要是在象鼻魚打算發射電訊號後四毫秒之內所感受到的電訊號，牠們的電受體就不會有偵測反應，因為牠們會假定這個訊號是自己發出的，沒必要特別去注意它。

◇◇◇◇◇◇◇◇◇◇◇◇◇◇◇◇◇◇◇◇◇◇

除了訊號的時序關係之外，上述故事還有更多部分值得進一步探討。我們已經知道，只要是在那四毫秒的時間範圍內出現的放電（無論是EOD還是實驗者發射的電脈衝），都會被象鼻魚吸收抵消掉，但是這是怎麼做到的呢？究竟是用什麼東西來壓制這個電訊號的影響呢？歸根究柢而言，電受體並沒有能力挑選出哪些電訊號是該接受的，而哪些又是該拒絕的，它們會偵測到所有接觸到的放電——除非有另外的力量介入。

在電壓紀錄上，一個EOD看起來是像這樣的：

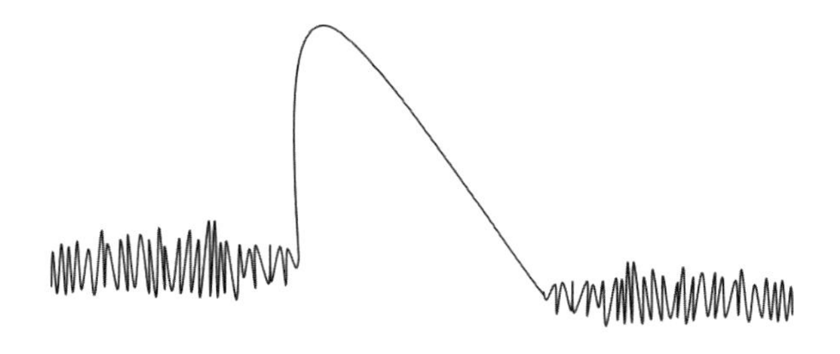

這個尖峰代表電壓朝正向方向快速增加，等到放電消散後又逐漸降低。貝爾則告訴我們：每當象鼻魚發射一個EOD時，牠的大腦也會同時發出第二個訊號給電受體：

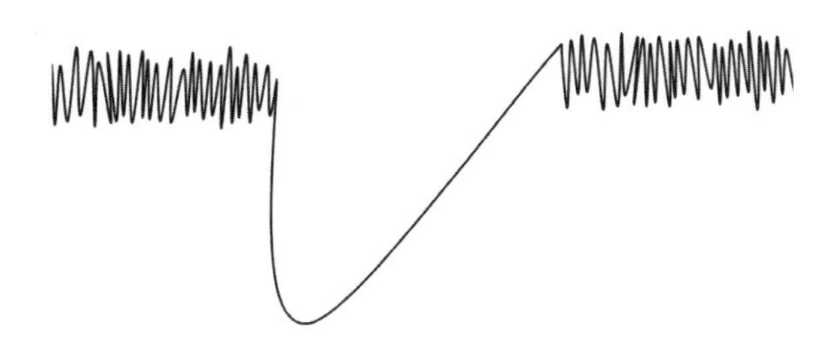

第二個訊號看起來跟第一個很像，只是正好倒過來。第二個訊號和第一個訊號的大小與曲率大致相同，但是所朝的方向相反。若是負訊號在形狀和大小上都和正訊號一致的時候，這兩個訊號就會互相抵消，讓電受體偵測不到東西：

這種顛倒的訊號稱為「配套放電」（corollary discharge），這是神經元系統不可或缺的部分，讓象鼻魚能夠分辨電脈衝是自行發射的，還是外界產生的。運作過程如下：魚的大腦每次發出放電命令時，也會把這個命令訊號的副本發送給負責檢測電流的感官系統，這個副本等於通知感官系統「大腦剛剛把命令發出去了」。這個過程就像是公司執行長對員工發送電子郵件，他會把和未來產品線相關的訊息發送給產品開發部門，但也會將訊息副本寄給行銷部門，好讓他們知道接下來會發生些什麼事。同樣的，指示放電的運動命令也會有個副本，是發送給感官系統的，好讓感官系統預知接下來會出現一個電訊號，以及由於這個訊號而產生的感官體驗。感官系統一收到命令副本，就會預測待會兒將有什麼樣的感覺輸入。配套放電就是這樣來的：它是象鼻魚對電流抵達受體後會帶來的感官體驗所做的預測結果。

我們再重述一次此過程的重點：象鼻魚決定發射電脈衝時，會發送出兩個命令，一個送到發電器官，說的是：「發射吧！」另一個則送往感官系統，說的是：「請注意，我們正要發射訊號，請忽略它，那是我們自家的訊號。」就在訊號正要發射之前，感官系統已經很快的對訊號的外觀做出預測，這個預測結果就是所謂的配套放電。因為早就預知訊號會是什麼樣子，所以訊號抵達時，象鼻魚已經做好辨識的準備。

現在相關的感官系統已經準備就緒，運動命令也執行了，也就是說象鼻魚發射了EOD。電場突波朝外散射而出後，象鼻魚會把那個訊號和配套放電對照比較，結果二者彼此吻合。實際的訊號和預測的結果具有相同形狀與強度，就像我們在上面看到的前兩個紀錄結果。由於接收到的訊號與預期訊號相符，因此象鼻魚的大腦會辨識出這是自己的發電器官產生的EOD，不需要太在意這個訊號。它不是同伴傳來的訊息，只是自己剛發送出去的訊息產生的效果，兩個相符的訊號彼此抵消，因此魚的受體偵測不到任何東西。藉著這樣的過程，使得象鼻魚產生電訊號時，不會把這個訊號錯認為來自其他的魚。

如果是另外一條魚發送了EOD，過程就不是這樣了。在這種情況下，象鼻魚並未等著接收電訊號，收到的訊號也不會和配套放電相符。由於根本沒有料到會收到訊號，自然沒有東西可以跟這個訊號做比對。感官系統也沒有任何準備，因為它既沒有收到電子郵件副本，也不會做出預測。這個訊號不會被抵消，象鼻魚會收到既響亮又清楚的訊息，得知某個同伴正試圖與牠取得聯繫，對方會不會是條雌魚呢？

配套放電系統讓電魚能夠區別自己發出的訊號與來自其他魚的訊號，為牠們省去許多訊息混淆帶來的麻煩。下頁圖示中，概括說明了整個系統的運作方式。

配套放電系統的功能，是用來將感受到的體驗與預期結果相比對。這個系統並不是電魚獨有的，在大自然中到處都看得到它的蹤跡。蟋蟀用它來防止自己鳴叫時因為聽到其他蟋蟀發出的唧唧聲而受干擾；雀類鳴禽用它來區分自己和其他鳥類的鳴唱聲；當然，我們人類也會運用配套放電系統，而且用到的地方多得令人驚訝。

舉例來說，在某個實驗中要求受試者單手拿起一個裝水的容器，並將他們拿取時對容器施加的握力記錄下來。重複此任務數次後，受試者用吸管從容器裡喝掉一些水，然後再次拿起容器。儘管他們在意識上知道容器現在應該變輕了，但這些受試者還是會對容器施加跟原本一樣大的握力，彷彿容器仍裝滿了水。為什麼會這樣呢？這是因為他們已經拿起裝滿水的容器多次，配套放電系統默默的累積了拿起容器該用多少力氣的經驗（感覺回饋），根據這些經驗，它針對需要多大的力氣才能穩當的拿起容器做出預測。因為這個模型是在第二種嘗試（此時容器變輕了）之前建立的，根據的是過去重複拿取較重容器的經驗，因此拿起容器的預期反饋及大腦針對所需握力做出的預測都已經過時了。這些在無意識中所做的計算工作，會讓受試者一出手就對容器施加太大的握力。

這可能就是我們發展出「肌肉記憶力」的部分寫照。如果你嘗試站在定點投籃上百次，直到你可以持續命中為止，但接下來卻改

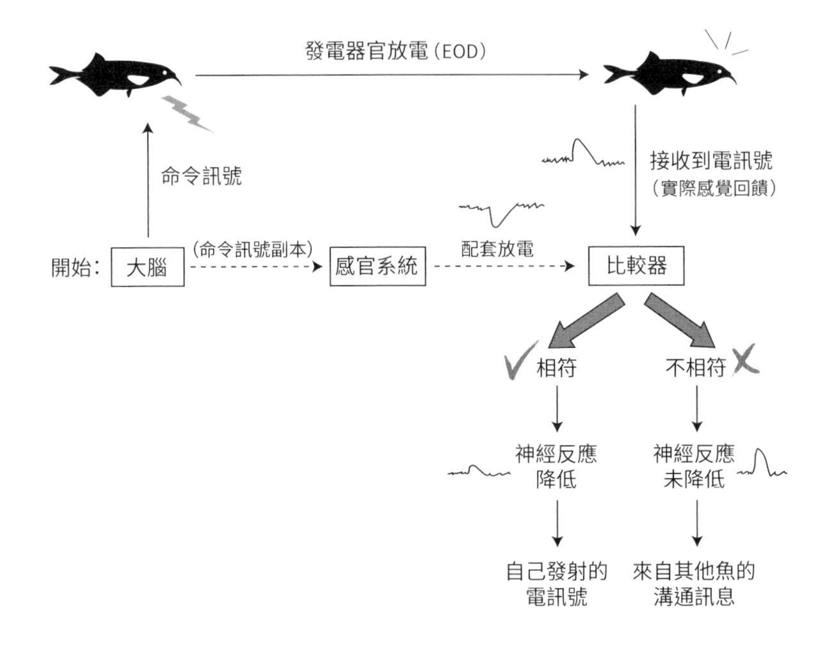

象鼻魚的配套放電系統。大腦發送運動命令時，也會將命令副本送往感官系統，接著在此處產生配套放電（對此運動行為造成之感覺結果所做的預測）。這個預測會與所接收電訊號引發的實際感覺回饋做比較，如果實際訊號與預測相符，那就一定是來自這條魚本身，接著配套放電便會抑制這個電訊號對神經系統造成的影響。

換另一顆較小的球來投籃，那麼你的肌肉會需要花一點時間，才能適應這個新球的重量，然後才有辦法重拾神射手的威力。

就人類而言，配套放電系統也跟我們移動頭部時眼睛仍能保持在同樣位置（稱為前庭—動眼反射，vestibulo-ocular reflex）有關，我們借助這系統來衡量身體做出動作所需要的時間，例如什麼時候該伸出雙手，才能在恰當的時機抓住飛過來的球。我們甚至會在想像中使用它，像是在第三章中所述，我們想像進行某種運動或感官體驗的時候，腦海中會浮現的那些景象，是根據對現實生活中感官反饋會是什麼樣子所做的內心預測而創造出來的。舉例來說，研究顯示：想像做一個動作 —— 比方說開合跳 —— 需要耗費的時間，結果會和實際做開合跳所需的時間驚人的相近；這意味著我們是仰賴某種內在系統來做出預測。

◇◇◇◇◇◇◇◇◇◇◇◇◇◇◇◇◇◇◇◇◇◇

那麼，如果這個系統發生故障呢？假定我們遇上一條配套放電路徑有缺陷的電魚，這條魚可以正常地釋放電訊號，也能像一般情況那樣產生配套放電，但是當牠試圖比對實際感覺回饋和預測結果時就會出錯，牠偵測不出這兩個訊號彼此吻合，因而判定二者並不相同。簡言之，牠得出的是「錯誤否定」（false negative，譯注：另譯「偽陰性」）的結果，這會如何影響這條魚對這個世界的感知方式呢？牠不僅無法成功辨識自己發出的訊號，還會錯誤的相信其他的魚一直在跟牠溝通交流。

所以事情愈來愈清楚了，配套放電還有另一方面的功能，而且在我們的討論內容中，這部分才是最重要的，那就是辨識我們自己的聲音。

認不出自己的聲音

讓我們來回顧一下本章開頭提到的思覺失調症病人布蘭登，考慮一下對他的症狀所做的下列解釋：通常布蘭登進行無聲說話過程時，配套放電會預測他的聲音應該是什麼樣子；等到他自己的聲音傳進他的耳朵時，配套放電系統會將聽到的聲音與原本預期的聲音做比較。但是因為他的大腦有缺陷，無意識比對系統便做出錯誤判斷，認定這兩種聲音並不相同（錯誤否定），使得他的意識無法辨認出目前聽到的是自己的說話聲。配套放電本來應該要抑制聲音對神經系統的影響，以防止分心與混淆，但是它不但沒做到這一點，反而讓這聲音對布蘭登的神經元受體發揮最大的效力。

現在他的大腦面對的是兩條需要協調使之一致的訊息：第一、偵測到一個聲音；第二、（錯誤的想法）這聲音並不是我自己發出來的。大腦會怎麼做呢？它會用它自己的基本邏輯來理解這一切，也就是運用有限的訊息，創造出一個完整的故事。因此大腦會無意識的完成一個它所能建構最合乎邏輯的結論：「好吧！如果這聲音不是我自己發出來的，那一定是從別的地方冒出來的。」

比對系統有所缺陷解釋了為何布蘭登認不出自己的聲音，以及為何他相信這聲音來自神祕的第三者；這也說明了這個聲音為何對他瞭若指掌——因為那根本就是他自己。如果這個理論屬實的話，就可以解釋思覺失調症患者為什麼會有幻聽現象了，但是我們有辦法證明這個理論嗎？

◇◇◇◇◇◇◇◇◇◇◇◇◇◇◇◇◇◇◇◇◇◇◇◇

回想一下我們前面討論過的一個實驗：實驗者要求健康受試者

和思覺失調症患者聆聽他們自己的聲音被稍微扭曲過的版本，並且辨認這聲音究竟是「自己的」、「別人的」，還是「無法確定」。研究結果顯示，有幻聽症狀的思覺失調症患者比較容易把自己的聲音錯誤的歸屬於他人。

之後實驗者發現某種特定腦波，命名為N100；健康者聽到別人在對他們說話時，這種波形就會出現在腦波圖上，但若他們聽到的是自己的聲音，這種波形就會減弱；有趣的是，配套放電的效果正是如此：減低自己的聲音對自己的神經系統所產生的影響。

有些神經科學家認為N100訊號的減弱，正是配套放電產生抑制效應的表徵。研究人員設計了一個新的實驗，在這個實驗中，他們要求思覺失調症患者和對照受試者傾聽並辨認一些聲音的來源，其中第一個聲音來自受試者本人，第二個聲音是他們的聲音經過輕微扭曲的結果，第三個聲音則是用電腦產生的外星人聲音。參與者聆聽聲音時，實驗者用腦波儀記錄他們的大腦活動。

健康者聽到外星人聲音時，可以正確識別出那是「別人的」的聲音，腦波紀錄出現強烈的N100，意味著他們的大腦意識到這不是自己的聲音，因此並未抵消這個聲音對神經系統產生的作用。健康受試者可以正確辨識自己的聲音，即使這聲音經過輕微扭曲也不成問題，此時腦波圖紀錄會顯示出比較小一些、遭到抑制的N100，代表配套放電系統檢測到相符之處，決定削弱此訊號。若是健康者聽的是自己原本的聲音，他們的無意識系統會知道不需要對此聲音付出太大關注，而他們的意識則會明瞭聽到的是自己在說話。

思覺失調症患者在辨識外星人聲音上同樣沒什麼問題，出現的N100腦波也和健康者聽到外星人聲音時的結果差不多。這一點是

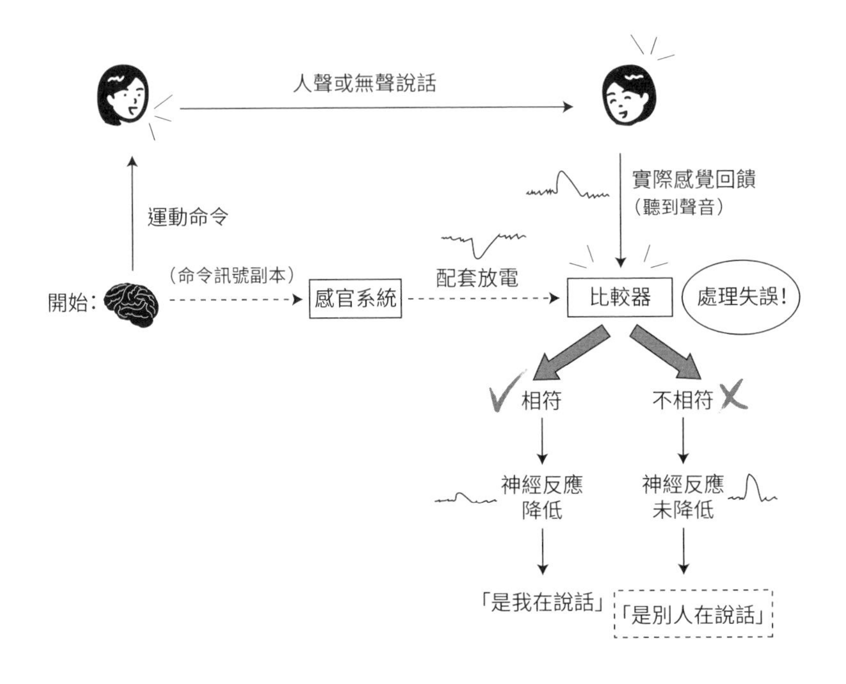

思覺失調症患者之配套放電路徑的可能缺陷。思覺失調症患者聽到自己的聲音時，有可能是因為比較器的功能出了問題，因而得出錯誤否定的結果，所以他們無法理解聽到的是自己的聲音，反而相信這聲音屬於別人。上面的迴路圖，是對思覺失調症患者幻聽現象來源的基本介紹。

很合理的，因為思覺失調症患者在辨認他人聲音上並沒有困難，問題是出在辨識自己聲音的部分。他們聽到自己的聲音時，會以為那是「別人的」聲音，如我們之前所見；他們腦波中的N100訊號是大而完整的，表示這個訊號並未遭到抑制。配套系統的缺陷妨礙相符訊號產生，使得系統得出的檢測結果為不相符，所以N100訊號不會減弱（N100訊號代表的就是對神經系統產生的感覺效果），讓思覺失調症患者錯誤的認定此聲音來自外界聲源。

◇◇◇◇◇◇◇◇◇◇◇◇◇◇◇◇◇◇◇◇◇◇

因為配套系統有所缺陷，讓思覺失調症患者辨認不出自己的聲音，從而將此聲音歸屬於某個神祕的外來實體。然而這種解釋是否適用於所有的思覺失調症病例呢？上述這種說法的關鍵之處，在於認為思覺失調症患者的幻聽其實是聽到自己非常小聲說話的聲音。在許多病例中，情況確實是如此，但我們並不知道這種解釋的適用範圍究竟有多廣。所有幻聽現象的產生，都取決於患者能不能聽到自己說話這回事嗎？或者我們換個方式來問這問題：失去聽力的人還是會產生幻聽現象嗎？

聽見有人在說話的失聰者

失聰族群罹患思覺失調症的比率高低和一般人族群沒什麼兩樣，而且症狀也相當相似。他們顯現出來的症狀類型相當廣泛，包括思想及言詞混亂、社交能力喪失（social withdrawal）。但是幻聽呢？確實有失聰的思覺失調症患者聲稱他們也有幻聽的困擾，讓我們來看看以下幾位患者如何描述自己所經歷的幻聽現象。

患者一：六十一歲男性，天生失聰

他聽到一個鬼魂在對他說話。這個鬼魂總是叫他「大鼻孔」，會與他談論工作、生活和老闆，還叮嚀他買保險時要小心。他說自己是真的聽得到鬼魂的聲音。

患者二：三十四歲男性，兩歲之前失聰

他聲稱自己見過耶穌，還常常聽到一個聲音從倫敦跟他通訊。如果問他既然已經失聰了，怎麼聽得到別人從倫敦跟他說話？他的回答是：他可以看得到那個人的手及手臂在對他打手語。

患者三：三十歲女性，兩歲之前失聰

她聽得到有個男人「在她身體裡面」說話，也看得到那個男人的臉，但他的嘴巴緊閉，也沒有對她打手語。她偶爾還會聽到電視演員派屈克達菲（Patrick Duffy）的聲音在侮辱及威脅她。有時這些聲音會一起出現，彼此爭辯，但總是在講她的壞話或嘲笑她。她不知道為什麼她能夠聽到這些聲音，因為她很明白自己「聽不到真正的人說話」。

患者四：十七歲女性，天生失聰

她聽到有個男人整天都在叫嚷著：「哈囉，妳好！」她不確定這個男人是不是鬼；她常常打出「閉嘴」及「走開」的手語來驅趕這個聲音。雖然她同意自己「完全聾了」，聽不到別人的聲音，但她有時候會一隻耳朵聽到音樂，另一隻耳朵聽到講話聲。她聲稱自己曾經能夠聽到一點點聲音。

儘管四名患者在他們懂得語言之前就已經失聰，但他們都宣稱自己「聽到」聲音，而且都認為這聲音是源自某個外來實體，他們描述的情況，跟典型的思覺失調症患者說的沒什麼兩樣。如果追問他們究竟是如何「聽到」的呢？只有患者二描述他是感知到了那實體對他打的手語，而不是實際說出來的話語。然而很不可思議的是，其他患者都是用「說話」、「叫嚷」、「聲音」之類的詞彙來形容他們的體驗，並堅稱自己真的「聽到了」。不過我們知道這是不可能的，不管這些失聰患者體驗到的是什麼樣的感覺，都不會是真正的聲音。也許他們很難找到適當方式來描述自己所感知到的東西，只好借用一般用來描述聲音特性的詞彙。

失聰的思覺失調症患者並不是真的聽到聲音，只要你要求他們描述聲音的音質時，事實真相就變得很清楚了。這些聲音到底「聽起來」像什麼樣子呢？失聰患者無法做出有意義的描述，他們無法回想起這些聲音的音高、音量或是腔調，通常會回答：「我哪會知道？我是聾子耶！」也許當他們提到「聲音」或「聽見」時，指的是別的東西。

假設有個朋友對你說：「我要用我的斧頭把那棵櫻桃樹砍掉。」你對這個敘述句的注意力不會放在它實際所用的字眼上，也不會放在朋友的聲音上。你的腦袋裡浮現出來的會是那棵櫻桃樹，你在思索的是為什麼朋友會想砍掉它，也許你還會納悶這朋友怎麼會有斧頭？無論這個訊息傳達給你的途徑是經由電子郵件還是手語（假定你精通此道），或者甚至是你用讀脣術看懂房間另一頭的人所說的話，最後你產生的反應還是會和上面所提到的差不多。

就影響心靈的程度而言，溝通方法並沒有內容來得重要。舉例來說，正如我們在第一章中所述，周遭環境中的聲音或是彈舌產生的回聲，都可以活化視覺皮質；同樣的，語言方面的神經造影研究已經發現：聽力正常者聽到別人講話和失聰者看到某人打手語時，活化的大腦區域完全相同，都是在前額葉皮質及顳上迴（superior temporal gyrus）。即使感知這兩種語言所需的感官形式截然不同，一個是聽覺，另一個是視覺，但是大腦用的是同一個部位來理解傳達而來的訊息。

就算是在想像中說的話也是如此。你早上醒來照鏡子時心想：「哇！今天早上我的頭髮意外的好看耶。」你進行的是我們所謂的「內在語言」（inner speech），在你這麼做的時候，前額葉皮質的左下部分會產生活化現象。有人做過一項研究，要求失聰參與者用手語（這是他們的內在語言形式）在內心思考，同時以正子斷層造影掃描他們的大腦，結果顯示：出現活動的部位仍是前額葉皮質的左下部分，和聽覺觸發文字思考時活化的部位相同。

想像一個視覺上的場景，可以活化大腦的視覺空間部位，不過雖說手語是一種以視覺為媒介的溝通方式，但人們以手語思考時，活化的卻不是視覺空間區域，會亮起來的反而是語言區域。不管這語言是靠手勢還是口頭表達，是感知得來還是由內心想像，大腦的無意識系統都能辨識出訊息內容，並且用差不多相同的方式來處理它們。這一點可以說是視覺學習的基礎，所以學生透過圖表、圖片及符號來學習某個概念時，大腦處理這些資訊的方式，和處理學生從課本讀到或課堂上聽到的訊息並無二致。因此學生這樣學習時所做的不僅是記住一個畫面，他們還會在腦子裡為這些學習內容創造出以語言表達呈現的方式。

四位患者都聽不到自己的無聲說話，因為他們已經失聰，不過無論如何，他們還是產生了有人在對他們說話的幻覺。他們所感受到的很可能是內在語言，不管是用手語思考還是用想像的讀脣術（如患者二所描述的那樣）都算在內。有些失聰的思覺失調症患者最終同意他們所「聽到」的聲音，其實是在心裡讀脣語或看手語的結果，只是他們看不到臉孔或手。想像一下：看得到手語卻沒有看到手，讀得到脣語卻見不到嘴脣；難怪要描述這種情況會是如此的困難了。

這也許就是患者一、三、四所發生的情形，他們都堅持自己真的聽到聲音。他們的體驗可能和我們在第一章所讀到愛蜜莉亞的聲音走廊類似，只是反過來以視覺景象取代了聲音。他們想像著手語或脣語，但是嘴脣或手的畫面卻是模糊的；那些詞語也許並不清晰，不過訊息內容確實已經傳達給他們。無論是問候、有關保險的建議、侮辱言詞（「大鼻孔」）、還是威脅，失聰的思覺失調症患者都能感受到那些概念，有如那些概念是被外來入侵者植入他們大腦中似的。不是身在其中的人，很難確切說明那是什麼樣的感受，不過至少有一點很清楚：這跟「聽見」是不一樣的。雖然失聰者確實可以體驗到某一種形式的幻聽，但是這種聲音是來自內在語言，而不是無聲說話。

如果幻聽可以發生在聽不到的人身上，那就意味著並非所有思覺失調症患者聽到的都是自己的無聲說話，有些患者是感受到自己想像的內部語言。這表示前述思覺失調症引發的神經學問題——也就是配套放電系統的缺陷——影響比我們原本預期的還要大：思覺失調症患者失去的不僅是辨識自己聲音的能力，還失去了辨識自己想法的能力。

被神祕力量所操控的人

英國搖滾樂團「平克・佛洛伊德」(Pink Floyd)以其實驗性的迷幻搖滾樂風聞名於世，並在1996年入選搖滾名人堂。這個樂團崛起後至1960年代後期聲名大噪，其創始人巴瑞特(Syd Barrett)開始出現怪異行為，最初的表現是長時間神志恍惚，以及喋喋不休提出一些瘋狂主意；有時他還會忽然決定塗上口紅、穿著高跟鞋招搖而行。一直到他的音樂夥伴們發現巴瑞特把女朋友鎖在房間裡三天，只偶爾從下方門縫塞幾塊餅乾給她的時候，他們明白巴瑞特是真的出問題了。

現在回溯以往，雖然這個診斷未經證實，但是巴瑞特很可能罹患了思覺失調症，而且從他的音樂也可以看出一點端倪。在樂團1968年的《不解神祕》(*A Saucerful of Secrets*)專輯中，巴瑞特為一首名為〈陶罐樂團藍調〉(*Jugband Blues*)的歌曲寫了歌詞，在此引述其中兩句：「我非常感激你明白表示我並不在這裡……我正覺得奇怪這首歌到底是誰寫的。」(I'm much obliged to you for making it clear that I'm not here...And I'm wondering who could be writing this song.)

這些令人不安的歌詞，使得樂團的經理詹納(Peter Jenner)宣稱這首歌「可能是思覺失調狀態的終極自我診斷」。倘若這歌詞帶有一些真實性的話，巴瑞特似乎在暗示他不知道自己就是這首歌的作者，他相信在他腦子裡揮灑洋溢的那些藝術才華，以及整個費盡心血的作曲作詞過程，全都是由他自己以外的別人完成的，他無法辨認出這首歌是自己的思想結晶。

◇◇◇◇◇◇◇◇◇◇◇◇◇◇◇◇◇◇◇◇◇◇◇

思覺失調症患者還可能會經歷另外一種更為神祕的妄想，這種妄想被稱為「思想植入」（thought insertion），病人相信他們的思想並不屬於他們自己，而是被某個外界來源以某種方法植入他們的腦袋。思想植入的感覺可能強烈到令人吃驚的程度，從下列的患者敘述中可以看得出來：

> 我望向窗外，覺得花園看起來很不錯，草皮看來很酷，但是安德魯斯（Eamonn Andrews，譯注：英國電視節目主持人）的想法進入我的腦海；那裡沒有別的想法，只有他的想法。他把我的腦袋當成螢幕一般看待，在上面快速閃現他的想法，就像畫面閃過那樣。

就像幻聽一樣，患者往往不僅會把這些植入思想的來源歸諸他人，而且還可能會歸因於某種神祕力量。有位醫師如此描述他的兩個病人：

> 其中一個人說那些想法是別人輸入他腦子裡的，而且跟他自己的想法「感覺上不一樣」；另一個人說這些不同的想法要歸咎於電視和收音機，這些想法「被電波竄改過了」，感覺上總是……和他自己的想法一看就知道不同。

這種自我認知方面的問題還有更深的影響，思覺失調症患者除了無法辨識自己的聲音及想法之外，也可能無法意識到自己可以控制自己的行為。例如，患者有時會描述那種自己無法控制四肢活動的感覺：

> 我伸手去拿梳子的時候，是我的手和胳臂在動，我的手指拿起筆來，但並不是我在控制它們……我坐在那裡看著它們移動，它們相當獨立自主，它們所做的事跟我沒有關係……我只是一具由宇宙操縱的提線木偶，那些線拉動我的身體時，我毫無招架之力。

這聽起來像是他人之手症候群，但是並非如此。患者事實上完全可以控制自己的身體，但他的大腦不允許他意識到這一點。同樣的，有些患者對於辨識自己的感受也有困難，思覺失調症患者甚至可能將自己的情緒和感情歸諸於外在來源：

> 我哭了，淚珠滾下我的臉頰，我看起來很不快樂，在我內心有一股冷冷的憤怒，為他們這樣利用我而感到憤恨不平。我並沒有不快樂，是他們把不快樂的感覺投射到我的腦子裡。他們也毫無理由的把笑聲投射到我身上，你根本不知道這情況有多可怕：你在笑，看起來很開心，但是你明白那完全不是你，而是他們的情緒。

一般對思覺失調症患者的瞭解，就是他們會怪罪是外在來源產生的刺激，迫使他們做出某些行為。在下面的案例中，患者正在精神科醫院裡，裝著他的晚餐的手推車剛推過來；患者一見推車，就拿著一瓶尿往上澆，工作人員氣呼呼的責問他為何這麼做，患者很無辜的回答：

> 忽然有股衝動逼著我非這麼做不可。那不是我的感覺，那個感覺是從X光部門傳進我的身體的，昨天我就是因為這樣才被送去那裡植入。這事跟我無關，是他們要這麼做的。所以我就拿起瓶子澆上去。

這些症狀似乎與幻聽依循相同的模式，把自己產生的想法與行為歸因於外在來源。我們單是用「配套放電系統出了問題」，就足以簡潔的解釋所有這些奇怪的體驗。當大腦的缺陷阻礙人們辨識出自己是那些想法、感覺、行為的創始者時，這些人只能得出下面的結論：這些想法與感覺是別人植入自己腦袋中的，那些行為也是別人操控的。這些症狀的存在，顯示思覺失調症並非只是幻覺和妄想的問題，而是更全面性自我監測功能失調的問題。這種疾病除了其他影響外，還會導致患者失去區分自我與非自我的能力，而配套放電則是這一切問題的核心。

為什麼搔自己不會覺得癢？

我們從還是小孩子的時候，就已經知道搔自己不會癢這件神祕的事了。你可以愛試幾次就試幾次，反正就是沒辦法讓自己產生那種酥癢的感覺。不過如果有個愛惡作劇的朋友，用他的手指沿著你的肋骨邊緣撓動而過，你可能會馬上從椅子上跳起來。別人對你這麼做比你自己這樣做帶來的感覺強烈多了，為什麼會這樣呢？

其實科學家真的曾經針對哪些因素會影響發癢感覺做過研究。

這個實驗是借助一台搔癢機之力而完成的（沒錯，真的有這種機器），過程中每位受試者用他們的左手操作搖桿，搖桿控制的是一條有尖銳末端的機器人手臂，這條手臂就是機械驅動的搔癢用手指。參與者運用搖桿操控機械手，刺激自己的右手手心，然後以零分到十分來評估自己覺得癢的程度，十分代表最癢。結果受試者發現自己不怎麼覺得癢，也就是說，操控機械手指來搔自己癢的效果，並不會比用自己的手指來搔癢強。這樣當然不會比較癢啊！因為他們感受到的感覺完全符合大腦的預測結果，配套放電機制會將之辨識為自己產生的動作，因而抑制了這個動作造成的效應；這就是這麼做並不會覺得癢的原因。

接下來實驗者做了一些調整，逐步增加受試者操縱搖桿與機器實際驅動刺激手心之間的時間差；研究人員還進一步改變了機器人手指的移動模式，讓它的動作和受試者自己手指的動作有所不同，而且二者的差異性隨著實驗進行逐漸增加。在時間差與模式改變的程度增加後，參與者也報告他們被搔癢的感覺愈來愈強烈了。

所以配套放電機制在搔癢這回事上可以怎麼解釋呢？當你打算搔自己的癢時，這個刻意運動行為的副本會送往感官系統，配套放電因而產生。如果配套放電符合實際的感官體驗，也就是說手指沿著你的肋骨移動帶來的感覺，在時間方面及模式方面都和你預期的一模一樣，大腦就會檢測到二者相符，讓配套放電出馬抑制這個搔癢動作產生的效果。換句話說，只要你的大腦很清楚這個搔癢怪物即將來犯的時間及方式，它就有辦法做好防禦的準備。於是這個感覺被抵消掉，你就不會覺得癢了。

相較之下，若是你感受到的刺激在時間和模式上和自己的預期有所不同，就像在搔癢實驗的第二部分那樣，那麼配套放電和來自皮膚的感覺回饋就不會相符。因此大腦會認為這種感覺不是自己產生的，應該是別人造成的，於是你就會開始覺得癢。你的防禦力削弱了，搔癢怪物得以為所欲為。

如果思覺失調症一如我們之前所說的那樣，是在自我認知上出了毛病，那我們就可以提出這樣的疑問：思覺失調症患者搔自己會不會覺得癢？既然他們會把自己的行為歸因給外在來源，難道不會把自己搔自己和被別人搔癢的感覺搞混嗎？研究者找了一群思覺失調症患者來進行實驗，要他們比較自己搔自己的手，以及由實驗者來搔他們的手，二者感覺有何差異，結果他們報告二者造成的癢感等級是一樣的！由於他們在區分自我與非自我方面出現的障礙影響是全面性的，所以思覺失調症患者可以做到一件我們其他人都做不到的事：他們搔自己會覺得癢！

一種似曾相識的感覺

我和老婆最近到康乃狄克州的密斯提克港一遊，在一條安靜街道的盡頭，我們偶然發現了一家冰淇淋店，櫥窗裡有張鬆餅甜筒裝著一球草莓冰淇淋的圖片，店家掛的木製招牌在風中來回搖盪。我凝視著這家店，一股強大的熟悉感湧上來淹沒了我，這種感覺如此強烈，讓我信心滿滿的表示我小時候跟父母一起旅行的時候，一定來過這個地方。然而同樣那週的幾天之後，我父親卻告訴我，他們從來沒有帶我去過康乃狄克州。我的這種經驗是很常見的，但是為什麼會有這樣的事發生呢？一個從未見過的地方怎麼會引發令人如此難以抵擋的熟悉感呢？

我們前面討論導致幻聽發生的缺陷時，曾經提過大腦會得出錯誤否定相符的答案，也就是說它錯誤的報告預期的感官體驗和實際的感官體驗不相符，但是二者實際上是相同的。那麼「錯誤肯定」（false positive，譯注：另譯「偽陽性」）又會是怎麼樣的一回事呢？那就是所謂的「似曾相識感」（déjà vu，譯注：另譯「既視感」），覺得某種體驗與自己有特別的聯繫，或是自己曾經擁有過這樣的體驗，但事實確並非如此。也就是一種不該在此情況下出現的熟悉感。

如此單純的一個神經放電失誤，居然會引發這麼深刻的意識體驗，這實在太令人訝異了！但若我們就大腦的個別迴路來討論，事情看起來就會簡單易懂一些。假定有家冰淇淋店的外觀和我記憶裡的另一家相符，那我就會有一種熟悉的感覺；如果有個人聲聽起來跟你自己的聲音相符，那麼這個聲音應該就是你自己的。上面這些事乍看之下沒什麼了不起，但只有當錯誤的訊息在腦中流傳時，我們才能真正體會到大腦在無意識間做了多少工作。

當我的大腦在康乃狄克州錯誤放電時，我不僅產生一種熟悉的感覺，還對自己的個人旅行歷史做出一番明確闡述。其實我的大腦非常合乎邏輯，它的想法是：如果我認得自己目前所在的地方，如果此地和我記憶中的某處相符，那麼最有可能的理由就是過去我曾經來過此地。但是我很難確切喚起這個回憶，所以這一定是很久以前發生的，也就是說我還是個小孩子的時候。那麼會是誰把我帶到這兒來的呢？大概是我的父母吧！上面是一個合情合理的故事。沒錯，無意識系統引用錯誤的訊息得出了結論，但整個推理過程本身無懈可擊，我的大腦只是運用手邊拿得到的訊息填補了空白，創造出一個流暢的敘事，使得整個情況合情合理。

◇◇◇◇◇◇◇◇◇◇◇◇◇◇◇◇◇◇◇◇◇◇◇◇

布蘭登跟其他的思覺失調症患者一樣，他的大腦有缺陷，因而傳送出謬誤的訊息。這個缺陷會造成的基本必然後果，就是讓他常常無法辨認自己的聲音和想法。他的大腦偵測到一個聲音，有人在說話，但會是誰呢？周遭根本沒有人，因此不會是附近的人發出聲音，所以一定是有一個布蘭登在當時看不到的人發出聲音，然而這會是什麼人呢？有誰能夠不在附近卻能把聲音投射到他的腦海裡？也許是一個擁有特殊管道、能夠運用新奇科技的人，而且這個人既有必須監視布蘭登的動機，也拿得到監視行動所需要的工具。會是聯邦調查局的人嗎？很有可能，假如特務老早就在他的大腦裡植入晶片，那就能說明為什麼他腦海裡會出現聲音了。如果這名特務已經監視布蘭登好一陣子，那也就能解釋為什麼那個聲音似乎對他瞭若指掌。

接收到錯誤訊息後，無意識系統只好努力編造出一個故事，好讓這些明顯怪異的情況能夠說得通。從這個角度來看，布蘭登對他自己的症狀所做的解釋是……很合乎邏輯的。當一個人經歷了睡眠麻痺那種令人困惑及恐懼的現象後，大腦也不得不在事後努力為曾經發生過的事情做出解釋；詭異的經驗自然會衍生出同樣詭異的解釋，所以大腦才會提出被外星人綁架的說法。雖說滿奇怪的，但這樣的做法很符合要求，完全反映出無意識系統的傾向，它熱中於為情感體驗創造故事，以盡力滿足人們對所發生之事的好奇心。

同樣的，也許我們現在可以更清楚地瞭解為何許多思覺失調症患者會報告他們被奇怪的科技（雷射槍、氦氣流），或宗教方面的實體（靈體、魔鬼）所操控；為什麼他們會宣稱自己跟電視上的名人（派屈克達菲）或虛構人物（瓊斯小姐）溝通交流；為什麼他們通常都指稱是外來的神祕力量造成他們內心的混亂。大腦會創造出一個合乎患者本人個性、而且他們較願意去相信的解釋；有宗教傾向的人可能會把那個聲音歸屬於神或上帝，驚悚小說愛好者則擔心自己跟聯邦調查局或中央情報局扯上關係。大腦會透過無意識的處理過程，蒐集我們平日累積的感官訊息中各種不同的片段，再考量個人的信仰、恐懼與偏見，把這些片段以它能力所及最合乎邏輯的方式連接起來，創造出一個故事，用來解釋一切；然後我們的意識則是直接去體驗這個故事。

大腦完好無損的時候，無意識的架構會提供一個基本框架，讓我們可以分辨哪些產物源於自己的思想，哪些則是來自外界。正是這種對於事物各自分離狀況的體會認識，讓我們一方面能夠與世界互動，一方面又能跟外界區隔開來，以獨立個體方式存在。這種感覺賦予我們至關重要的自我與非自我區分能力，而這正是我們建立自我感與人格特質的基礎。有時只有在大腦的正常運作過程出了毛病之後，我們才能真正瞭解它的邏輯迴路有多強大、在幕後做了多少工作，以及它有多麼容易遭到操控。不過，如果這種操控不是源於單純的迴路錯誤放電，而是人為詭計刻意造成的結果呢？

第 7 章

以催眠術操控殺人是可能的嗎？

關於注意力、影響力，以及潛意識暗示的力量

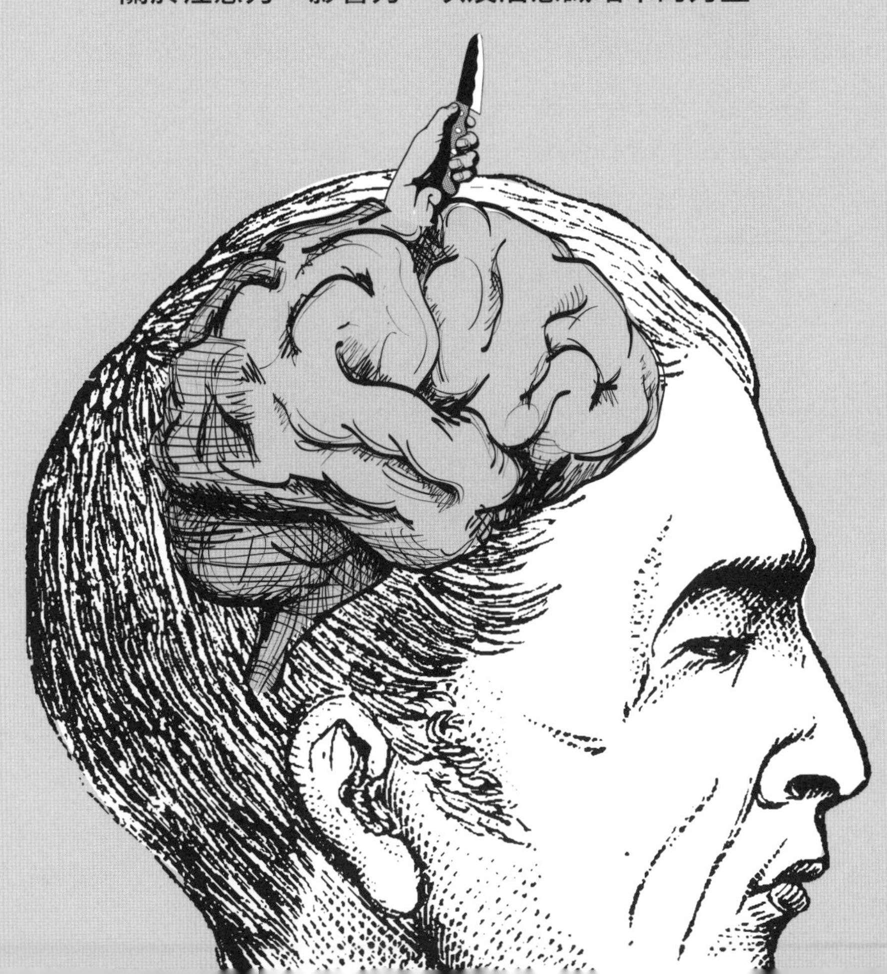

意識心靈好比噴泉，
在陽光下噴灑飛濺後，
終究會落下回歸其源頭：
巨大的潛意識地底深潭。

——心理學家佛洛伊德（Sigmund Freud）

1951年3月12日的哥本哈根，一個冷得出奇的早晨，二十九歲的工人哈卓普（Palle Hardrup）提早下班，騎著自行車離開。他手裡提了個公事包，正朝附近一家銀行走去，公事包裡裝著一把手槍和一堆子彈，他打算搶銀行時用這把槍來威脅銀行出納員，在拿得動的範圍內，搶愈多錢愈好。

哈卓普走進銀行大廳，大門在他身後「卡嗒」一聲關上。他掏出手槍對著空中開了一槍，接著用武器指著離他最近的出納員，大聲吼叫要他用現鈔把公事包塞滿。那位行員嚇呆了，僵立在原地不動，哈卓普隨即開槍殺了他。接著哈卓普又轉向下一名出納員，那名行員馬上試圖逃離櫃台，但是已經來不及了，「砰！」另一聲槍響，哈卓普殺死了第二名受害者。突然之間，警報系統啟動了，接下來哈卓普雙手空空的逃離現場；經過一番短暫追逐後，警方抓住了哈卓普，他沒有拒捕，乖乖束手就擒，而且承認自己的罪行。一直到他進了警察局後，整件事情才開始變得有些怪異。

在審訊過程中，警察問哈卓普搶劫銀行的原因，他說是上帝命令他這麼做的，目的是幫丹麥共產黨籌集資金，以便為第三次世界大戰的到來做好準備。根據當地近期發生的搶劫案件模式，警方懷疑哈卓普並不是單獨行動。他們盤問哈卓普究竟是誰給了他這個搶劫銀行的想法，哈卓普回答：「是我的守護天使。」

警方沒花多少時間，就發現哈卓普用來犯案的自行車屬於一名叫尼爾森（Bjorn Nielsen）的男子。尼爾森有洋洋灑灑的犯罪紀錄，而且他曾經和哈卓普在牢裡同囚一室達三年之久。警方詢問同一所監獄的犯人，他們回想起來表示尼爾森和哈卓普之間的關係有些古怪，明確而言，是尼爾森對他的獄中室友有種令人不安的強烈影響力。尼爾森會是隱身案件之後，把哈卓普當成傀儡操弄的「守護天使」嗎？

九個月之後，哈卓普即將入獄服刑，他寫了一封信給首席調查員，說他終於準備好了，打算吐露這樁銀行搶劫謀殺案件背後的故事全貌。哈卓普寫道：當初他犯了其他罪行首度入獄時，情緒嚴重消沉到近乎崩潰的地步，而身為獄中老鳥的尼爾森對他特別照顧，後來成為了他的好友兼導師。尼爾森教導他關於宗教及上帝的事情，建議兩人經常一起靜坐冥想，好成為與全能上帝同行的子民。哈卓普還提到尼爾森進行的催眠實驗：每天晚上，尼爾森都會在牢房的寧靜黑暗中催眠哈卓普，命令哈卓普從事各種行為，以瞭解他對哈卓普的內心可以有多大的影響，以及這個影響隨著時間推移可以如何增強。哈卓普說這個催眠過程一直持續進行，直到尼爾森能夠完全控制哈卓普的心智為止。

尼爾森意識到自己的新力量有多強大之後，決定利用這種影響力達成一個新目標：以他的獄友為使者，犯下完美的罪行。這個計畫相當狡猾：由哈卓普搶劫銀行，必要時可以殺人；尼爾森只需待在安全距離外就能完成計畫，黑鍋則是由哈卓普來背。

現在你覺得眼皮愈來愈重

像是「催眠」、「下意識訊息」（subliminal message，譯注：或譯為閾下訊息）以及「洗腦」這類外來影響，究竟會不會影響我們的思考和決策能力？這樣的情節不免讓人想起一部電影《諜網迷魂》（*The Manchurian Candidate*），劇中的共產黨特務將一名陸軍中士洗腦催眠，試圖利用他當刺客來顛覆美國政府。

雖然催眠在臨床心理治療上被列為工具，在流行心理學中遭誇大宣傳，在媒體上受不實報導扭曲，但我們對它仍然所知甚少，也很少有人以謹慎的科學方式來分析它。不過，我們首先要知道的，就是催眠絕對是真的，任何一個經歷過或目睹過催眠的人都會證實這回事。

最容易接觸到催眠的場合，可能就是觀賞舞台上的催眠表演了。催眠師可以影響受催眠者，通常他會從觀眾裡挑出志願者，讓他們做出一些怪異或令人尷尬的事，不過一般而言是讓他們的行為變得很好笑。我有個平時相當拘謹古板的朋友叫伊森，我曾經親眼看著他在一場催眠秀中自願上台，而且成功的被催眠了。當時，催眠師對他宣布：「有隻獵鷹剛剛飛進房間，正以高貴的姿態伸展翅膀。」伊森的眼睛追逐著那隻看不見的鳥，看起來顯然相當驚訝。

「那隻獵鷹再次飛起來了，」催眠師繼續說道：「牠現在剛停到你頭上。」伊森嚇得完全不敢動，他的目光不停在觀眾及自己的前額之間來回穿梭，努力睜大眼睛，看著那隻想像中生物的爪子攫住他的頭髮。觀眾大笑，但是伊森根本沒有注意到。催眠師更進一步：「那隻獵鷹又飛起來了，不過牠現在飛進你襯衫裡了！」伊森滿臉通紅、汗流浹背，拚命抵抗那隻攻擊者，過程中甚至把自己的襯衫撕成兩半，直到催眠師終於告訴他獵鷹已經飛走才停了下來。

節目結束後，伊森對我發誓他真的看到那隻鳥，就像他看得到屋子裡的每個人那樣清清楚楚，所以他真的相信自己正在跟獵鷹搏鬥。基於某種未知的方式，催眠造成的恍惚狀態不僅讓他感知到不存在的生物，而且還讓他跟這隻生物互動。

◇◇◇◇◇◇◇◇◇◇◇◇◇◇◇◇◇◇◇◇◇◇

催眠已成為臨床心理治療的標準工具，可以用來促進放鬆、增加溝通及反思的能力。催眠也可以幫助患者控制疼痛，其效果似乎遠超過安慰劑。在一項針對三十名燒傷患者的研究中，患者接受催眠、假催眠（安慰劑）或是不治療（對照情況）。獲得假催眠的患者被要求要做的事像是閉上眼睛，想像自己在一個令人放鬆的地方，但他們並沒有真的被催眠。實驗結束後，實驗者要求患者評估自己的疼痛狀況改變程度，受催眠患者報告疼痛減少了46%，這個結果是透過設計周密的問卷調查確認的；受到假催眠的人報告他們的改善程度是16%，而對照組則是14%。另外還有一項研究顯示：催眠可以緩解癌症患者進行化療的痛苦。

美國知名主持人艾倫（Ellen DeGeneres）曾在她2006年白天時段的脫口秀節目中接受催眠，幫助她自己戒除菸癮。催眠師要她說出一種她討厭的食物名稱，她說她覺得黑甘草糖很噁心。催眠師讓艾倫進入恍惚狀態後，說服她吸菸就像是咬下一大口黑甘草糖；艾倫聽到他的描述時，臉上很明顯地出現嫌惡的表情。完成這段節目之後，艾倫說經過幾十年嘗試戒菸失敗後，這次的催眠經驗終於讓她成功戒菸了。

催眠還有另一種廣受歡迎的應用方式。主演過情境喜劇《威爾與格蕾絲》（*Will & Grace*）的女星黛博拉梅辛（Debra Messing），曾經請一位催眠師來幫助她克服對停留在水中的恐懼，因為她在電影《賭你愛上我》（*Lucky You*）中飾演的是一名水中表演女郎，需要裝扮成美人魚，在巨大的水族箱中一邊對嘴唱歌，一邊和各種水中生物共舞（聽起來真的很可怕）。她後來表示催眠的確幫助她克服了恐懼，在不至於陷入驚恐狀態下順利拍完那場戲。

催眠在軍事上也有其發揮的空間。例如，有人認為若是催眠俘虜而來的敵方士兵，可以讓他們更容易吐露機密軍情。在一場實驗中，一名有著完美紀錄的鋼鐵部隊下士坐在催眠師及他的上級長官面前，這些長官嚴密的監看整個實驗過程，想知道這名下士會不會洩露軍事機密。上尉給了手下這名士兵一個祕密訊息：「B連將於今晚兩么洞洞出發」，下士接獲嚴格軍令，不得在任何情況下披露這個訊息，他點了點頭，滿懷著信心與決心，轉身面對催眠師。

現在輪到催眠師出手了；他讓這名下士進入深沉的催眠恍惚狀態，等到催眠師覺得下士的心智已經完全在他的掌控之下後，他假裝成這名下士的長官：「我是桑德斯上尉，」他宣稱：「我剛剛給了你一條不准洩露的訊息，我想看看你是不是還記得。下士，我剛才說的訊息是什麼？」下士帶著鋼鐵般堅毅的表情，毫不遲疑的說：「B連將於今晚兩么洞洞出發。」結果機密馬上就洩露出去了。在這場模擬演習中，下士不到一分鐘就背叛了他自己的國家。

催眠師解除了下士的催眠恍惚狀態，問他：「你洩露訊息了嗎？」下士笑了起來，臉上呈現的信心和之前沒有兩樣：「沒有，你是沒有辦法從我這裡得到訊息的。」

催眠師只用了一個問句，就突破了軍方最優秀成員之一的心防，而且受術者顯然根本不知道發生了什麼事。從這裡我們可以看到，除了能夠影響感知及減輕痛苦之外，催眠還可以引導人們做出平常不會做的事，即使這件事是被禁止的也無法例外。

◇◇◇◇◇◇◇◇◇◇◇◇◇◇◇◇◇◇◇◇◇◇

有一種常見的誤解，認為被催眠的人是進入夢遊或某種無意識狀態，事實上，被催眠者的意識是完全清楚的，我們甚至可以描述他們是處在一種極度專注又富於想像力的狀態。1843年，創造出「催眠術」（hypnotism）一詞的布雷德（James Braid）曾經下過這樣的定義：

> 催眠狀態的真正源頭和本質，就是誘導出一種出神或精神集中的習性；進入這種狀況後，就像陷入沉思或自發性出神狀態一樣，心靈力量如此集中於單一想法或整套思路，使得此時此刻，個體對於所有其他的構想、印象或思緒，若不是完全無法意識到，就是即使意識到也毫不關心。

換句話說，催眠會導致一個人如此專注於某種思路，因而對外來的暗示失去抵抗力。

催眠不是一種無意識的狀態，而是一種極度專注於自身想像的狀態。在第三章中，我們已見識過心像提高運動等各方面表現的力量。心像是一種強大的工具，而催眠可以創造一個沒有任何外界干擾的情況，全心體驗由別人口授而來的心像。只要你對某件事付出足夠的專注去想像它，對你來說它就變成真的。

在電影《虎克船長》（*Hook*）中，由演員羅賓威廉斯（Robin Williams）飾演長大後的小飛俠彼得潘，已經失去他兒時曾擁有的創造力和想像力。在電影裡的其中一幕，彼得潘和其他迷失男孩一起坐在夢幻島的餐桌前，這些男孩拚命把食物往嘴裡塞，但那些食物卻是隱形的。彼得潘驚訝的看著他們，他們從空碗和空盤子裡貪婪的抓了滿手根本不存在的東西；其中一個男孩喀吱喀吱的啃著一根想像中的雞腿，另一個男孩則是緊緊抓住看起來像是隱形三明治的東西狼吞虎嚥。彼得潘問道：「真正的食物在哪裡？」那些男孩們鼓勵他好好發揮想像力，他試著努力去做，集中思緒，相信那些食物是真的；突然之間，食物就出現了，一盤又一盤的肉、麵包和糕點，在他面前堆成小山。

這就是所謂的催眠。受催眠者的精神如此強烈集中於催眠師所闡述的視覺景象，因而開始相信確實有那麼一回事。更重要的，是他變得如此沉迷於這個景象，以致於忘了分析及過濾自己的行為，這一點讓催眠師提供的指令可以逃過受催眠者意識的仔細審查，得以引導他去做一些沒被催眠時會覺得很尷尬的糗事。

神經心理學界對於催眠為何能發揮效果，以及作用機轉為何，至今仍有爭論，但上面所述至少似乎是我們目前所能做出的最佳解釋。然而如果假設這個解釋是正確的，那麼我們就會出現這樣的疑問：為什麼只不過單純把注意力集中在某件事上，就足以產生如此深刻的影響，能夠成功阻擋其他刺激到達意識層面呢？

雞尾酒會效應

想像一下你正參加一場雞尾酒會，身處一個滿滿都是人的房間。你待在四個人組成的圈子裡，聊的全是股市近期走勢；這番對話逐漸變得單調乏味，於是你的思緒開始四方遊走。

在你周遭有許多對話正在同時進行，讓整個房間充滿震耳欲聾的喧鬧聲，你開始偷偷傾聽背後的人們在說些什麼。他們正在討論折衷主義風格室內裝潢的本質，大肆批評屋主對窗簾及沙發選布的品味。真沒意思！你的心思轉往左邊那群人，他們聊的是這場聚會中你認識的那些人的八卦，你聽得入迷，臉上浮出一抹詭譎笑意，密切注意每一條細節。突然之間，你聽到有人呼喚你的名字，原來是站在你面前的那名女子正在跟你說話，但是你完全不知道她前面說了些什麼，因為你的注意力剛剛被其他事情占據了。

在這種情境中，我們的注意力展現出具有選擇能力的本質，這稱為「雞尾酒會效應」（cocktail party effect）。在一片鬧哄哄的談話喧譁聲中，你可以選擇性的一次只收聽其中一場對話，對房間裡的其他喧鬧騷動則充耳不聞。大腦是怎麼做到這一點的呢？再怎麼說整個房間都充滿了聲波，大腦要如何分辨哪些聲波比較重要呢？看來你似乎一次只能處理一場對話，在這場對話以外出現的說話聲，即使離你很近，也無法進入你的思緒。

◇◇◇◇◇◇◇◇◇◇◇◇◇◇◇◇◇◇◇◇◇◇◇◇◇◇

對「不注意視盲」（inattentional blindness）現象所做的研究，似乎更進一步確認了我們的意識只會記錄眼前正在關注的焦點。有一個知名且非常有趣的實驗：心理學家查布利斯（Christopher

Chabris）及西蒙斯（Daniel Simons）要求志願者觀看一段影片，影片內容是兩支三人隊伍正在進行籃球傳球練習，其中一隊穿著白上衣，另一隊穿著黑上衣。實驗者要求志願者只需密切注意白隊，並計算他們傳球的次數。

影片結束後，實驗者要求他們報告白隊的傳球次數，但接著又問了一個問題：「你注意到大猩猩了嗎？」其實在影片的中段部分，有隻大猩猩（更確切的說法是一個穿著大猩猩裝的女人）走進這個場景，穿過這些籃球員，在場地中央停了下來，面對攝影機開始搥胸，然後又走開了。然而這些志願者太過於專注計算傳球次數，大約有一半看過影片的人沒有注意到大猩猩的存在。如果你覺得這件事太難以置信，可以上YouTube看看這段有趣的影片，並且用來測試你的朋友。

另外有個類似的研究，受測試者是康乃爾大學校園裡的十五名行人，每個人都會遇到一名實驗者上前跟他們問路。在兩人交談及忙著看地圖的過程中，忽然有另外兩名男子（也是實驗人員）搬著一扇門，粗魯的切入兩人之間，門板移動的時候，第一位實驗者會跟原本在門板後面一起搬門的男子互換位置，接著幫忙將門片移到視線之外。此時留下在行人身旁的，已經是新的實驗人員，拿著同一份地圖繼續詢問同樣的地址。原本的實驗者和後來的頂替者穿的衣服並不一樣，身高甚至差了兩英寸，聲音也截然不同，然而同樣情況又發生了：大約一半的行人根本沒注意到自己忽然變成在跟另一個人說話，他們還是會繼續提供訊息，彷彿什麼事都沒發生。

◇◇◇◇◇◇◇◇◇◇◇◇◇◇◇◇◇◇◇◇◇◇◇

對注意力的神經生物學基礎所做的研究，有助於闡明造成上述實驗結果的大腦迴路究竟是怎麼一回事。我們看到或聽到某個東西的時候，感官訊號從眼睛或耳朵先傳送到大腦的感覺轉接站視丘，接下來一路通往大腦的視覺或聽覺皮質，這整條路徑稱為「由下而上傳訊」(bottom-up signaling)。依此類推，來自大腦的訊號也可以往下傳送到視丘，甚至一路傳送到原來的感覺受體，這個過程則稱為「由上而下傳訊」(top-down signaling)，這段過程負責的是過濾輸入訊號，選擇重要的組成部分，並將其合成為有意義的視覺場景或前後連貫的對話。

你可以把由上而下的處理過程想成法庭中的法官，正試圖釐清一場車禍的爭議。雙方當事人對於事故前因後果提出的大量報告各執一詞，當時正好站在優越位置的目擊證人也會提供他們對碰撞事故的敘述；所有證據齊備之後，法官得到的是許多不同的資訊片段，但他想要的是「真正的故事」。現在他面臨的挑戰，就是以得到的這些不連貫資訊片段為材料，必要時填補空白，運用自己對這類案件的經驗與智慧，創造出一個合情合理的敘事。

這正是大腦時時刻刻一直都在做的事，它接收根本超出負荷的感官訊息，並加以理解與評估，根據過往的經驗辨識出最顯著的特徵，最後將之合成為單一且統合一致的體驗。

在籃球員傳球的那個影片中，有很多東西不斷出現：人們朝著不同方向前進、黑上衣、白上衣、球飛來飛去、房間的牆壁、地板、球員臉上的特徵。哪件事才是最重要的？大腦該優先考量哪些東西才能創造出它的視覺敘事？考慮到實驗的要求是計算白隊的傳球次數，因此大腦運用的由上而下處理過程只會注意這個方面。這是很合理的考量，因為不管怎麼說，大腦或是法官都一樣，手頭擁有的資源都很有限。如果已經特別提到白隊的活動情況是最需要注意的，那麼大腦就會將黑隊的重要性列為次要，接著無意識系統便會削弱這些刺激對意識心靈的衝擊，視野中的黑色部分會淡出成為背景。

無巧不巧，那套大猩猩服裝是黑色的，由於大腦並未預期在視野的黑色部分發現重要的東西，所以大猩猩就被無意識的歸屬為背景雜訊，造成50％的人完全沒有注意到牠的出現。如果這套大猩猩服裝是鮮黃色而不是黑色，大腦就不會把大猩猩跟其他已被當做視覺背景雜訊的東西混在一起，任何一個看影片的人都絕對不會看漏了牠，因為我們的大腦會把明亮的刺激特別挑選出來，跟場景的其餘部分分開。

在行人實驗中作用的也是同樣的系統，一半的受測試者沒有注意到他們面前忽然換了個人，這是因為他們大腦的有限資源被分配去執行答覆問路要求的任務。不過，如果讓替換後的那個實驗者戴上粉紅生日帽，或是穿上聖誕老人裝，那麼每一個行人都會注意到這個變化。這些突然增加到實驗者外表上的特徵，會讓大腦分配更多重要性給視覺場景的這個部分；實驗者的外表凸顯程度愈大，行人注意到的可能性就愈高。

這也就是為什麼在雞尾酒會上，如果你聽到附近傳出這樣的句子：「……然後她衝進電梯裡，身上一絲不掛！」你的注意力可能馬上就會轉移過去。因為這不是我們常常會聽到的話（雖然我們可能滿希望常常聽到這種事），同時這類話題內容對某些人而言可能是重要又很有趣，而大腦也認清這一點。同樣的情況也發生在你一聽到有人叫自己的名字，注意力就會轉移過去；就大腦處理刺激的悠久經驗而言，有人出聲喊你的名字算是一種重要訊號，所以你的注意力會迅速重新定位，找出聲音來源。

◇◇◇◇◇◇◇◇◇◇◇◇◇◇◇◇◇◇◇◇◇◇◇

2007年時有個針對雞尾酒會效應所做的神經學研究，實驗對象是一種叫做斑胸草雀（zebra finch）的鳥；實驗者在鳥兒聆聽一些混雜聲音時，會檢測牠們大腦中的神經元活動。這個實驗的目標，是想要知道斑胸草雀會不會選擇性的特別注意熟悉的鳥叫聲，在此實驗中用的是另外一隻草雀鳴叫的錄音；不過在實驗過程中，研究小組也會同時播放背景噪音的錄音，有時裡面還混雜了許多其他鳥類的叫聲。這就像是鳥類版本的雞尾酒會，各種鳥叫聲在同一時間從各個方向傳來 —— 只是很可惜沒有供應雞尾酒。

結果斑胸草雀的大腦活動紀錄揭示了一些很有趣的事情，譬如實驗者可以明顯看出草雀的大腦檢測到超過負荷的聲音（因為聽覺皮質偵測到大量的混亂干擾信號），但是，只要一播放熟悉的鳥鳴音節，就會見到某系列的波形仍然維持顯著高度，其餘的腦波則會縮小。這就像是草雀從一片喧囂中辨識出某個對牠特別有意義的鳥叫聲，然後選擇性的聆聽這個聲音，同時壓抑其餘聲音，把那些聲音貶為背景噪音。

人類大腦的運作方式也很類似：先確認出某些重要性較高的刺激，將注意力導向這些刺激；同時辨識出其他刺激的不相關性，再把那些刺激對神經系統的影響降低。這個過程毫不意外的會讓人聯想到配套放電系統。

◇◇◇◇◇◇◇◇◇◇◇◇◇◇◇◇◇◇◇◇◇◇◇

我們從對注意力所做的神經科學研究中學到的，並不是大腦只管偵測悅目景觀或悅耳和聲中的某些部分，然後會把其餘部分省略掉；其實大腦幾乎會接收我們的眼睛與耳朵（以及其他感覺受體）偵測到的所有事物，但是這樣的訊息量實在大得嚇人。注意力研究的顯示結果告訴我們：無意識有能力從那些像連珠炮般不斷襲來的感覺中，挑選出跟我們有關的訊息，並將之合成單一且前後一致的敘事，然後這個敘事就成為我們的意識體驗。

在雞尾酒會中，你之所以在注意力被其他對話占據的情況下，仍然能夠對別人呼喚你的名字做出回應，就代表一定有某些訊息會被優先收納，雖然你通常並未察覺這回事。事實上，大腦幾乎是將所有的資訊都收納進來，不過我們的意識察覺得到的只有其中的一小部分。這一點不由得會讓人想知道：究竟還有哪些訊息是我們接收到但卻未能察覺的，以及這些訊息又如何從潛意識層面對我們產生影響。

克服史楚普效應

我們來做個實驗。看看下面的文字，並且盡量用最快的速度說出每個字所使用的顏色：

黑 白 灰 黑 白 灰 黑 白

你花了多少時間做到呢？我想不需要花費很久的時間，你就可以辨識出每個字的顏色。現在再用下面這組字試試看，記住，只需要辨認「字的顏色」：

黑 白 灰 黑 白 灰 黑 白

這個測試可能就要多花掉不少時間了。大多數人都是如此，原因當然是因為字的顏色和這個字本身相衝突，所以即使你需要完成的任務是辨識字的顏色，但字義本身卻會分散掉你的注意力，干擾你快速完成任務的能力。因此，你辨認第二組文字顏色所花的時間會明顯比第一組文字多很多。

這就是所謂的「史楚普效應」（Stroop effect），以提出此測試的心理學家史楚普（John Ridley Stroop）的名字命名。99%的人都會有這個效應，史楚普效應已經過廣泛研究且確立多年，這是人力無法控制的效應，加強練習可能會對反應時間有些微幫助，但是遇到顏色和字義不相符時，我們所花的時間還是會比二者相符時長得多。這是因為此效應的生成原因，在於互相競爭的感知訊號在大腦中產生衝突：字的本身說的是一回事，字的顏色說的又是另一回事。在我們能夠正確識別字的顏色之前，大腦必須先就這些互相競爭的表述方式理出個頭緒，這工作需要花時間。有沒有什麼辦法可以克服這個效應呢？唯一有效的方法就是：催眠。

受試者被催眠後嘗試史楚普測試時，他們的反應時間大有改善。事實上，他們可以說是變成這方面的行家，無論字義和顏色是否相符，他們的反應時間幾乎沒什麼明顯差別。被催眠的受試者辨識文字顏色時，可以不受字義干擾，他們如此專注於眼前的任務，以致於對互相衝突的刺激能夠視若無睹。總之，催眠可以克服史楚普效應。基於某種緣故，催眠狀態會阻礙那種造成反應時間減慢的衝突在大腦產生。然而這是怎麼做到的呢？解決衝突這回事是發生在大腦中的哪個部位？催眠又是如何介入這個過程呢？

實驗者使用諸如fMRI及正子斷層造影等技術，來對大腦進行神經造影研究，結果證明受試者進行史楚普測試時，位於前額葉皮質下方的前扣帶迴皮質會出現活化現象。前扣帶迴皮質這個部位有許多功能，包括情緒處理以及協助集中注意力。我們在第一章中提過這個部位，當時我們討論的是它在發現「摩西帶到方舟上的動物每一種有幾隻？」這個謬誤問句上所扮演的角色。這個問句藉著造出一個跟「挪亞」有關的句子，然後把句中的名字改換成「摩西」來引誘你上當；史楚普測試也很相似，它是讓你的顏色感知和文字識別彼此衝突。在上述這兩種情況下，前扣帶迴皮質似乎都可以幫助我們釐清矛盾之處。

針對前扣帶迴皮質所做的大量研究，顯示它是大腦中負責監控衝突的部位。每當我們為感知結果相互衝突的情況所苦（比方說史楚普測試），或是在題型是複選題的考試中權衡各個選項的可能性，或是處理我們自己所犯的錯誤，或是考慮腦海裡浮現的一堆字眼究竟哪個比較適合說出口，此時前扣帶迴皮質便開始拚命工作。它的職責就是為這一類的情況理出頭緒，而這些情況牽涉的都是某種形式的衝突監控。

◇◇◇◇◇◇◇◇◇◇◇◇◇◇◇◇◇◇◇◇◇◇

如果催眠可以克服史楚普效應，而處理此效應的部位是前扣帶迴皮質，那麼依照推論，催眠想必是對前扣帶迴皮質有所作用。那麼，到底在神經系統這幅大拼圖中，催眠這一片是如何嵌合進去的呢？神經科學家暨心理學家古澤里爾（John Gruzelier）做了一個實驗來回答這個問題。

古澤里爾使用「史丹佛催眠敏感度量表」(Stanford Hypnotic Susceptibility Scale)做為篩選工具，並找出一群很容易被催眠的實驗參與者。接著他讓這群人做了兩次史楚普測試，一次是在正常狀態下，一次是在被催眠之後；在這兩次測試過程中，古澤里爾都用fMRI監測他們的大腦活動。

結果得到的影像數據顯示：受試者被催眠後，前扣帶迴皮質的活化強度顯著高於被催眠之前。這結果似乎違反直覺，我們會以為催眠之後前扣帶迴皮質的活化強度應該會降低才對，因為大腦無法檢測到衝突，只會專心注意文字的顏色。但是不管怎樣，前扣帶迴皮質這個大腦的衝突解決中心，顯然在催眠之後反而會拚命加班工作；所以，被催眠的受試者到底是如何克服史楚普效應的呢？

這裡就是古澤里爾的第二項發現切入之處了。在對照組受試者(沒有被催眠的人)這部分，他們的前扣帶迴皮質和額葉會一起發亮，代表這兩個大腦區域之間有所聯繫。我們推測在對照受試者的情況中，前扣帶迴皮質是無意識的偵測到互相衝突的訊號，但接下來它必須向額葉通報，好讓意識分析能力為這個矛盾理出頭緒。正是這一點讓對照組受試者的意識得知史楚普測試帶來的挑戰，不過這樣反而會拖慢他們進行測試的速度；因此，只要文字顏色和字的涵義本身不相符，對照組受試者的反應時間就會增長。

然而，在被催眠受試者的情況中，他們的大腦活動方式並不相同。只有前扣帶迴皮質單獨發亮，額葉保持沉默，表示這兩個部位並未像正常情況那樣協力合作。古澤里爾發現：催眠解除了前扣帶迴皮質的無意識衝突監測與額葉的意識分析之間的合作關係，結果雖然前扣帶迴皮質發現文字意義與文字顏色相衝突，但額葉永遠得不到這個訊息。在此同時，前扣帶迴皮質也意會到自己的訊息並沒有傳達出去，所以開始更努力工作；這就是為什麼fMRI會顯示出這個部位的活動反而增強。前扣帶迴皮質不知道通訊已被阻斷，因而加倍努力，繼續通報一直被額葉忽略的那個衝突狀況。

催眠之所以能克服史楚普效應，並不是因為能夠制止衝突的監測功能，而是因為阻斷了衝突的通報過程，也就是說這項功績是靠著讓原本會互相溝通的兩個區域切斷聯繫來達成的。我們來仔細思考一下這是什麼意思：催眠藉著將前扣帶迴皮質的活動與額葉的活動分離開來，改變了大腦分類整理感知結果、辨識衝突，以及處理錯誤的方式。古澤里爾表示，這就是為什麼被催眠的人可能會做出他們平常根本無法接受的荒唐事。

◇◇◇◇◇◇◇◇◇◇◇◇◇◇◇◇◇◇◇◇◇◇

催眠改變了大腦處理資訊的方式，這就是催眠師之所以能夠對被催眠者產生強大影響的緣故。在催眠恍惚狀態中接收到的暗示，並不會依照原本的方式送交額葉由意識嚴格審查。古澤里爾說，正是基於這個原因，一個被催眠的人可能會做出荒謬的事情來，像是以為自己正在和獵鷹搏鬥，結果幾乎把身上的襯衫都扯爛了。在催眠師提到有獵鷹出現時，雖然這回事和我朋友的視覺感知結果（周遭並沒有獵鷹）相衝突，但是他的意識心靈並未察覺這種衝突，因此他的想像力便填補了這個空白。他的意識防禦力下降了，使得催眠暗示很容易就逃過意識雷達的偵查乘虛而入。催眠暗示會比一般典型暗示產生更大的影響，因為它得到更大的入口；但是這入口究竟大了多少呢？到底催眠師可以讓一個人做出什麼程度的事情呢？

我們已經看到一個人被完全催眠之後，那些催眠暗示就可以進入他的腦袋，不再受意識監控。就這一點來說，催眠暗示似乎和下意識訊息具有類似的力量，後者也是藉著避開意識分析來運作。下意識影響這個議題，有著漫長且相當吸引人的歷史，可以幫助我們解答潛意識影響如何對行為產生作用這個疑問。

吃爆米花，喝可口可樂

在1950年代，韓戰結束後不久，電影《諜網迷魂》即將上映之前，有個名叫維卡里（James Vicary）的廣告專家進行了一場祕密實驗。他在紐澤西州一家電影院的電影放映機旁加裝了某種裝置，讓電影在放映時，銀幕上每隔五秒左右就會閃現「吃爆米花」和「喝可口可樂」的字樣。這些字每次只會出現千分之三秒，時間短到不足以讓觀眾的意識注意到這些字，不過也許已經長到足以從觀眾的無意識層面對他們的神經系統產生影響。電影上映六週後，已有將近四萬六千人看過這部電影；維卡里聲稱可樂的銷售額增加了18%，爆米花的銷售額則增長了將近58%。

這個發現經報紙披露之後，為讀者帶來一種不祥的預感，人們感覺自己遭到侵犯。《紐約日報》（*Newsday*）稱之為「自原子彈爆炸以來最令人震驚的發明」，怎麼可能有某個人滲透我們的心智，操縱我們的決策過程，卻完全沒人察覺呢？更糟糕的是，一般認為這種下意識訊息的應用，有可能擴充到創造出一種全面控制心智的裝置。正如某位讀者投書回應那篇新聞報導所述：「如果這種裝置可以成功讓人接受爆米花，豈不是也可以用來讓人接受政治家或其他任何事情？」連《美麗新世界》（*Brave New World*）一書的作者赫胥黎（Aldous Huxley）都出面加入討論，表示恐怕不出幾年，就可以「幾乎徹底消滅自由意志」了。

一個恐慌的時代就此來臨，民眾因下意識心靈控制可能成真而感到憂心忡忡。這樣的恐慌情緒終於在1990年夏天達到頂點，搖滾樂團「猶太祭司」（Judas Priest）與CBS唱片公司因涉嫌在他們的某一首歌曲裡安插了下意識訊息而上了法庭。五年之前，青少年雷（Ray Belknap）和詹姆斯（James Vance）聆聽了猶太祭司樂團的一首歌〈由你來做會比我更合適〉（Better by You, Better than Me），隨即帶了一把短管霰彈槍，到附近的運動遊樂場上對著自己的腦袋開了槍。在審判過程中，有消息指出這首重金屬歌曲的音軌中潛藏著「動手吧！」的訊息，而且重複多次；更糟糕的是，這張唱片專輯的封面畫的正是一個人頭被某種發射物射穿爆破的圖樣。

最後，CBS唱片在這場訴訟中獲得勝利。因為雷和詹姆斯原本就有吸毒、偷竊，甚至暴力的前科，法官的結論是：在下意識訊息的力量是否足以影響人類行為，尤其是做出後果如此重大的選擇方面，本案的證據仍嫌不足，無法判決提告的少年家屬勝訴。更重要的是，這些家屬找來的專家證人之一反而幫了倒忙，這個人名叫基（Wilson Key），他出版了一些書籍，主張下意識性訊息早已在所有產品及各種溝通形式中氾濫成災。他列舉出來的證據包括杜松子酒廣告中的冰塊裡有「性」這個字；麗滋餅乾也用焙烤方式包含了「性」這個字；還有家餐廳的廣告圖像看起來是一盤食物，但他宣稱那也是個下意識圖像，呈現的是一群男子正在與一頭驢子交媾。從基在猶太祭司一案中接受交叉質詢時的表現，可以明顯看出他對下意識訊息的看法已經誇張到堪稱妄想的程度，完全偏離了事實：

律師：你看出五美元鈔票上林肯的鬍子裡也隱藏著「性」這個字？
基：對。

律師：你相信那是美國政府及鑄幣局刻意這麼做的？
基：沒錯。
律師：加拿大同樣也在加拿大幣上這樣做？
基：噢，是的。
律師：你認為《時代雜誌》在他們的雜誌封面使用下意識訊息？
基：對，沒錯。
律師：希爾頓飯店的菜單呢？
基：也是。
律師：小學課本呢？
基：是的，也一樣。

事實上，維卡里的「吃爆米花，喝可口可樂」實驗不是真的，這個實驗從來沒有在科學期刊上發表過，其他研究者重做此實驗時並無法得到相同的結果。其中一次複製實驗是由加拿大廣播公司進行的，他們在一個很受歡迎的週日晚間電視節目中，以下意識閃現方式傳送了「現在馬上打電話進來」的訊息超過三百五十次，卻沒接到半通電話。接下來電視台要求其觀眾猜測節目中究竟隱藏了什麼訊息，結果收到近五百封來信，也沒有任何一封答對。近半數的回信者聲稱他們觀看節目時變得更飢餓或更口渴了，顯然他們以為這個隱藏的訊息也是和食物有關的，就像那個觀眾早就知之甚詳的「吃爆米花，喝可口可樂」實驗一樣。

最後甚至有人發現，那個據說是維卡里進行實驗時所用的戲院其實很小，根本無法容納維卡里宣稱的觀眾人數，而且戲院經理也從來沒有聽說過這個研究。因此，這個實驗是個騙局。

不過儘管如此，「下意識訊息」這個概念仍然是存在的，它提出了對我們的討論很重要的疑問：下意識訊息這回事的真實性究竟有多高？它用什麼方式來影響我們？這種影響到底可以有多大？

看不到的臉孔

雖然維卡里及其他人對下意識訊息的影響言過其實，但它確實存在，神經科學家早已將各種形式的下意識訊息應用於研究中。其中一種下意識訊息研究方式稱為「後向遮蔽」（backward masking），研究者將兩個圖像接連呈現，第一個圖像稱為促發（prime）圖像，它只出現不到五十毫秒的時間，就會被第二個遮蔽（mask）圖像所取代，遮蔽圖像採用中性圖案（例如矩形或其他基本形狀），呈現時間則長達數秒。

五十毫秒的呈現時間非常短暫，短到不足以到達觀看者的意識層面，因此，只要遮蔽圖像是在五十毫秒的時間範圍內取代促發圖像，受試者根本就看不到第一張圖像，只會看到第二張遮蔽圖像。然而科學家卻發現：儘管促發圖像對受試者而言其實是看不到的，但是和這個圖像相關的訊息，卻以某種未知的方式深藏進大腦的無意識之中。

◇◇◇◇◇◇◇◇◇◇◇◇◇◇◇◇◇◇◇◇◇◇

有一群心理學家在兩個實驗中嘗試了這種技巧；實驗一的受試對象是虔誠的天主教徒，實驗二則是心理系的研究生。實驗者要求天主教徒參與者閱讀一篇帶有性暗示的文章，內容描述一名女子的夢中豔遇，之後留了一點時間讓他們消化剛剛讀到的內容。接下來參與者會看到促發圖像閃現，一半的人看到的是教皇失望的瞪著他們，另一半的人看到的則是一張不認識的人臉。根據這種實驗的定義，促發圖像只會閃現幾毫秒，然後就會被中性形狀的圖像取代。

受試者看完這些下意識圖像後需要填寫問卷，評估他們自己的宗教承諾達成程度，接下來研究人員會把這份問卷上的答案，和參與者觀看圖像之前曾經填過的自我評估問卷做比較。那些看到陌生人面孔閃現而過的天主教徒，他們對自己的評價並沒有什麼改變，看過陌生人臉孔前與後的答案大致相同；然而，那些見過教宗失望臉孔閃現的受試者，即使沒有任何一人在意識上看到這張照片，他們在第二次評估中對自己宗教承諾達成程度的評價還是降低了；雖然就他們所知，剛剛看到的只是一些有某種形狀的圖片。

另一組研究生受試者也得到類似的待遇。實驗者先用下意識閃現的方式讓他們看了促發圖像，有的人看到的是系主任露出不贊成表情的臉孔，有的人看到的是隨機挑選的人臉；接著再要求他們對自己在研究工作上的想法做出評估。

結果和前面的例子一樣，看到系主任臉孔閃現的人對自己的評價較低，看到隨機人臉的學生則未表現出這種效果。在這兩場實驗中，雖然參與者並未看到或甚至不知道有那些刺激存在，但他們評估自身感受或想法的能力還是受到影響。

◇◇◇◇◇◇◇◇◇◇◇◇◇◇◇◇◇◇◇◇◇◇◇◇

想像一下這個情況：你離開超市時，收銀員白了你一眼，因為你買洋芋片和汽水時付的全是銅板。你沒有注意到那個眼色，繼續過你的這一天，但短短一個小時之後，卻發現自己跟朋友講電話時竟然開始覺得心情沮喪。你不知道為什麼會這樣，不過出於某種原因，你的心情就是很糟。也許正是那個你不曾在意識層面上看到的白眼，產生了類似下意識訊息的作用，激起一種你似乎無法追溯到某個特定原因的情緒。

現在再來仔細考量身體語言影響我們的方式。某個人站得比平常情況更貼近你一些，你沒怎麼注意到這回事，但是過了一會兒，你開始納悶：她是在跟我調情示意嗎？另外一天，某個新客戶跟你握手時手勁有點太大……只是稍微強了那麼一點點，他離開你的辦公室後，留給你一種很不舒服的感覺。他似乎有些傲慢，但你好像又無法真的確認這回事。

對後向遮蔽所做的研究，顯示生活中某些未經察覺的片刻，可能會影響我們評斷他人的方式。在某個實驗中，實驗者展示給二十六名受試者閃現的促發圖像，包括有面帶恐懼、厭惡之情或是沒有表情的面孔；和之前一樣，這些圖像只顯示數毫秒，受試者並沒有意識到這些圖像。看過促發圖像後，實驗者要求這些志願者再看一些臉上無特別表情者的照片，請他們判斷這些人看起來有多真誠。結果與看到無表情臉孔的受試者相較，曾經以下意識方式看過恐懼或厭惡臉孔閃現的受試者，明顯比較容易認為照片中那些無特別表情的人不老實。

在另一項研究中，志願者最初看到的是憤怒或悲傷的面孔，接著他們需要分析一段悲劇事件的描述。結果一開始看到悲傷臉孔的人，比較會認為這些事件是不幸的外在情況所造成的；而先看到憤怒臉孔的人，則更容易責怪故事中的人物做了不當行為，才會惹上麻煩。

從行為的角度來看，像後向遮蔽這類下意識促發技巧，明顯可以影響我們感知自己、感知他人，以及判斷外在處境的方式。下意識訊息真的能產生效果，但是它到底是如何產生作用的呢？大腦裡究竟發生了什麼事，讓我們在即使沒有意識到這些圖像的情況下，仍然會受到它們的影響？

從fMRI所做的研究得知，當一個人有意識的看到某個圖像時——譬如一張可怕的臉孔——大腦的各個區域都會開始放電。訊號最初由眼睛的受體發出，沿著視束（optic tract）往後繞到位於大腦後側的枕葉（負責視覺），再由此處傳送到額葉和頂葉，在這些地方產生一系列增強的神經元活動，以解讀及分析究竟看到了什麼。由於那個圖像含有令人恐懼的性質，所以杏仁核（負責情緒處理）也會活化。等到一切塵埃落定之後，上述這個人就會在意識層面上感知到那張臉孔，注意到它帶有威脅性的態勢，感受到害怕的感覺，甚至會想要知道照片裡的那個人為何做出這樣的表情，以及對方是不是有必要接受心理治療。

相較之下，若是用後向遮蔽方式閃現同樣的圖像，大腦則會以相當不同的模式產生活動。最初的路徑是一樣的：訊號從眼睛的受體傳出，沿著視束一路行進，穿過相關的視覺核，直到抵達枕葉。但接下來發生的事就和之前的情況不同了，訊號在額葉處並未放大，fMRI也沒有顯示如之前一般到處都有活動的景象。額葉與之前相較安靜許多，不過有另外一個區域會突然開始運作：位居大腦深處的杏仁核亮了起來，開始處理那張看不到的圖像所包含的可怕內容。

上述那個人並未從意識上看到那張圖片，他的額葉沒有啟動分析或解讀的功能；就他所知，自己並未看到任何含有可怕臉孔的圖像。然而，這個下意識圖像已在他的大腦留下印記，他的神經系統，尤其是杏仁核，正無意識的忙著處理此圖像的情感內容，但他甚至不知道自己已經看到這個圖像。

以上所述，代表生命中的任何一刻，都可能在我們自己沒有意識到的情況下對我們造成影響。地鐵車廂裡某個過客的匆匆一瞥、收音機傳出歌曲的某句歌詞、眼角瞄到的一張海報，任何接觸到我們的感覺受體的事物，都有可能以如此微妙隱晦的方式，來操控我們的情緒，以及影響據此產生的決定，而我們完全不會注意到有這麼回事。

◇◇◇◇◇◇◇◇◇◇◇◇◇◇◇◇◇◇◇◇◇◇

這類效應的影響究竟有多強大？至今眾說紛紜，有的人認為下意識影響的力量相當薄弱。例如有個實驗召集了兩組大學生，一半的人聲稱自己害怕蜘蛛，另一半的人則表示他們不怕這種生物。兩組人都先以下意識閃現方式看了怒容或笑臉的圖像，接著要求他們評估自己看到蜘蛛圖片後不舒服的感覺有多強烈。在不怕蜘蛛那一組中，這類效應的確產生了一些影響，先看過笑臉的人對蜘蛛圖片的容忍度提高了，先看過怒容的人則更加厭惡蜘蛛圖片。不過，在害怕蜘蛛的那一組中，這種效應並未展現效果，下意識圖像沒什麼作用。根據推測，大概是因為這效應的力量太薄弱，無法顯著影響像蜘蛛恐懼症這種出於內心深處的情緒。

另一方面，有些百貨公司嘗試使用下意識訊息，來減少顧客順手牽羊的行為。他們會在店裡播放的背景音樂嵌入鼓舞道德表現的口號，一次又一次反覆「我很誠實，我不偷竊」之類的話語，其中一些商店聲稱盜竊事件的發生率大幅下降，但這究竟是真有關聯還是純屬巧合呢？本來打算偷東西的人可能因為百貨公司音樂中隱藏的字眼，就斷了偷竊的念頭嗎？恐怕不會吧。我們很難得到確切的答案，但就一般看法而言，下意識刺激似乎有一些效果，只是還未能達到從根本上改變行為的程度。

儘管曾經有過諸多人為炒作宣傳，下意識訊息的影響其實很不明顯，不過，催眠的影響倒是相當清楚及強烈；二者之間的差異可能源於這兩種技巧與意識交互作用的方式。下意識訊息完全避開意識的覺察，但這一點也直接限制了它修改思想的能力；如果我們不是從意識上看到圖像，就無法做出遵循它或是將之納入行為的決定。下意識訊息在神經方面引發的反應，僅限於杏仁核這個部位的活化，這樣只會造成情緒狀態輕微改變，也許會對個人行為產生些微影響，比方說改變他們對自我評估的反應，但也許根本起不了什麼大作用。由於沒有抵達意識層面的能力，下意識訊息的力量其實相當有限，就很像是打算用彈珠彈射去改變保齡球的滾動路徑一樣無力。

而催眠則像是直接改變保齡球的投擲方式。它並沒有避開意識，所以受試者很清楚知道自己收到的暗示；催眠改變的是我們使用意識的方式，受試者如此專注於施術者所敘述的那個意象，因而變得更容易盲目接受對方所說的話。催眠並未規避意識，而是讓受試者放鬆下來，變得沒那麼審慎、沒那麼善於分析。催眠鼓勵受試者多把心思用於發揮想像力上，以便被動的吸收經驗，而不要把心思用於監督自己的行為。

◇◇◇◇◇◇◇◇◇◇◇◇◇◇◇◇◇◇◇◇◇◇

我的朋友很清楚催眠師跟他談到獵鷹出現這回事，這並非下意識訊息，他全程都是以意識在接收那些暗示，所以他在回憶這整件事情時一點問題也沒有，這一點和那些接受遮蔽臉孔圖像閃現的人並不相同。催眠的力量展現於壓抑他的反思能力，讓他無法認清那些暗示相當怪異，而且與自己原本較好的判斷結果相互衝突。

催眠的力量比下意識訊息更為強大，因為它確實接觸到意識，也接觸到涵蓋其中的決策、思維與聯想。更進一步而言，催眠在讓我們保持與意識接觸的同時，也讓我們把用來監測自我及解決衝突的那些工具，全都轉去用在注意催眠師提供的圖像與聲音上。

看來維卡里所犯的錯不只是因為他在研究上造假，還因為他以為只要運用下意識技巧來完全規避意識覺察，就可以讓廣告變得更有效。事實證明，真正成功的廣告其實可能與催眠有著更多的相似之處。

腦海中的品牌名稱

市面上有許多不同風格的廣告。有些商業廣告強調的是產品的實用性，例如OxiClean多功能去漬粉的廣告片，展現的是它可以去除衣物上頑固汙漬的能力；其他廣告則更致力於在觀眾心目中建立與產品相關的正面聯想。這點可以用很明顯的方式來達成，例如在某個廣告中，男主角用Axe體香劑噴灑自己，馬上就吸引到一群比基尼女郎過來圍繞著他。

這也可能用更隱晦微妙的方式來達成，比如1984年英國航空公司有個成功的商業廣告，片中旁白的敘述重點雖是飛機座位的寬度，但採用的背景音樂讓人非常放鬆，整個廣告的影響力量自此油然而生。若要對各式各樣的廣告類型以及這些廣告為何有效的理論詳加敘述，恐怕已經超出我們該討論的範圍，我們真正要談的，是某些類型的廣告如何影響大腦活動，以及這部分又如何揭示催眠產生影響的機制與限度；因為廣告與催眠真的有許多相似之處。

◇◇◇◇◇◇◇◇◇◇◇◇◇◇◇◇◇◇◇◇◇◇

雅科（Michael Yapko）是位臨床心理學家，也是將催眠用於治療的專家，他認為就經常鼓勵我們運用自己的想像力這方面來說，廣告和催眠非常相似。他說廣告就跟催眠師一樣，通常都是展示一個令人憧憬的願景，要求我們去擁抱接受它；透過這個願景，廣告提出與產品相關的暗示，說明它應該可以讓我們的生活變得更美好。他如此寫道：

> 廣告商一開始會先營造我們對某種產品的需求……他們會採用的技巧像是促使你對廣告主角產生認同感，如此你就可以像片中主角展示的那樣，使用這個產品來解決你的問題。接下來他們會藉著告訴你……如果你做了如此美好的選擇，你將會變得更成功、更快樂、更有男人味或女人味，來強化你的購買習慣……整個廣告業的目的，就是以文字與圖像為工具，來刻意影響你的購買行為。

同樣的，催眠師也會試著運用更多的感官類言詞，來為人們營造出一個充滿願景的幻象。他們愛用的句子像是：「你覺得自己愈來愈熱，開始出汗了」，或是「你可以看到青翠的草原和茂密的樹林，聽到潺潺的小溪流水聲」。雅科寫道：暗示感受性（suggestibility）指的是「對接受及回應新想法、新訊息呈現開放狀態」。你愈是認同商業廣告中所描繪的情景，你就愈會敞開心胸去接受它的暗示。廣告的技法之一，就是試圖讓觀眾想像自己是廣告中的主角（舉例來說，像主角那樣有一口黃板牙），而且與這個想像中的人物產生相同的感受（像是遭愛慕對象忽視的痛苦）。如果這樣的場景能確實深入人心，也許觀眾便會更有意願把這項廣告商品列入考慮；在上述的例子裡，就是去購買牙齒美白貼片。

如果我們到凌晨一點還待在電視機前面，便會被健身器材廣告的洪流淹沒。它們宣稱只要做一個簡單的划船動作，就可以讓你的體態從那個糟糕的「使用前」身形，變成線條超美（而且有健美膚色）的「使用後」模樣。這個時候，我們疲累的癱在沙發上，衣服上散布著洋芋片碎屑，這可能是我們一天裡唯一會冒出念頭：「我應該要訂購一組這個！」的時刻。儘管廣告中對那組新奇玩意兒所宣稱的效果根本是胡說八道，但是我們累垮了，耳根子變得更軟，覺得自己懶得運動，偏偏身材又變了形。我們對廣告中想要變得更健美的主角產生認同，結果一個在其他情況下可能沒什麼說服力的廣告，便忽然對我們產生了較強大的影響。

雅科對於效果好的催眠暗示應該具備哪些元素做過許多研究，所以，該如何設計一個具有催眠效果的電視廣告呢？雅科定義出三十五項特質，可以讓廣告擁有催眠般的影響力。以下是其中的一些例子：

- **胡蘿蔔原則：**廣告創造出一種使用某產品就能獲得某種回報的期望。例如：只要吃了我們的薄荷口香糖，你就能得到高䠷金髮女郎的香吻。
- **融洽關係：**廣告營造出溫馨的氛圍，為這個產品建立積極正面的聯想。例如：平靜安逸的躺在沙灘上享用啤酒。
- **積極正面的暗示：**廣告採用的是積極正面的言詞，而非消極負面的話語。例如：吃了我們的低卡路里三明治，你會變得更瘦，而不是你就不會發胖。

- **主導效應：**廣告刻意凸顯觀眾的某種情緒，藉此傳達其訊息。例如：覺得鬱悶嗎？覺得無聊嗎？這輛車讓你跳出牢籠，自在遨遊。
- **連鎖暗示：**廣告會告訴觀眾應該做一些事來回應另外一些應該做的事。例如：你有愈多的孩子，就需要存更多錢供他們上大學，你需要儲蓄的大學學費愈多，就更需要投資我們的大學儲蓄計畫。
- **困惑：**觀眾不知道究竟發生了什麼事，直到最後產品終於揭曉，一步步堆疊升高的緊張感才得到紓解。例如：有個男人看起來像是打算搶劫銀行，不過其實他只是想炫耀他戴的舒適滑雪面罩。
- **視覺化及／或類比：**廣告敘述一種與產品相關的感官體驗。例如：美味多汁的漢堡加上嗆辣夠味的芥末醬，就像在你嘴裡開派對。

讓我們來談談某個熟悉的電視廣告吧。以典型的橄欖園（Olive Garden，譯注：美國知名的連鎖義大利餐廳）廣告為例，如果你仔細觀察，就會注意到許多上述的催眠元素。廣告開場是一張擠滿了一群好友的桌子，他們一邊研究菜單，一邊談談笑笑，背景中隱約流瀉出爵士音樂。鏡頭拉近，讓你用眼睛高度的視角看到這些景象，彷彿你也是這群人裡的一份子。隨著這群好友戲謔笑鬧的畫面展現，旁白溫暖而誘人的聲音出現，開始描述美味的醬汁及新鮮的麵包棒。接著一大碗番茄香草義大利寬麵出現了，一把勺子為義大利麵澆上熱騰騰又香氣四溢的奶油白醬。「橄欖園，在這裡，我們都是一家人。」

在這看似無關痛癢的十五秒時間範圍內，這個廣告至少採用了五種雅科列出來的操控手法。音樂、笑聲、以及溫暖的聲音構成了「融洽關係」，為這家餐廳建立積極正面的聯想。廣告中把一群快樂的朋友和一大碗義大利麵連結在一起，符合了「胡蘿蔔原則」：如果你來這裡享用我們的料理，你也可以享有像這樣的友誼。這個廣告還運用了「主導效應」，為大家與生俱來的那種孤獨感提供解決良策。到了食物終於出現在螢幕上的時候，這個「視覺化」的舞台便發揮其魔力，讓我們為這場感官盛宴垂涎三尺。最後，廣告以一個動人的「類比」作結：來到橄欖園餐廳，就像是被一個大家庭接納，成為其中一份子。這些元素合在一起，產生如此引人入勝的視覺意象，如此具有催眠效果，讓觀眾非常容易接受該到這裡來吃晚餐的建議。

在2007年的一項研究中，雅科選取了十二支電視廣告（包含食品、飲料、服裝、通訊、美妝洗沐用品等類別），並且根據他列出的三十五條指導方針，依照這些廣告包含多少催眠暗示性內容列出排名順序。接下來，他把這些廣告放映給一百七十三名志願者看，要求他們評估每支廣告的有效程度。結果發現愈符合他的催眠暗示性指導方針的廣告，觀眾給的效果評分就愈高。

◇◇◇◇◇◇◇◇◇◇◇◇◇◇◇◇◇◇◇◇◇◇

看來廣告和催眠之間的確有相似之處，但從神經學上是否能夠證實這樣的看法呢？廣告對大腦的影響是一個相當複雜的研究領域，因為廣告的吸引力不論就其效果性、情感性或其他方面來看，都包含各式各樣的面向，足以活化大腦的許多區域，包括額葉、前扣帶迴皮質和杏仁核等。由於每支商業廣告各不相同，科學家很難研究所有的廣告究竟如何影響大腦。不過無論如何，神經科學家已經可以透過簡化後的實驗得知很多事情，這類實驗僅探討品牌名稱這項因素對大腦產生的影響。

假設你打算購買一輛汽車，而且拿不定主意究竟該買豐田還是保時捷。就在出門去經銷商那裡看車之前，你一邊吃早餐一邊看電視，突然之間，保時捷的廣告出現了。片子裡展示了一輛造型優雅流線的車子，在夏日傍晚穿梭於拉斯維加斯街頭，片尾螢幕中央亮出大家一眼就能辨認出來的保時捷盾形標誌，此時你的大腦裡會發生什麼事呢？

在2007年的一項神經造影研究中，實驗者對十四名志願者展示了不同的汽車品牌名稱，並且同時監測他們的大腦活動。其中一項發現特別突出，那就是大腦針對奢侈品牌而產生的活化模式。受試者看到保時捷、賓士，或是其他奢侈品牌的標誌時，fMRI數據顯示靠近大腦前面部位的內側前額葉皮質活動增強。

我們在第四章提過內側前額葉皮質這個部位，當時提到的是會強烈認同他們最喜愛球員的那些球迷；已知這個部位和自我中心、自私利己的思想形式有關。這個結果至少在表面上提供了一些洞見，讓我們瞭解為什麼你去經銷商那裡看車時，可能會有一股想要放縱自己買下保時捷（而非豐田）的衝動。單是那個品牌的影像，就已經足以引發自私利己的衝動，促使你選擇奢華而非實用。

在內側前額葉皮質（尤其是腹內側前額葉皮質）產生的活動也被認為是另一種現象的原因之一，此現象叫做「百事可樂悖論」（Pepsi paradox）。研究顯示，在口味喜好的盲測結果上，人們對百事可樂味道的喜好確實勝過可口可樂，然而可口可樂的銷售量幾乎是百事可樂的兩倍，而且長期以來一直比百事可樂暢銷。

在針對「百事可樂悖論」現象進行的神經學研究中，一共有兩組人參與可口可樂和百事可樂的飲用盲測，其中一組由腹內側前額葉皮質受損的患者組成，另一組則是健康對照組。進行口味喜好盲測時，兩組人都傾向於選擇百事可樂，這和一般人的測試結果相同。接下來，實驗者又拿出兩杯新的可樂來進行測試，但是這次杯子貼上了品牌標籤，也就是受試者知道哪一杯是百事可樂、哪一杯是可口可樂。

測試結果顯示，對照組的偏好從百事可樂大幅轉移至可口可樂，顯然看到品牌名稱對他們自己所宣稱的偏好有顯著影響，這個結果確實呈現了百事可樂悖論的說法。然而，那些腹內側前額葉皮質受損患者仍然比較多人喜歡百事可樂，而且喜好的比率和盲測時差不多；知道品牌名稱並未影響他們的偏好。

實驗者做出結論：內側前額葉皮質負責處理品牌名稱對我們決策的影響。這是百事可樂悖論在神經學方面的立論基礎，對一般消費者來說，除非他們的內側前額葉皮質受損，不然無論百事可樂的口味有多好，它就是無法跟可口可樂的品牌名氣競爭。

◇◇◇◇◇◇◇◇◇◇◇◇◇◇◇◇◇◇◇◇◇◇

催眠會改變前扣帶迴皮質的活動模式，而廣告裡的品牌名稱則是影響內側前額葉皮質，這兩個部位很接近，但並不相同。然而，催眠與廣告這兩種技巧的共通之處，在於不管我們有沒有意識到它們的影響，它們都會改變大腦處理資訊的方式。

某些形式的廣告也會像催眠一樣，運用意象和敘事來增加目標觀眾的暗示感受性，並為他們未來的行為提供建議。當然，催眠的力量還是強大得多，因為它涉及的想像力和分心程度比廣告更為深遠，深到足以讓受試者陷入類似恍惚的狀態。

不過某些類型廣告和催眠的相似性仍是值得注意的。催眠與廣告還有共同的第三個特點，這一點下意識訊息也是如此：它們都是有特定作用目標的外來影響，能以我們未察覺的方式影響我們的行為。只要這些技巧能夠避開安全系統——也就是我們意識層面的深思熟慮——它們的影響就可以自由融入無意識資訊處理過程的背景雜音中，而這種資訊處理過程負責的正是我們的決策。

因此，如果有某種無意識外來影響即將以任何方式改變我們的行為，我們就得仰賴大腦提出一個具有說服力的解釋，來說明自己為何決定以這樣的方式行事。

大腦找藉口的時候

正如我們在前一章所提到的，經歷幻聽問題的思覺失調症患者，是因為他們的大腦在資訊處理過程中遇到空白之處。患者聽到一個聲音，卻無法認出那是自己的聲音，然後又發現周遭並沒有會說出那些話的人，此時他的大腦就必須發揮創造力，想出一個合理的解釋。最後得出的可能答案便會是情治機構、科技裝置，或是神靈等等——因為這些東西在理論上都可以透過無形力量進入他們的頭腦。因此就某種意義而言，那些看似古怪的解釋，其實是思覺失調症患者的無意識心靈所做出的合理嘗試，目的是為一個非常不完整的故事填補空白。

同樣的，研究顯示當外來的潛意識影響對一個人的行為產生作用時，他的大腦會創造出一個故事，將新行為歸因於他自己的原因或動機。這部分也適用於催眠的情況，例如在某個實驗中，被催眠的受試者獲得指示，只要一聽到「德國」一詞就要打開窗戶；幾分鐘之後，催眠師說出這個詞，受試者躊躇了一下，開口說道：「這裡悶得不得了，我們需要一點新鮮空氣，你介意我把窗戶打開嗎？」受試者自己並沒有想要打開窗戶的衝動，那種周遭太悶的感覺不是他自然產生的，他也沒有想到該打開窗戶這個主意，這個想法是經由催眠暗示而來，因此避過了他的意識分析。所以突然之間，他的大腦面臨一股打開窗戶的衝動，但這股衝動又不知從何而來，大腦該如何解釋這回事呢？一定是因為這裡很悶的關係，非常合乎邏輯。

再來看看我們之前提過的外界刺激經由潛意識影響行為的其他例子。回想一下以虔誠天主教徒及心理系研究生為對象進行的後向遮蔽實驗，實驗者用下意識圖像閃現方式，讓他們看了露出不贊成表情的臉孔。假定你根據他們在自我評估報告上的表現，來詢問這些天主教徒為何在宗教篤信度上給自己如此低的評價，或是詢問那些學生為何不覺得自己的論文夠條理分明，你認為他們會怎麼回答呢？他們大概不會告訴你這些感覺是忽然出現的，彷彿有某種未知來源把這些感覺安插到他們腦袋裡。天主教徒可能會舉出自己最近違背教義的行為，或是表示他們相信自己應該再多捐點錢給慈善機構；至於那些研究生，他們則可能會指出自己的研究模式有些什麼缺點，或者寫出來的東西有哪些地方需要修正。

我們購買在廣告上看過的產品或服務時，通常並不會標舉出廣告本身正是我們打算購買的原因。如果我走進汽車經銷處，買下一輛保時捷，那是因為我想要一輛開起來感覺很棒、又有舒適座椅及強勁引擎的車子；如果我買的是一輛豐田，那是因為我想要的是既安全又價格實惠的車子，可以順利的把我從這裡載到那裡。我很確信這些理由都是有憑有據的，不過這並不是全部的事實。我為什麼會把保時捷與奢侈品或豐田與實用性連結在一起呢？不用說，這絕對跟我從小看到大的無數廣告脫不了關係；然而我最直接的傾向，還是會把自己做出來的推論當成為什麼選擇這輛車子的唯一動機。

同樣的，如果是收銀員給了你一個你沒看到的白眼，導致你心情低落，你可能還是會努力試著想出一個解釋，來說明自己為何覺得沮喪：也許是工作不順，也許是天氣太冷。你並不知道真正的原因，但你會設法提出一個合適的解釋。

這些有特定作用目標的外來暗示，無論是來自催眠、廣告、還是下意識訊息，無疑都有能力影響我們的大腦活動與行為。我們已經見識過後向遮蔽可以觸發僅限於杏仁核部位的活動，來處理我們根本不知道自己有的情緒；催眠可以抑制大腦監測衝突的過程；廣告圖像則可以活化內側前額葉皮質，並激發有利己偏好的感覺。一旦這些影響掌控了局面，大腦就會將它們吸收進來，納入我們以為是自發產生的動機中。

所有的這些影響技巧之中，催眠似乎是最強而有力的，畢竟它可以用比其他方法更明顯公開的方式，讓一個人感知到根本不存在那裡的東西，或是做出他們原本不會做的事。如果催眠能讓一個拘謹古板的志願者在觀眾面前出糗，或是讓一位軍隊下士洩露軍事機密，那麼它究竟能不能讓一個普通人變成殺人兇手呢？

「刀子就這樣戳進去啦！」

丹尼爾斯（Anthony Daniels）在英國溫森格林監獄擔任精神科

醫師和監獄醫師多年，此監獄坐落於伯明罕市較貧困的內城區。丹尼爾斯在監獄中的主要工作之一，就是負責美沙酮（methadone）門診，幫助一些囚犯治療毒癮問題。由於擔任這項工作，讓他和許多監禁在此監獄的最危險罪犯打過交道。有一天，一名謀殺犯來到他的門診，服用當天的美沙酮劑量。這名囚犯在診療時說道：「都是因為運氣不好，我才會為這個罪名坐牢。」犯人的這番話讓丹尼爾斯深感困惑，他心想：

> 運氣？他都已經坐牢十幾次了，而且很多次都是因為暴力行為。在犯下罪行的那個晚上，他身上帶了一把刀，根據過往經驗，他應該很清楚自己可能會動刀子，但他卻說那名被刺傷的受害人才是這次殺害行動的罪魁禍首：「要是他不在那裡，就不會被捅啦！」我的這位謀殺犯患者並不是唯一一個用情勢失控來解釋自己行為的病人，事實上，目前在這座監獄一共有三名因持刀殺人而入獄的囚犯（其中兩案受害者死亡），他們向我描述究竟發生什麼事的時候，用的全是一樣的說詞。「刀子就這樣戳進去啦！」當我們催促他們回想那些原本宣稱遺忘的罪行記憶時，他們都是這麼說的。

「刀子就這樣戳進去啦！」這種說法，和兇手可能會提出的另一種敘述方式形成鮮明對比：「我拿刀捅了他。」後面這種證詞陳述，意味著這個行為是在意志控制下發生的，而前者則帶著被動的調調，彷彿那個行為完全不顧他的意願為何，就是這樣發生了。兇手用這種言詞做為犯罪的潛在藉口，其實是在暗指這樁謀殺罪行並非肇始於己，而是情勢逼迫下的產物。是外在力量對他作用才造成這樁殺人案，只是事發時刀子正好在他手裡而已。

◇◇◇◇◇◇◇◇◇◇◇◇◇◇◇◇◇◇◇◇◇◇◇◇

前面討論到1951年發生在哥本哈根的殺人事件，以及尼爾森用催眠術讓哈卓普變成兇手的可能性時，我們看到的是外力迫使某人做出殘忍惡行的極端例子。但是那個故事還沒有說完，丹麥當局後來拘提了尼爾森加以審問，審訊人員來反覆輪流盤問尼爾森和哈卓普，試圖釐清這一連串令人困擾的事件及其可怕影響。警方對兩人進行了同時偵訊及隔離偵訊，審訊人員詳加分析的不僅是他們所述的故事細節，還分析了他們的行為、肢體語言，以及兩人互動時一些隱晦微妙的特殊之處。隨著調查工作的進行，愈來愈看得出來尼爾森並沒有犯罪主謀的個性特質，事實上，他出乎意外的腦筋有些遲鈍；審查員反而意識到哈卓普比他假裝出來的樣子要來得聰明許多，也更善於操控他人。

最後，調查人員認定尼爾森並沒有用催眠方式讓哈卓普犯下搶劫及殺人罪行。沒錯，他們兩人確實進行過催眠實驗，但這並非導致哈卓普帶著槍踏進銀行的原因，哈卓普非常有可能是自己決定這麼做的。至於跟催眠有關的這段故事呢？嗯，這的確稱得上是個好故事，足以讓丹麥當局忙了好一陣子，也暫時幫哈卓普把罪責推到別人身上。但其實就像那些訴說「刀子就這樣戳進去啦！」的囚犯一樣，哈卓普想引用情勢或潛意識現象，來當成他犯下罪行的理由（只是哈卓普當然比那些囚犯迂迴狡詐多了），不過就事實而言，他才是他自己那些行為的主謀，也是真正該負責的人。

◇◇◇◇◇◇◇◇◇◇◇◇◇◇◇◇◇◇◇◇◇◇◇◇◇

催眠是一種思路極度集中的狀態，受試者如此專注於催眠師所創造的幻想，以致於不再詳細審查那些偷偷傳送給他們的暗示。那麼，為什麼這些祕密暗示不能是謀殺指令呢？我們要回到雞尾酒會效應的部分來找答案。

你參加雞尾酒會的時候，若是專注聆聽其中某些對話，你的意識就無法同時兼顧周遭其他對話的討論內容。然而此時如果你忽然聽到自己的名字，即使是從遙遠的另一處對話傳來的，都足以讓你的注意力跳脫原本的集中狀態。正如我們之前提到的，如果你聽到的是像「⋯⋯然後她衝進電梯裡，身上一絲不掛！」這樣的句子，也會發生同樣的情況。就算我們正在專心傾聽某些對話，大腦仍然會處理其他不斷輸入的訊息，要是其中有任何相關之事或顯著異乎尋常的情況，它就會提醒我們。只要刺激夠強烈，就算本來只是處於意識外圍，一樣足以把我們從當前關注範圍狹隘化的狀態中拉出來，重拾原本較佳的判斷能力。

催眠也是一樣。一個被催眠的人可以因為自己的想像導致心神分散，足以接受「房間裡有隻獵鷹」的暗示；但如果這個暗示是要他「弄到一把槍、把槍放進公事包、衝進銀行、威脅出納員、用現金把公事包塞滿、殺死所有擋路的人」，事情可能就沒有那麼容易成功了。即使是一個非常容易受暗示影響的人，這樣的想法也相當於紅燈亮起，足以讓一個人從那種專注狀態裡跳出來。大腦的無意識處理過程會在我們需要將注意力轉移到其他重要事情時，用這樣的方式來警醒我們；就像即將撞車的情況足以把心不在焉的駕駛人從白日夢裡嚇醒，猛力踩下煞車那樣。這是大腦給我們當頭棒喝，警告我們該小心的方式。

即使我們的意識並未感知到所有接收到的訊息，大腦仍然努力在對這些訊息進行分類排序工作。催眠也許可以調控前扣帶迴皮質的活動，但它並不會讓額葉停工。被催眠的人仍然有意識存在，還是可以對自己的行為做某種程度的審查。大腦的無意識系統只需檢測到某件事情有足夠的危急性，值得立刻關注，就會喚醒意識心靈起來採取行動。

所以，我們要再澄清這一點：一個心理健康，沒有任何精神疾病或其他神經心理疾病跡象的人，有可能因為被催眠而犯下殺人罪行嗎？大概不會，除非這個人原本就有這麼做的打算；也就是說這個人必須是聽到「弄到一把槍、殺了出納員、搶劫銀行」這種命令心中也不會亮起紅燈的人。這樣的人應該是在犯罪方面早就有大量經驗，對這類事情不會考慮再三，而且可能根本不需要催眠，直接以言詞慫恿就能讓他們犯下罪行吧。相對來說，就這方面而言，任何一個認為這種提議太過刺耳、令人不快的人，應該不會因為被催眠就做出殺人越貨之類的事。

一個大腦，兩種系統

在我們生命中任何一個特定時刻，大腦裡都有無數個無意識處理過程正在進行。每個人的神經系統都有各種潛意識刺激不斷流瀉而過，留下獨特且通常無法事先預料的神經足跡。不管這些刺激的內容是廣告歌曲或口號、雞尾酒會中我們沒注意到的話語，或者是我們遇見某人、去過某個新的地方、得到某種獨特體驗時感受到的微妙情緒，都會對我們思考與決策的方式產生真正的影響，不過並不會控制我們。

這些影響的總和，加上我們的意識感覺、知識、記憶，構成我們的生活經驗。這些經驗又協助建構出我們腦海中龐雜背景知識的條理結構，而我們的智慧和洞察力正是源自這些背景知識。一旦我們遇上感知結果並不完整的情況，或者面對無法得知全部事實的場景，大腦就會無意識的動用自己的背景知識，來協助提供故事的其餘部分。我們把各種想法聯繫在一起的方式，是由無意識心靈所引導的，我們需要這種洞察力來幫忙縮小選擇範圍，以便最終做出能力所及的最佳決定。

在本書中，我們已經跟隨大腦有意識和無意識這兩個系統，來瞭解二者的交互作用如何引發我們的思想與行為。意識系統生成生活經驗，這些經驗讓我們感受到自己的感官感覺與情緒、反思腦海中的想法、審慎考量我們的決策。意識系統創造出我們的自我感。

另一方面，無意識系統則擁有我們早已一次又一次見證過的超凡能力，它可以辨識模式，在事件發生前運用前後脈絡預測出結果。它也會填補空白，將經驗中不連貫的元素調和一致，以維持完整的個人敘事；當無意識系統將我們的夢境情節拼接在一起，或者產生直覺的時候，就是在做這樣的事。若是我們有記憶方面的障礙，無意識系統有可能會從大腦的知識儲備庫中援引替代用的相關軼事，發揮羅織功力，來彌補回憶中的漏洞。

在思覺失調症患者的情況中，他們的無意識系統會天馬行空大膽編造複雜詳盡的故事，以政府陰謀或超自然力量入侵為由，來掩飾內在的自我認知缺陷。無意識系統會幫我們合理化自己的思想和行為，即使我們會這麼做其實是因為遭受外在影響，像是催眠、下意識訊息或是廣告等等。

大腦的無意識系統會竭盡全力去填補空白、合理化不理性的行為、為完全不合邏輯的情況編造合乎邏輯的解釋。我們在這整個探討旅程中，看過一個又一個的案例，見過一個又一個的研究，所有的結果都是如此，但問題是我們的大腦為什麼要維持一個完整的敘事呢？為什麼需要創造出一個解釋來協調令人困惑或彼此衝突的經驗呢？理由正如我們將要看到的，就是要保持我們的自我感。

身為人類的我們，需要瞭解周遭世界的秩序與組織，以及自己在這個世界裡的定位。為了衡量自己的需求與渴望，也為了設定目標及訂定計畫來完成它們，我們每個人都必須體認領會自己的個人歷史，還要能夠對其深思反省，並洞察自我。記憶喪失、感知或思維上出現空白、經驗中出現衝突之處、外來的顛覆破壞 —— 這些都是我們的個人敘事會遇上的威脅，而大腦則會拚命努力來保護我們的個人敘事。無意識系統負責保持自我的一致性與連貫性，甚至可以為了確保此目的而走上極端。不過其實還有另一種情況，在這種情形中，大腦追求前述目標時不惜做得更絕：為求保有自我，反而在實質上分裂、破壞了自我。接下來我們即將提到的伊芙琳的故事正是如此。

第 8 章

為什麼分裂的人格不能共用同一副眼鏡？

關於人格、創傷，以及對自我的保護

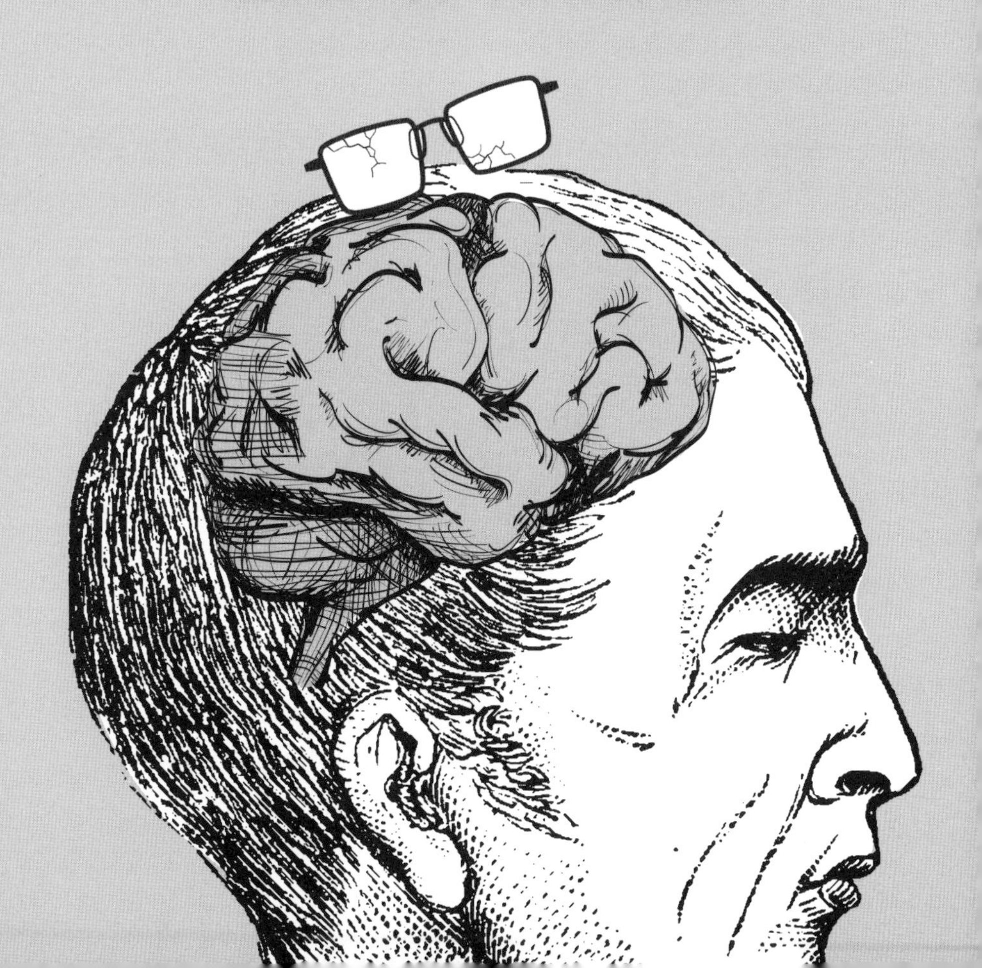

我學著去辨識人類徹底而原始的雙重性；
然後我明白了：
在我的意識領域中彼此競爭的那兩種本性，
你既可以說這個是我，也可以說那個是我，
這只是因為二者根本都是我。

——作家史帝文森（Robert Louis Stevenson）

伊芙琳剛住進精神科病房時狀況很糟糕。她是個三十五歲的單親媽媽，在法律上擁有盲人身分，平日得靠導盲犬幫助才能在城市中行動。她的失明原因不明，病歷中有份舊檔案寫的診斷是：「因雙側視神經受損造成先天性失明」，但資料中沒有任何有關視力的醫療檢查紀錄，伊芙琳也無法確定自己到底有沒有做過任何測試來確認喪失視力的原因。不過讓她被送進精神科病房的，並不是眼睛方面的毛病，而是出現在她皮膚上的問題。

伊芙琳的前臂被深深割出「肥豬」和「我恨你」的字樣，她完全不知道這些字是怎麼來的，也無法解釋自己的皮膚上為何會有舊的燒傷痕跡。查閱先前的病例紀錄，可以看到伊芙琳一年前來過醫院，那次她的皮膚上刻的是「蠢貨」和「瘋子」，伊芙琳聲稱她沒有對自己做這種事，也想不出來有誰會對她這麼做，畢竟家中同住的只有她年幼的兒子。

為什麼伊芙琳無法指認是誰在對她施虐？也許和她自己所述的記憶不正常情況有關。伊芙琳第一次注意到自己身上出現割傷時，完全想不起來前幾個小時發生過什麼事。她這輩子常常經歷像是「暫時失去知覺」或「有段時間不見了」之類的情形，記憶出現了好幾個小時的空白。伊芙琳是這麼說的：「我注意到自我有記憶以來，常常會發現忽然有段時間不見了。年輕時這種事讓我嚇得半死，年紀大了以後只覺得這種事太不可思議了。我不敢告訴任何人，因為我想他們可能會把我關進某個地方，然後把鑰匙丟掉。」

她一直不確定自己在這些不見了的幾個小時裡到底出了什麼事，但她偶爾會發現一些線索：「我醒過來的時候，有時會找到一些玩具，就像我兒子玩的那種幼兒玩具。我也曾經發現一些購物袋，裡面裝滿了我根本不會買的東西。」

伊芙琳追溯這些問題的源頭，認為跟她自己的童年有關。她的成長際遇驚人的坎坷，嬰兒時期就不得不被帶離生母身邊，因為親生母親對她施加身體及性方面的虐待；兒童保護機構發現她被鎖在衣櫃裡後，馬上將她帶走，送交寄養安置。她兩歲時被人領養，但養父母在她十歲生日那天完成離婚程序。養父也像她的親生母親那樣，對她施加身體及性方面的虐待；比她年長九歲的養父之子還曾經把她綁起來，企圖掐死她。全家人都責怪伊芙琳，指稱就是因為她的視覺問題太難處理，才會導致養父母婚姻觸礁。

伊芙琳八歲的時候，醫師安排她轉入盲人學校。在醫師說明她的眼睛可能存在某種結構性問題之前，伊芙琳一直以為她自己的視力受損，以及求學生活遇上的諸多困難，都是她自己的錯。她在養父母離婚後轉入了新的學校，不就後伊芙琳第一次經歷「有段時間不見了」的情況。當天稍晚的時候，她發現自己的手臂和腿部有瘀傷及輕微擦傷，但是完全不知道這些傷痕從何而來。她說不出自己失去記憶的時候到底發生了些什麼，也不清楚失去記憶的這段時間究竟有多久。

伊芙琳到底出了什麼事？究竟是誰把那些訊息刻在她的手臂上？是她遭人攻擊後又忘了有這麼回事嗎？或者會不會是她在自殘？場景拉回醫院，醫師很快便發現就某種意義而言，上述答案各有一部分是正確的。

精神科醫師對伊芙琳做出的診斷是「解離性身分認同障礙」（dissociative identity disorder），這種精神疾病一般所知的正式名稱叫「多重人格障礙」（multiple personality disorder）。此病況讓伊芙琳擁有好幾個替代人格（alternate personality），其中之一是個成年女子「法蘭妮．F」，法蘭妮抱著一個名叫辛西亞的嬰兒；另外一個則是「外表很嚇人」的十歲女孩莎拉，她有糾結的紅髮、棕色眼睛及雀斑；最後一個是「長得像天使」的四歲女孩金咪，她有藍色眼睛及金色短髮。

伊芙琳的舉止習性會隨著不同人格出場而有所改變，如果出現的是伊芙琳本人，她的表現會是聰慧成熟，說起話來咬字清晰、表達清楚。如果現身的是金咪，她的聲音會突然變得很孩子氣，一些常用的字也會發音錯誤，比方說把「紫色」襯衫說成「擠色」。金咪說總統是「她的爹地」，而且很興奮的表示她發現「橙」這個字既代表顏色，也是一種水果；金咪還說她哥哥正在教她如何用印刷體寫自己的名字。

以下是她與精神科醫師交談的內容摘錄：

精神科醫師：妳今年幾歲？

金咪：我係四歲。

精神科醫師：妳係四歲？不得了，妳是個大女孩兒了！金咪，妳現在正在做什麼？

金咪：呃……我正試著坐在這裡當一個乖女孩。

精神科醫師：哦，當一個乖女孩很重要嗎？

金咪：對。

精神科醫師：為什麼這麼重要？

金咪：因為如果我不乖就會受傷。

精神科醫師：噢，很遺憾聽到這種事，誰會傷害妳？

金咪：我媽咪和爹地。

提到虐待的部分時，金咪緊閉雙眼，用力抓著她的玩具泰迪熊。接下來，另有一段氣氛比較開朗一些的對話：

精神科醫師：妳喜歡玩什麼遊戲？

金咪：繞著玫瑰花叢轉，然後我們都倒下來；還有搭橋，拿鑰匙把他們都鎖起來（譯注：上面都是邊唱邊玩的童謠歌詞）。還有吸鵝遊戲（譯注：應該是「鴨鵝遊戲」，是一種抓人遊戲，金咪口齒不清說錯）；還有我喜歡跟那些熊一起玩。

精神科醫師：是真正的熊嗎？

金咪：不是，但是牠們是我的朋友。

伊芙琳在不同的自我之間轉換時，改變的除了人格之外，還有別的東西；舉例來說，金咪用右手拿鉛筆寫字，但伊芙琳卻是左撇子。最令人震驚的，是精神科醫師為她做視力測試時所得到的結果：以標準視力表為評估標準，伊芙琳的視力是0.1，在法律上已經算是盲人；法蘭妮和辛西亞的視力同樣是0.1，然而莎拉的視力卻是0.25；至於金咪，她的視力達到0.33。視力0.33和0.1之間的差距，是只需要一副度數輕微眼鏡及被列為法定盲人的差別。伊芙琳需要導盲犬相伴，但她的另一個自我卻只需要戴副眼鏡就夠了，這怎麼可能呢？再怎麼說，這兩個人格擁有的是同一雙眼睛呀？

這還只是問題冰山的一小角而已。一個人原本怎麼會擁有一個以上的人格呢？那些只是情緒的極致波動？還是他／她們真的是分開且獨立運作的身分？如果後者為真，如果那些不同的自我確實是獨立的有意識實體，那麼最顯而易見的疑問看來就會是：到底哪一個才是真正的伊芙琳？

每個人都有很豐富的自我感，這指的不僅是我們瞭解自己，或是知道自己的各種傾向，我們還會覺得自己彷彿存在於腦海中的某處，由內部朝外張望這個世界。我們似乎有個內在本質，會因痛苦而麻木、因興奮而顫抖。這個內在身分不只是被動的體驗者，也是主動的任務特派員。我們會先反思自己的想法，再審慎考量自己的決策，然後付諸行動 —— 這一切似乎都出自內在的一位中央主控者。「我」這個字，指的是我們腦袋裡的某個東西，而且這個東西看來像是單一的、統合一致的、歷經時間更迭仍始終如一。然而，伊芙琳的案例卻似乎暗示著自我可以是一塊一塊的，它可能會崩解、分裂、切割分離為各自成長與發展的元件人格。

在這整本書裡，我們見識了大腦中意識系統與無意識系統的交互作用；二者的攜手合作，造就了我們的思想和行為。人類的自我正是從這兩種處理器之中的某處萌現而出，這使得許多人忍不住要提出這個難以作答的問題：那個「我」究竟存在我們大腦裡的哪個部位呢？在處理多重自我的問題之前，讓我們先從一個自我開始討論就好：當我們提到「自我」或「身分認同」的概念時，到底說的是什麼意思？這樣的現象究竟是從大腦的哪一處冒出來的？這可能是神經科學上最大的謎團，想得到答案並不是件易事，不過我們可以盡全力去接近這個答案。事實上，打從這本書的第一頁起，我們一直默默在做的就是這檔子事。所以，我們要從哪裡開始著手呢？正如神經學的慣例做法，研究任何大腦系統的第一步，就是看看它故障時會發生什麼事。

尋找一個自我

在波蘭，一個寒冷的十一月夜晚，一位名叫彼得的婦科醫師跟妻子激烈爭吵後坐上自己的車，滿腔怒火的他朝著黑暗中開去。他始終無法專心，腦袋裡一直不停重播剛剛爭執過程的畫面，使得他很難專心開車。突然間，他意識到自己切入了錯誤的車道，一輛載貨卡車對著他直衝而來，他把方向盤用力往右打，車子猛然轉向後開始旋轉，滑出了道路，迎面撞上一棵樹。接著陷入一片漆黑，彼得昏迷了六十三天。

彼得終於醒來之後，變得跟以前不一樣了。車禍發生之前，他是一個有趣、機智、討人喜歡的人。當時他四十三歲，已經結了婚，有三個孩子，很喜歡跟自家的小狗一起玩，但是現在的他很悲哀不知道自己是誰。他可以輕易說出一些名人的名字，卻不知道自己叫什麼名字，而且這還只是問題的開端。接下來的十年中，一群心理學家持續追蹤彼得的精神狀態；雖然他的神經缺損以許多不同形式表現出來，但一切似乎都跟他的身分認同與自我感受損有關。

首先，彼得無法辨認自己的外表。一位名叫雅賽克的治療師要彼得跟他一起站在全身鏡前，以下是他們的對話：

雅賽克：彼得，那個人是誰？你在那裡看到的是誰？

彼得：我不知道，噢，我的老天！那個怪物正盯著我瞧！

雅賽克：你在鏡子裡還看到誰？

彼得：我不知道，不過，也許是雅賽克吧，我想你有說過你叫這名字，沒錯吧？

彼得可以認出一個他幾乎不認識的人，卻無法辨識他自己在鏡子裡的映像。令人難過的是：他也無法認出那些跟他最親近的人。

彼得的家人來探望他時，他開始大喊大叫：「我沒有家人，我的家人全都在車禍裡死掉了，我不認識這些人……他們只是替身……是我所有家人的替身，或者我也不知道他們到底是誰！」你可能會記得這是卡波格拉斯症候群，患者相信身邊每個人都已經被另外一個長得一模一樣的冒充者所取代。我們在第五章中討論過，卡波格拉斯症候群（還有與此症候群很類似的科塔爾妄想症，罹病者相信自己已經死掉了）的症狀是感覺自己與這個世界解離開來，患者見到親人時，無法感覺到情感上應該要有的聯繫，因此他們的大腦會編造出一個故事，來解釋這種脫節的感覺。就這方面而言，卡波格拉斯症候群是一種自我感淡化的具體呈現方式。

彼得的下一個症狀是我們之前也看過的症狀：記憶出現空白。他不記得自己生命中的一些基本事實；例如，他否認自己曾經養過狗。治療師把他的狗帶過來，想讓他明白事實不是這樣，彼得卻驚叫起來：「牠就跟一團毛似的！我沒有養狗，我才不會要這種像垃圾一樣的東西！我好怕這隻狗，牠打算咬我！」同樣的，他也不記得自己本來是婦科醫師；對於這點，他也有辯解的理由：「我太年輕了，不會是醫師。」他宣稱：「每個人都以為我四十歲了，其實我才二十歲。」為解釋這個與現實有所出入的地方，彼得宣稱這一切都是「政府的陰謀」：

> 政府不僅把鈔票改到我無法辨識的程度，還把日曆也改了，好逃避給付終身年金⋯⋯他們在原本的日曆上多加了三十年，讓別人以為我有四十五歲了，其實我才二十五歲。他們想要把我除掉，我好害怕。

彼得發展出虛談的症狀。他的大腦在無意識中設法填補記憶中的空白，編造出各種故事來盡量合理解釋記憶與現實之間存在的落差。他不記得自己養過狗，所以胡謅了一個藉口，說這種動物是「垃圾」，還有小狗打算咬他，他才不會養這種無用又暴力的寵物，因此這隻不可能是他的狗。他不記得自己的職業，於是杜撰出政府竄改日曆，以及他的真實年齡太小不可能是個醫師的說法。

針對在身分認同方面喪失的每一種要素，彼得的無意識大腦都迅速產生一種解釋，來掩蓋此處的空白。他的個人身分認同破碎了，但他的大腦仍試圖把這些碎片拼湊起來。

然而，彼得所受的損傷似乎太過嚴重，他的個人特質折損過度，已經達到無法修補的程度。空白大到填補不起來，彼得的大腦不得不到別的地方去尋找材料，來修復自我的破損之處。由於無法從自己儲備的知識與記憶中提取足夠的訊息，彼得脆弱的身分認同一直卡在懸而未決的處境，於是，他的大腦開始向別人借用東西。

住院期間，彼得和一個剛接受過膝蓋手術的病人朱瑞克同住一間病房。某天早上，醫院的工作人員走進房間時，彼得要求他帶張輪椅過來，他說他自己因為膝蓋動了手術不能走路，還提到自己的名字其實叫朱瑞克。後來，彼得接觸到一位二十九歲的藝術治療師，這位治療師跟彼得說明他的工作是利用藝術來幫助教導他人表達自我，結果彼得從他手中把筆刷搶過去，拒絕歸還，宣稱自己的職業需要用到筆刷。他也偷了那名藝術治療師的名字，並且聲稱自己今年二十九歲。

彼得所經歷的改變，似乎都跟他的自我感有關，因此我們的疑問如下：他在車禍中究竟失去了大腦的哪些部分，因而導致這些缺陷的出現？

◇◇◇◇◇◇◇◇◇◇◇◇◇◇◇◇◇◇◇◇◇◇

大腦的MRI結果顯示彼得的額葉和顳葉受損，這兩部分合稱為「額顳葉區」（frontotemporal region），彼得受損最嚴重的部位在大腦右半球。

無法認出鏡中的自己、卡波格拉斯症候群，以及虛談現象，這些都和右側額顳葉受損有關；這種大腦受損模式，與神經學期刊上記載的許多失去身分認同感的病例一致。舉例來說，有種病況叫「軀體失識症」（asomatognosia），患者對已癱瘓的肢體缺乏擁有感，他們會聲稱這條無法動彈的手臂或腿並不屬於自己。愛因斯坦醫學院（Albert Einstein College of Medicine）的神經科醫師方伯格（Todd Feinberg）是軀體失識症的專家，他記錄了下面這段與患者的談話，這位病人名叫雪莉，她在自己的左臂癱瘓之後，拒絕承認那是自己的手臂：

雪莉：它去渡假也沒先跟我說，連問都沒問一聲，它就直接去了。
方伯格：什麼東西去度假了？
雪莉：我的寵物洛克。（她用右臂把毫無生氣的左臂抬起來，表示她指的是這條手臂。）
方伯格：妳把它叫做寵物洛克？
雪莉：是啊。
方伯格：為什麼叫它寵物洛克？
雪莉：因為它什麼事都不做，只會坐在那裡。

軀體失識症患者通常會宣稱那條手臂或腿是無生命的物體，像是「一台生鏽的機器」、「一袋骨頭」或「我過世老公的手」。最常見的情況是他們會聲稱這個肢體屬於他人，比如他們的醫師或是家裡的某個人。

軀體失識症和卡波格拉斯症候群很類似，只是它不是跟其他人有疏離感，而是跟自己的身體有疏離感。這又是神經邏輯運作的另一個例子，受損的大腦無法辨識出癱瘓的肢體是身體的一部分，因此無意識系統必須協調兩個彼此衝突的訊息：第一，附近這個物體看起來像一隻手，而且它似乎總會在附近出現；第二，這個物體對我發出的運動指令沒有反應。大腦該如何做出合乎邏輯的解釋呢？它一定是別人的手，或者至少是一個總是伴隨在自己身邊的無生命物體，譬如說寵物洛克。

軀體失識症是因為右側的額葉、顳葉及頂葉皮質受損所致；所以和前面提到的一樣，看來仍是與右側額顳葉區的神經網絡有關。

針對自我認同所進行的研究，也得出與臨床案例一致的結果。fMRI顯示：右側前額葉皮質（屬於額顳葉區的一部分）在我們進行自我反省時會活化，但當我們想著別人時則沒有反應。雖然有大量研究試圖定位與「自我」相關的神經部位，資料豐富到可以輕鬆寫成一整本書，然而這些研究所達成的共識似乎只有：我們還無法確切知道「自我」究竟儲存於大腦中的什麼地方。大致說來，右側前額葉皮質與自我指涉活動有高度的相關性，但我們仍然得抱持存疑的態度，因為它絕不會是產生自我認同的唯一區域。

儘管如此，彼得的案例還是讓我們明白，人類自我認同有關的許多面向，有可能因為大腦損傷而遭到抹除，這些面向包括：辨識自我的能力、辨認我們關心的那些人的能力、與個人歷史相關的記憶、個人人格的前後一致感、自己與他人的區別感、對自我思想與行為的控制感。當研究人員要求彼得透過圖畫來表達自己時，彼得畫了一隻瓢蟲，並解釋說：「我的內在會讓我想到瓢蟲，牠在尋找某個東西，因為牠的內在空蕩蕩的，就跟我的內在一樣空空如也。」

我們知道自我感可能因為大腦受損而遭到破壞，但是它又是為何分裂的呢？伊芙琳並沒有任何大腦受損的跡象，但她卻會在不同時間點受不同的人格所控制。這是為什麼呢？如果我們像許多神經科學家相信的那樣，認為的自我可以被定位在大腦中的特定區域，那麼我們似乎可以透過手術切開大腦，將自我分成好幾個部分。假設我們讓一個人接受麻醉，然後把他的大腦切成兩半，那麼手術結束後醒來的會是誰？是一個人還是兩個人？

被切成兩半的大腦

有一種手術可用來治療無法控制的嚴重癲癇，這種手術稱為「胼胝體切斷術」（corpus callosotomy），胼胝體（corpus callosum）是指連接大腦左右兩半的粗大神經束，而這種手術就是把它切斷。由於癲癇發作是種沿著大腦神經束傳播的電風暴，因此將大腦左右兩半分開，可以防止電流橫跨及同時侵襲兩邊半球。對於其他方法都無法控制的癲癇發作，這種手術是最後的手段，可以在深受其苦的病患身上創造奇蹟，但它也會產生一些奇怪的副作用。

目前科學上已進行過深入研究的「裂腦症候群」（split-brain syndrome），可說是這方面最惡名昭彰的副作用了。這一點只要問問維琪就知道，她在1979年6月進行了這種手術，手術過後的幾個月裡，她的兩邊大腦總是各自行事。例如去超市購物時，她注意到每次自己伸出某隻手去架子上拿東西時，另一隻手似乎總會有別的打算。她說：「我伸出右手去拿我想要的東西，但是左手就會伸過來打岔，兩隻手算是打起架來，幾乎就像磁鐵互斥那樣。」

她每天早上著裝時也會發生同樣的事：她想要選擇某一套衣服，但是其中一隻手可能會決定選擇另一套不同的衣服。「我必須把所有衣服都倒在床上，調整呼吸後再重來一次。」她這麼說。有時候維琪會被搞得非常沮喪，乾脆放棄努力，最後離開家門時身上同時穿著三套衣服。

裂腦症候群是分開的兩個大腦半球開始各自為政造成的病況。維琪所經歷的是他人之手症候群，我們在第二章簡略提過這種症狀，它是額葉功能障礙造成的可能後果之一，也是裂腦症候群患者普遍會出現的症狀，這是因為左手是由右腦控制，右手則是由左腦控制。這種交叉控制的現象同樣見於視覺，大腦右側處理來自左眼視野的視覺，反之亦然。更進一步來說，左腦（就右撇子而言）還控制語言的產出。由於大腦有這種「功能側化」（lateralization）的現象，分裂大腦的兩個半球各有其操控的一套能力及感知，無法與另一個半球共享。舉例來說，假如維琪的大腦左半球從右側視野中看到一個字，她有辦法大聲唸出這個字，因為左腦控制口說能力；然而若是同樣的字出現在她的左邊視野，只有大腦右半球看得到，那麼維琪就無法出聲唸這個字了，不過她還是可以用筆把這個字寫出來。

◇◇◇◇◇◇◇◇◇◇◇◇◇◇◇◇◇◇◇◇◇◇

神經科學家葛詹尼加是裂腦研究方面的翹楚，從事這方面的研究已經五十年了。他在自己的整個研究歷程中，除了找出我們的各項認知能力如何分派給各個半球負責之外，也一直很想知道這兩個半球是否各自擁有本身的自我感。當然，兩個半球都有自己的管道可以獲得另一個半球得不到的感受、知覺與技能，不過大腦的兩邊究竟是不是各自擁有能夠自我反思及做出決策的意識呢？

葛詹尼加在1960年代剛開始做這方面的研究時，的確是這麼想的；畢竟連身體的兩邊都會在超市走道上打起架來，得出這種結論似乎是完全合理的事。不過打從那時候開始，他就已經明顯看出大腦的兩邊，其實確實是共享同一個自我感。儘管沒有管道可以得知另一邊大腦到底知道些什麼以及做了些什麼，但是兩邊半球似乎仍會攜手合作，設法維持單一的身分認同。

在一場實驗中，葛詹尼加把「走路」這個詞展示在裂腦患者的左側視野，給他的大腦右半球看；於是患者站了起來，開始走路。

後來他們問病人為什麼開始走起路來，病人提出的理由是：「我想去拿可樂。」這樣的解釋是負責語言產出的左半邊大腦提出來的，但它這麼做的時候，並不知道實驗者曾經亮出「走路」這個指令，因為這指令只有右半邊大腦看得到，左半邊大腦只是設法為此行動編造出一個理由。

在另一個實例中，葛詹尼加對一名女子的右腦閃示一張蘋果的圖片。看到這個影像後，女子笑了起來，問她為何發笑，女子回答：「那台機器很好笑，不然就是別的東西很好笑。」她指的是閃示圖片用的機器。等到葛詹尼加再對她的左腦閃示同一張圖片後，她再度笑了出來，但這次發笑的原因是蘋果圖片中其實隱藏著一個裸女的圖像。

最後，在葛詹尼加最喜歡的一個實驗中，他對一名裂腦患者的大腦右半球展示了「笑」這個字，對患者的大腦左半球則展示「臉」這個字，接著他用口頭要求病人畫出他剛剛看到的任何一個字，結果病人畫了一張笑臉。葛詹尼加問他為什麼要這樣畫，病人回答：「不然你要什麼？一張悲傷的臉嗎？誰會想要身邊有張悲傷的臉？」左大腦始終沒有看到「笑」這個字，所以它編造了一個理由來說明為什麼這張臉應該帶著笑容。

◇◇◇◇◇◇◇◇◇◇◇◇◇◇◇◇◇◇◇◇◇◇◇◇

在以上提到的這些案例中，左腦（負責所有的說話任務）完全不知道右腦看到些什麼，但還是令人讚賞的杜撰出一些合乎邏輯的解釋，來說明為何自己會做出走路、發笑、畫出笑臉等行為。面對這些十足令人困惑的情況，左腦所做的是努力把空白填補起來。如果大腦的兩個半球各自擁有分開的意識自我，它們為何要試著用這樣的方式合作呢？為什麼不直接承認不知道就好了？

大腦的兩個半球即使在被手術切開而分離的狀況下，也不會像各自獨立的實體那樣各行其是，它們總是會找出某種方式來試著協調彼此的行為，以維持一個統合一致的自我感。葛詹尼加把這個現象歸因於左半球的努力，因為在他的實驗中，都是這半邊的大腦在設法找理由當做藉口。他假設有個「大腦左半球解釋者」存在，左腦的這個區域會試著將我們所有的日常經驗匯集起來，建構出一個單一且統合一致的敘事，讓一切合理化。

葛詹尼加承認有大量研究指出自我感源自大腦右半球（尤其是之前提到的右側額顳葉區），但他主張進行自我處理的區域其實遍布整個大腦，而大腦左半球扮演了最關鍵的角色。大腦左半球統合了我們的經驗、創造出我們的個人故事、讓我們內在無意識系統能對各種經驗做出合理化的解釋，這些正是我們所說的「神經邏輯」。至少在裂腦實驗中，是由左腦在負責填補空白的。

所以到底有沒有「大腦左半球解釋者」存在？如果有的話它會如何運作？這些仍然是有待研究的問題。不過無論如何，我們可以確切明言的就是大腦中存在一個無意識系統，在面對互相矛盾的訊息時，它會產生一個敘事來讓一切能夠協調一致。這樣的情節，我們已在這整本書中一次又一次的看到；這現象出現於軀體失識症和卡波格拉斯症候群，也導致科塔爾妄想症和外星人綁架故事的產生，它是思覺失調症患者認為自己被聯邦調查局監視或超自然力量控制的原因，也是虛談症與虛假記憶的源頭，它還建構出我們的夢境敘事。

只要我們的思想或感知有任何一處出現不完整的地方，大腦的傾向就是去填補這個空白。每次大腦做這種填補空白的工作都是有目的，它的目的就是維持我們的自我感。無意識系統會徹底聚焦於保護我們的個人敘事，也就是維護我們人類身分認同的穩定性，而它的努力在那些情感創傷的案例上最能夠明顯看得出來。

不堪回首的創傷

這會是艾克曼夫婦想要祈求上蒼讓他們忘懷的一天。這是他們所能想像得到的最慘烈車禍，而且他們竟然身陷其中。在這場車禍中碰撞遭殃的車子超過百輛，滿地都是傷者，有好幾個人喪生。艾克曼夫婦的車子猛然撞上前車之後，他們一時被卡在車子裡，兩人從車窗往外看到有人被火活活燒死，意會到自己可能沒多久也會喪失性命。

不過他們活下來了。腎上腺素在艾克曼先生的血管裡流竄，讓他成功打破了擋風玻璃，爬過支離破碎的玻璃，將妻子從車裡拉了出來，並把她帶到安全的地方。艾克曼夫婦從車子的殘骸中逃出來以後，馬上被送往醫院接受評估診治，幸運的是他們倆都沒有受傷，至少身體上是沒有受傷，但是兩人在精神上卻嚴重受創。這場事故，讓艾克曼夫婦在心理上付出了重大代價，不過影響兩人的方式卻大不相同。

在碰撞發生的那段時間內，艾克曼先生覺得思緒開始超速運轉，恐懼與焦慮的波濤席捲而來，他在絕望之中尋找逃生路線，心中的一片混亂與擋風玻璃之外的混亂場面不相上下。在接下來的幾天中，他開始出現「瞬間重歷其境」（flashback，譯注：指創傷經驗不斷重現）的現象，噩夢連連，驚醒後一身冷汗。他到重返工作崗位時仍覺惴惴不安，注意力無法集中，而且很容易受驚嚇，響亮的喧譁聲會讓他猛然退縮，開車時則變成一個神經緊張、反應過度的駕駛人。

另一方面，艾克曼太太的反應卻完全相反。車禍碰撞發生時，她整個人猶如失神般呆坐在那裡，對外在世界全然麻木，覺得自己和周遭發生的事件好像隔了一段距離。她處於「嚇呆了」的狀態，雖然可以感知到那個地獄般的可怕混亂場面，也明白自己命在旦夕，但創傷的情緒影響力量卻似乎沒有對她的心靈造成衝擊。

艾克曼夫婦倆的反應，正好位居個人創傷反應分類量表的兩個極端。艾克曼先生出現的是壓力反應，稱為過度亢奮（hyperarousal），這是「創傷後壓力症候群」（post-traumatic stress disorder，簡稱PTSD）的特徵。另一方面，艾克曼太太則是表現出解離（dissociation）現象，感覺自我和自己的情緒與體驗之間似乎隔了一段距離。同樣的一件創傷事件，兩個人卻產生兩種大相逕庭的心理反應。他們的大腦裡究竟發生了什麼情況，才會導致如此迥然不同的回應呢？

◇◇◇◇◇◇◇◇◇◇◇◇◇◇◇◇◇◇◇◇◇◇

這對夫婦同意參加一個短期的fMRI研究，在他們重新想像事發當天情況時接受大腦掃描。結果顯示夫妻兩人在大腦活動上有巨大差異：艾克曼先生的額葉、顳葉、頂葉以及其他區域都出現活動，此外他的心跳頻率也顯著加快，他回報自己在實驗期間有焦慮及「膽顫心驚」的感覺。

相較之下，艾克曼太太在實驗過程中並未感到焦慮，心跳頻率一直保持穩定，她也回報自己回想事故發生過程時，感覺極度「麻木」與「僵硬」。在她的fMRI結果中，血氧濃度相依對比訊號（BOLD）完全沒有在她丈夫產生活化現象的那些大腦部位亮起；只有到她在心裡想像觀看事故現場景象時，枕葉有一小部分在fMRI上發起亮來。整個情況看起來像是她的大腦麻痺了她的情緒反應，阻斷過度亢奮情況的發生。

心理創傷可能是人類自我感的最大威脅。它可以摧毀一個人的行為意志，讓身體健康的人由於抑鬱或悲傷而心理癱瘓，就此臥床不起。它也會以創傷後壓力症候群的方式糾纏退役老兵，甚至足以消滅生存意志，導致身受其擾者以悲劇方式了結自己的生命。

心理創傷也可能產生另一種效果，造成與自我解離的感覺。在精神病學中有一系列的解離性障礙，患者在不等程度上感覺自己與周遭世界隔離開來，或是感覺喪失了自我身分認同。舉個例子，在「自我感喪失障礙」（depersonalization disorder）的情形中，患者感覺自己與周遭環境脫節，彷彿他們只是在外面看著這個世界，而不是身在其中體驗它。

還有另一種更戲劇化的解離性疾患形式，叫做「解離性漫遊症」（dissociative fugue），患者會完全忘記自己是誰以及原本在哪裡生活（這種病症通常發生於去遠方旅行之後），然後他們會傾向於以新的身分生活下去。伊芙琳罹患的解離性身分認同障礙是這類病況中最嚴重的一種，患者的人格與自我感支離破碎，變成幾個似乎各自獨立的身分。

解離性疾患通常是情感創傷所引發的，而且就跟引發它們的創傷一樣令人極度難以承受。感覺自己與這個世界分離開來，而且一直覺得自己猶如從很遙遠的地方看著這個世界，這根本像是殘酷的詛咒。然而，這種感覺的存在是有其目的，目的就是要保護受害者，讓他們不再需要重新體驗創傷帶來的痛苦。解離感是一種無意識防禦機制，通常出現在遭受長期虐待的受害者身上，可以把他們的脆弱心靈隔離開來，不必再忍受過往帶來的情感苦痛。

我們的大腦有適當的能力，可以抵禦心理創傷的潛在破壞力量。正如我們在討論記憶壓抑的那部分章節（第四章）看到的一樣，心靈可以把自己跟那些難以忍受的痛苦記憶或感受區隔開來，解離感則是大腦這種自我防禦機制的副作用之一。我們用身體對細菌感染的反應方式來比喻說明：為了防止這些外來入侵者四處散播，免疫系統會把感染之處圍起來，形成膿瘍；細菌一旦被封閉其中，就等於和周圍的組織隔離開來了。不過這種防禦機制也不是沒有副作用，因為膿瘍通常只要一碰就痛得半死。

同樣的，解離就像是將心靈遭受創傷的部分隔離開來；它會把注意力從所有令人痛苦的東西上轉移開，試圖將有害的想法從意識自我中分離出來。不過這些情感上的損傷並不會真的完全消失，它們只是被禁錮在心靈深處的某個洞穴裡。研究者將這些區域稱為大腦的「情緒部分」（emotional part，譯注：簡稱EP），它們就是令人困擾的糾結思緒與記憶構成的膿瘍。情緒部分代表的是自我飽受創傷、且被埋藏起來的面向；相對而言，沒有遭到創傷的區域在文獻上則稱為「看似正常部分」（apparently normal part，譯注：簡稱ANP）。理想狀況下，就像膿瘍不該破裂那樣，情緒部分和看似正常部分應該永保隔離，永不接觸，然而情形並非總是如此。即使心靈受損部分已經與其他部分隔離開來，但這個部分從休眠狀態醒來的風險卻永遠存在。自我之中那些遭困擾糾纏的面向可能會從被流放的處境再次崛起，以替代人格的面貌重新登場；就像海德先生（Mr. Hyde）和傑可博士（Dr. Jekyll）的關係那樣。（譯注：這是小說家史帝文森的著名小說《化身博士》中的主角，體面紳士傑可博士喝下藥水後，變身為邪惡的海德先生。）

◇◇◇◇◇◇◇◇◇◇◇◇◇◇◇◇◇◇◇◇◇◇

現在來談談解離性身分認同障礙，罹患者傾向在之前支離破碎的人格面向之間來回切換。一邊是平常的中立自我（「看似正常部分」），可以在社會上正常生活，但會覺得和自我及這個世界有解離感；另一邊則是遭困擾糾纏的自我（「情緒部分」），因為受到情感創傷而人格扭曲。這就像是同一個人不斷在艾克曼夫婦對創傷的不同反應中來回轉換。

我們可以把有過度亢奮反應的艾克曼先生當做「情緒部分」，車禍對他造成極大困擾，讓他夢魘不斷、嚴重焦慮、情緒失控，難以應付正常生活。艾克曼太太的反應則讓人聯想到「看似正常部分」，有情感麻木及解離現象，遭遇事故時雖顯得平靜，但她自己也感覺得出來內心有個不斷變大的情緒障礙。

在重新回想車禍情況的過程中，艾克曼夫婦兩人展現出來的緊張程度截然不同，而且和他們倆對事故本身的反應相符。從第三章中我們已經知道，心理模擬對我們的生活來說幾乎就像親身經歷一樣真實。研究顯示，就像艾克曼夫婦在實驗中的表現那樣，患者的不同替代人格在想像創傷過程時，表現出來的緊張程度也各不相同。在心裡重新體驗創傷事件的時候，有可能某個人格像艾克曼先生那樣，出現心跳遽增、呼吸急促的反應，而另一個人格則像艾克曼太太一樣，所有生命徵象（譯注：指呼吸、心跳、血壓等等）都沒有什麼改變。以這種方式來思考的話，解離性身分認同障礙可說是解離與過度亢奮的綜合結果，其中解離的自我是一般預設的狀態，而過度亢奮且較不穩定的另一個自我偶爾才會出現。

◇◇◇◇◇◇◇◇◇◇◇◇◇◇◇◇◇◇◇◇◇◇◇◇

伊芙琳帶著被切割出侮辱性字眼的手臂來到醫院時，院方第一個任務就是要確認究竟是誰對她施暴，結果看來施虐者顯然是她自己，或者應該說是她自己的另一個面向。對她而言，這種病症的產生是一種適應機制，目的何在？是為了保護她的自我感，避開長年虐待對心靈造成的毀滅性精神傷害。每一個另外的自我，代表的都是她的人格與過往歷史的一個片段，這些片段很久以前就被隔離開來，但是都有可能突然再度甦醒。

這種解釋表面上看起來似乎言之成理，但在神經學上究竟有沒有證據呢？畢竟我們已經見識過要把自我分割開來有多麼困難，就算外科醫師將大腦切成兩半，強迫兩邊的大腦半球各自獨立運作，這個人的自我感還是不會分裂。無意識系統即使身陷大腦分成兩半的處境，還是會努力維持身分認同的連貫性；它並不知胼胝體被切斷了，只覺得思想與行為之間出現分裂狀況，因此堅持要設法將二者再次連結起來。

不過無論如何，那些解離性身分認同障礙的患者並沒有明顯的大腦受損情形。像是伊芙琳從來不曾跌倒撞到頭，也沒有遭遇過車禍，當然她的大腦更沒有被切成兩半，然而她的身分認同卻分裂成數個不同的自我，每個自我都不知道其他自我的存在。這些明顯分離的人格並沒有共同回憶，做視力檢查甚至還會得到截然不同的結果。這怎麼可能呢？在大腦實際上並未被切割開來的狀況下，你要如何讓心靈分裂呢？

支離破碎的心靈

那些在多重人格之間來回游移的人，他們的大腦究竟出了什麼事呢？為了調查這個問題，荷蘭的研究人員招募了十一名患有解離性身分認同障礙的病人來參加他們的神經造影研究。他們的計畫是設法誘導病人轉換人格，並同時以正子斷層造影儀監測大腦活動的任何變化。研究者對參與者做過詳盡訪談之後，製作出十一份個別量身打造的腳本，好用來促進病患努力想像在他們生命中造成創傷的那些事件。科學上已經確定壓力是讓解離性身分認同障礙患者產生人格轉換的觸發因素之一。對於患者而言，最大的壓力莫過於當初引發障礙的那段痛苦經歷了。

志願者接上正子斷層造影儀後，研究人員運用腳本來激發他們的人格轉變。就大部分的志願者而言，這方法的確有效；他們的心跳突然加快、血壓升高、覺得自己似乎已經進入另外的自我之中。那麼此時正子斷層造影的結果如何呢？

受試者停留在中性人格內時，他們的大腦活動看起來跟處於解離狀態的人差不多，整體活動狀況變得很遲鈍，讓人聯想到艾克曼太太發生車禍之後的解離反應。不過，一旦人格產生轉換，掃描結果上就可以看到好幾個大腦區域忽然亮了起來，尤其是大腦的情緒中心杏仁核；這樣的反應比較像是艾克曼先生在車禍後產生的過度亢奮狀態。大腦中的情緒系統在遭困擾糾纏的那個自我活躍時發光發亮，在中性自我上場時安靜下來，這意味著解離性身分認同障礙患者處於中性狀態時可以不受有害情緒傷害，比較能夠平安無事的面對過往。然而，若是他們的防禦失敗，遭困擾糾纏的那個自我再度浮現，他們的情緒系統就會變得很脆弱，使得他們被痛苦的感覺淹沒。

不過研究人員注意到的還不只於此。他們發現大腦中另有一個部位在不同人格轉換時會有不同表現，這個部位就是海馬迴，也就是情節記憶（對於生活中各項事件的記憶）的中心。不同的身分上場時，正子斷層造影訊號顯示海馬迴發亮的部分也不一樣，彷彿每個不同的自我都會各自連結到不同的記憶。

可惜的是伊芙琳從來沒有做過腦部造影檢查，無法確認這些發現是否適用於她，所以我們只能假設她的人格分裂狀況確實會反映在她的神經活動上。伊芙琳、法蘭妮、莎拉和金咪這四個人格，看起來確實像是存在於同一個人身上卻又被獨立區隔開來，她們不只各有其獨特行為模式，也都無法獲知其他人格的記憶。金咪是個還在學習用印刷體書寫自己名字的小孩子，而伊芙琳則是成熟的大人。其中某一個人格在她自己的皮膚上刻下那些不堪入目的侮辱字眼，但是伊芙琳說這類事情發生的那些時間她都失去了記憶。既然我們知道伊芙琳的海馬迴並沒有被切成四塊，沒有變成四個各自分離的記憶貯存庫，那麼唯一的解釋，就是每個人格使用的都是記憶庫的不同部分。伊芙琳的中性自我擁有管道通往最常用的、毫無汙點的記憶，但完全接觸不到任何遭受創傷的記憶，因為相關管道被堵起來了。也許有壓力或其他觸發因子出現時，海馬迴中原本不活動的部分（以及其他原本被隔離的大腦區域）會突然活化，此時其他的自我就會冒出頭來。

事實上，這些替代人格甚至對具有威脅性的無意識刺激也會產生不同反應。在2013年的一項實驗中，神經科學家用後向遮蔽方式向解離性身分認同障礙患者展示憤怒臉孔的圖像。如果你還記得我們前面章節所述，後向遮蔽這種技術是在很短暫的時間內閃現圖樣，快到我們的意識來不及看到那些圖片，但這些圖片仍會對我們的無意識發揮影響。研究人員利用fMRI技術，發現當他們對那些遭困擾糾纏的人格展示憤怒臉孔時，海馬旁迴（parahippocampal gyrus）部分突然出現一陣騷動，這個區域和海馬迴一起合作，負責回想起那些情節記憶。對中性人格展示同樣圖像時，並不會發生這種情況，沒有任何記憶被活化。神經科學家針對這種差異提出假設，認為遭困擾糾纏的自我上場時，這些帶有威脅性的臉孔會無意識的引發創傷記憶出現。相較而言，中性身分主導時並不會接觸到那些記憶，大腦會出面阻擋中性自我對那些以遮蔽技術閃現的臉孔產生任何聯想。

如果每個替代人格各有不同且獨特的途徑連結到我們的情感與記憶這件事是真的，那麼這一點就可以為多重人格的發展提供神經學上的基礎。這代表事情並非心智在抽象意義上把心靈隔絕成不同部分那麼單純，而是大腦會把實際的神經元處理過程區隔開來，好讓那些不穩定的記憶及情緒不至於跟自我反思的認知能力重疊。

更進一步而言，解離性身分認同障礙患者處理記憶及情緒的這種獨特方式，似乎會重塑他們的大腦解剖結構。根據大腦可塑性的定律，經常使用的大腦區域會因為神經元增多而變得比較大，常被忽視的區域則會因神經萎縮而縮小。根據這個理論，如果你為了把自己記憶及情緒的某個部分隔離開來，因而刻意切斷了接觸海馬迴及杏仁核中相關神經元的管道，那麼隨著時間過去，大腦中的這些區域應該會因為未被充分使用而逐漸縮小。研究人員使用MRI技術檢視大腦後發現事實的確如此，與正常的對照組相較，解離性身分認同障礙患者的海馬迴平均縮小了19.2%，杏仁核則縮小了31.6%。因此，替代人格不僅在大腦負責記憶與情緒的區域表現出較低的活動力，而且這樣的活化模式也會反映在大腦的實際結構上。由於情緒受創的記憶只有那些遭受困擾糾纏的人格接觸得到，而這些人格又很少出現，因此儲存這類記憶的大腦區域就會因為經常遭到忽視而縮小。

我們已經見識過記憶可能遭壓抑、被遺忘，或被錯誤的記起，現在我們想知道的是記憶是否會分裂開來，變成只能跟某個人格接觸，而與別的人格斷了連繫。這真的是可能的嗎？除了我們已經見過的那些研究結果之外，還有一些個別案例已提出神經造影上的證據，證明了在海馬迴、顳葉及前額葉皮質出現的獨特活動模式會隨著患者在不同人格轉換而同時改變。研究結果還告訴我們此類患者在眼窩額葉皮質的活動量也會減低；如果你還記得第三章的內容，這個區域是儲放軀體標記的部位，而軀體標記會主導情緒記憶與直覺。簡言之，在具有多重人格的人身上，記憶系統的行為方式是不一樣的，這一點也支持了每個不同人格只擁有部分記憶接觸管道的這種概念。

同一個大腦裡存在多重系統且各有接觸記憶的不同管道，這並不是一個全新的概念；事實上，我們只要翻到前面的第二章，就會看到大腦中的習慣和非習慣系統使用的是不同形式的記憶（前者為程序記憶，後者為情節記憶），而且這些記憶的存取也是在不同的地方（前者在紋狀體，後者在海馬迴）。

心有旁騖的駕駛人以習慣系統開車時之所以記得如何正常駕駛，是因為習慣系統使用了程序記憶；然而，由於習慣系統並沒有存取情節記憶的管道，所以這些心有旁騖的駕駛人就會忘記下班回家的路上該順便買牛奶。如果連那些沒有受創歷史的人，他們的兩個大腦系統都無法共享某些記憶，我們自然可以想像得到伊芙琳的其他自我也可能出現同樣情況。

對這類議題的研究目前還處於起步階段，確切的資料有限，研究所得結果仍模棱兩可，似乎每一種不同觀點的診斷結果，都會在精神科醫師之間引發爭議。不過，在神經學研究的幫助下，我們已經可以審慎的說：重新啟動記憶與情緒迴路中原本休眠的區域，將先前暫停活動的神經元再次喚醒，便可以引發解離性身分認同障礙出現。本來大腦關閉這些區域，是為了保護自我不受過往帶來的極端苦痛折磨，但是新的情緒壓力源有可能重新活化這些舊有傷痛。壓力會從內部改變大腦，使得那些飽受困擾糾纏的自我陰暗面重新浮現，然而這些面向本應已被深深封鎖在由隔離神經元所打造的黑暗地牢之中。

無論如何，也許還有別的方式同樣可以引出其他的自我。如果我們可以用不會產生壓力的方式，從外界引發那些遭困擾糾纏的人格出現，那又會如何呢？伊芙琳在住院期間發生了一些事情，乍看之下似乎違背了多重人格的原本概念，也為她的故事開啟了另一個篇章。

內心裡的催眠師

讓我們回到醫院的精神科病房這裡，伊芙琳和她的其他自我正在接受視力檢查，每一個身分都有不同的視力特徵，這些視力測試成績既有個別獨特性也具有再現性（reproducible，譯注：代表非屬偶然，再次測試仍會得到類似結果）。不過，在測試的進行過程中，實驗者並非靜待每個人格出現，而是用催眠的方式把她們一個一個逐次引出來。

實驗者和金咪交談過一陣子之後，其中一名檢查人員表示：「轉換一下吧，讓我們跟莎拉講幾分鐘的話。」

金咪表現得很猶豫，說她感覺很害怕。但經過實驗者一番鼓勵後，莎拉較為成熟的聲音出現，取代了金咪的聲音。

「我會跟你們說話的，」莎拉開口，「我現在感覺好很多，因為金咪已經是我的朋友了。但是我很難給她一個擁抱，這件事真可怕。」

你注意到發生什麼事了嗎？金咪和莎拉彼此知道對方的存在。她們怎麼會知道對方的情形呢？假如這兩個人格是具有不同意識的身分，並未共享思想與記憶，金咪應該無從得知莎拉很害怕這回事才對；她怎麼可能打從一開始就知道莎拉是誰？

伊芙琳罹患的這類病況有個明確特徵，就是各個替代人格並不知道其他人格的存在，也不會共享記憶；然而不知何故，催眠打破了這個障礙，允許各個人格接觸其他人格的思想與個性傾向，甚至允許她們互動。基於這個原因，催眠成為解離性身分認同障礙的主要治療選項之一，因為它可以讓受創的其他自我在受控制的環境中出現。催眠有助於撫慰患者，幫忙找出創傷的根源，甚至可以協助那些其他自我合併起來，重新建立一個單一的人格。催眠當然也對伊芙琳很有幫助，伊芙琳在經歷催眠過程之後表示：「我感覺好多了。這就像是嘗試把拼圖拼起來，一片一片接在一起；我覺得現在像是第一片已經就位了。」

但催眠也有可能讓解離性身分認同障礙的症狀變得更嚴重，反而強化了多重人格的構成。基於這個緣故，有些精神科醫師會開始支持某種看法，認為這種病況並非出自內部，而是治療師引發出來的結果；這些治療師會鼓勵病人認可那些其他自我，談論那些自我個別有些什麼感受，相信這些人格的確存在這個異於尋常的想法是真的。不過無論如何，這情況還有另一種解釋，那就是：解離性身分認同障礙真的是一種病症，它是從內部產生的，但是是透過一種與催眠很相似的神經機制而建立的。

如果你還記得前一章所說的，我們認為催眠的作用方式是讓一個人的注意力集中在某個想法或視覺景象上。被催眠者在催眠師的指示下如此專注於某種單一思路，因而完全忽略了自己的其他感知結果。這就像在雞尾酒會上專心傾聽某些對話的人，會對房間裡其他聲音充耳不聞一樣，只是這類情況下，被置之不理的不是只有其他聲音，還包括這個人審慎反思自身行為的能力；這就是為什麼若是這個人成了催眠秀裡的受術者，他就完全不會注意到自己在舞台上大跳捷格舞（jig），或是在觀眾面前與想像中的獵鷹搏鬥有多麼奇怪了。

催眠的本質是將注意力集中在一套想法或感覺上，並把其他事物統統排除在外。解離不也是這樣嗎？在解離的情況中，大腦會將注意力焦點從創傷記憶與情緒中移開，把重點轉移到較愉快的沉思默想上。二者看起來像是類似的過程，如果這一點是真的，那就能解釋為何催眠會對解離性身分認同障礙產生如此強大的影響了。不過我們能夠在大腦中找到證據嗎？

使用MRI所做的研究，顯示當大腦處於解離狀態時，前扣帶迴皮質的活動量會增加——我們發現這和被催眠時活動增強的部位是相同的。前扣帶迴皮質負責釐清互相衝突的訊息，也就是我們在做史楚普測試時，或是看穿「摩西帶到方舟上的動物每一種有幾隻？」這個句子的謬誤時所做的事。前扣帶迴皮質讓我們不會陷入以自動導航機制開車那樣的思考模式，也不會只見到事物表象就信以為真，它能幫助我們察覺錯誤，並看穿周遭環境中某些概念彼此矛盾的事實。

正如我們所知，受催眠者進入恍惚狀態後，會拋棄原有的精明敏銳思考方式。根據理論，受催眠者的前扣帶迴皮質無法與額葉交流溝通，因此它會嘗試更拚命發送訊息，加倍努力報告周遭環境中的矛盾之處，只是一切仍然徒勞無功。這種過度努力卻白費功夫的情況，可能就是為什麼人們被催眠時同意做更多令人尷尬的事情，懵然不覺這些事跟自己平日的行為模式背道而馳。這也是為什麼他們會毫無異議的接受催眠師命令，甚至不惜違背自己的其他想法與感覺。

相同的神經模式也出現在解離狀態上。處於此狀態時，我們對世界的觀感同樣是藉著排斥其他觀點，只把注意力集中在一套想法上而形成的；這一點讓我們把解離和催眠擺在一起做比較顯得更有道理了。就某種意義而言，經歷解離狀態的人正是處於一種受催眠的恍惚狀態，好保護他們自己免受創傷記憶摧殘。一旦這種恍惚狀況破除，心理的防衛之牆潰決，那些創傷記憶就會跑回來；此時在大腦中，前扣帶迴皮質的活躍狀況則隨著過去的殘酷事實再度造訪而逐漸消失。

催眠可以透過凸顯其他自我之間的歧異之處，來誘發解離性身分認同障礙出現；但是它也可以反過來藉著重新結合那些迥然不同的身分並重建自我，來治癒這種病症。更進一步來說，既然現在已發現催眠和解離表現出類似的神經活動狀況，這些證據似乎在暗示我們：解離性身分認同障礙本身就是某種形式的被催眠狀態。

二者的相異之處，在於受催眠時，是由催眠師提供外來暗示來指引受催眠者投注注意力與聚焦想像力的方向；然而在解離性身分認同障礙的情況中，這些暗示來自內在，由他們自己的無意識系統所產生。基於我們論述的這些理由，許多心理學家已推斷解離性身分認同障礙是一種「自我暗示」病症，一種自我催眠症候群；也就是說伊芙琳的潛意識猶如她自己的催眠師。

由於蒙受創傷多年，伊芙琳的大腦試圖將她的注意力從自身那些飽受困擾的面向上引開，來保護自我身分認同的完整性，也許催眠正是這個過程所採用的機制。她的心靈創造出一種心理狀態，同時兼具注意力過度集中及茫然無知兩種特性，將大量心理體驗拒於門外，不讓它們與意識接觸。

正如伊芙琳的案例所示，當個體遭受創傷之後，心靈的區隔化（compartmentalization）過程變得沒有那麼精準，開始產生副作用。大腦試圖隔離有害的情緒或記憶時，有一部分的自我也會跟著被隔離開來；這就是解離的感覺之所以會讓人那麼不舒服的緣故。為了保護人類身分認同整體的絕大部分，無意識系統確實會把自我切掉一塊。幸運的是，這一塊通常都很小，也許這就是為什麼替代人格往往是比較年輕而不成熟的性格。伊芙琳的其他自我金咪和莎拉分別是四歲和十歲，因為她們無法獲得大腦更高的認知能力及歲月積累帶來的智慧。

伊芙琳的醫師透過催眠方式，得以逐一引出她的其他自我。在每個身分現身時，隨之而來的不只是不同的人格與行為，還包括各自不同的視覺敏銳度。伊芙琳就法律而言已算是盲人，沒有帶著導盲犬就出不了門，醫師過去所做的診斷，認為是她的視神經在解剖構造上出了問題。然而，為什麼在另一個自我占據她的心靈時，她卻只需要一副度數輕微的眼鏡而已呢？

正如我們所說的，解離過程中從意識被排除出去的不僅是創傷的記憶，還包括一部分的自我。不過，假定無意識會更進一步切斷通往大腦更大區域的路徑，它有辦法暫時中斷感知能力本身嗎？

不同的我有不同的眼

有一種偶爾在醫院出現的神祕病症，似乎總會把醫師難倒。這類患者來就診是因為忽然出現麻木、無力或失明等神經症狀，但不可思議的是儘管症狀如此突兀誇張，病人卻顯得不怎麼憂慮，舉止出乎意料的一派輕鬆，令人大惑不解。醫師進行各種測試以便縮小診斷的可能範圍時，會發現一再得出無意義的測試結果，看起來像是沒有任何潛在醫學病因，完全找不出問題的實質證據。然而這些症狀又是如此明確，幾乎就像是病人在裝病似的。

但事實上他們並不是在裝病，真正的診斷結果是「轉化症」（conversion disorder），這是心理壓力以身體症狀具體呈現，偽裝成神經性疾病的一種病況。

伊芙琳有生以來一直認為自己是盲人，但是當她轉換成另一個自我金咪時，失明的雙眼就瞬間痊癒了。如果她看不到的原因在於視覺路徑受損，那麼這件事就不可能發生，眼睛或大腦的結構缺陷不會在未經手術的情況下自行修復；因此，有鑑於她的情緒受創病史，轉化症反而是最可能的解釋。這就是為什麼所有醫師都沒辦法為她的失明找出醫學上的原因，她的失明是心理造成的。這並不是說她假裝看不到，轉化症和「孟喬森症候群」（Munchausen syndrome）不一樣，後者是患者刻意捏造症狀。罹患轉化症的人並未假裝任何事，那些心理壓力轉換為身體症狀的過程，是在無意識層面上進行的。

這種轉換是怎麼發生的呢？沒有人知道確切的答案，不過倫敦的研究人員試圖用為腦部造影的方式來解答這個問題。他們招募了因轉化症而失明的病人以及視力完好的志願者，一同來進行實驗，目標是比對兩組人的大腦活動，看看是否有重大差異。結果答案是：有。

與健康對照組相較，因轉化症而失明的患者出現前額葉皮質活動增強、但視覺皮質活動減弱的現象，看起來就像是大腦更高層的處理中心正在刻意壓制視覺系統。所以眼睛很努力工作，視覺迴路也完好無損，但是心靈之眼卻表示「禁止進入」。大腦阻斷了有意識的視力，讓患者只剩下無意識的視覺偵測能力，這讓我們聯想到第二章提過的「盲視」現象。

不過神經科學家也注意到另外一些情況：轉化症患者的前扣帶迴皮質有過度活躍的現象 —— 這和受催眠時及發生解離現象時大腦過度活躍的區域相同。我們之前提過，一般認為處於催眠狀態時，前扣帶迴皮質會因為訊息一直未能送達額葉而加倍努力工作，結果大腦喪失監控矛盾事件的能力，使得受催眠者可能會做出愚蠢之事，而且完全沒注意到這些行為與自己原有個性背道而馳的事實。

在轉化症的情形中，患者對自己的病情也表現出類似的漠不關心態度。大腦阻斷了他們的感知或運動控制，使得患者雖面對駭人症狀，看起來卻未受煩擾。這種轉化症常見到的情況稱為「精神性淡漠」（la belle indifférence），這個詞是法文，原義是「美麗的冷漠」。那麼，為什麼轉化症患者對自己的症狀似乎漠然無感呢？

也許原因就和被催眠者在舞台上做出種種令人尷尬的可笑動作卻無動於衷一樣：因為前扣帶迴皮質的活動毫無效果。轉化症患者無法察覺自身病情的奇特之處，就像受催眠者無法辨識自身行為的荒謬怪誕一樣。正如飛到我被催眠的朋友身上的那隻獵鷹只存在於想像之中，這些患者的失明也是只「存在於他們的腦子裡」；在上述兩種情況中，他們的意識系統都完全相信有這麼一回事。這就是說轉化症本身猶如一種催眠狀態，只是並不是由外力植入誘發，而是源自內心，是心理壓力造成的結果。

被公認為現代神經學創始者的知名法國神經科醫師夏柯（Jean-Martin Charcot），在十九世紀後期第一個提出上述假說。他注意到轉化症（舊稱歇斯底里症hysteria）和催眠有很深的糾結關聯，因此一直懷疑轉化症可能就跟解離一樣，是一種自我暗示造成的病況。為了證明這一點，他經常在大眾面前展示如何用催眠引發轉化症的癱瘓症狀。

如今神經科學家也同樣指出催眠可以「誘發」轉化症的症狀。在某個案例中，研究人員利用催眠誘導一名二十五歲的志願者產生左腿癱瘓現象，接著他們要求這名男子試著輪流移動雙腿，並同時用正子斷層造影儀監測他的大腦活動。結果如下：男子移動右腿（未受催眠影響的那條腿）時，正子斷層造影顯示運動皮質亮了起來，這點符合我們對任何一位健康者的期待；另一方面，在這名男子試著移動左腿卻徒勞無功時，他的大腦運動皮質呈現的是一片寂靜。所以在催眠造成的癱瘓現象出現時，運動皮質也有可能受壓制而沉默不語，這點跟伊芙琳出現轉化症失明症狀時視覺皮質遭到抑制一樣。不過，這名男子的前扣帶迴皮質倒是過度活躍的，但這點也跟轉化症病人的情況相同。因此，催眠不僅可以導致轉化症的症狀產生，也會生成相同的大腦活動模式，就像我們在解離情形中看到的一樣。

但是問題來了：在伊芙琳的案例中，催眠帶出她的其他自我時也治好了她的眼睛，那麼催眠是不是也可以「治癒」轉化症呢？我們來瞧瞧布瑞特的例子吧。他是個二十來歲的年輕人，住在德州，自從兩年前在一場拳擊賽中頭部遭到重擊之後，就一直認為自己正在逐漸失去視力。然而醫師做完所有檢測，仍然無法為布瑞特的病情找出任何醫學上的病因，因此他們開始詢問一些跟他的情緒狀態及過往心理病史相關的問題，結果原來布瑞特對過去發生的兩樁事件一直背負著罪惡感。

第一件事發生在他十四歲的時候，他的父母要他在家看顧妹妹，他卻決定跟朋友跑出去玩，把妹妹一個人丟在家裡；結果他出門之後，附近的小流氓將一個裝有子彈的包裹點了火，從門上的投信口丟進他家，他的妹妹想要把火撲滅時，一顆子彈飛了出來，擊中她的左眼，後來這隻眼睛永久失明了。布瑞特認為妹妹會受傷全是他的錯，他為此深深懊悔自責，始終無法釋懷。

第二件事則是布瑞特決定放棄練習拳擊，這點讓他的父親大失所望。回顧這段過往，可以看出布瑞特的失明幫他提供了很好的藉口，有助於減輕練拳半途而廢的過錯。基於這一點，再加上他對妹妹的愧疚，還有一直找不到醫學上的病因這回事，醫師判斷轉化症才是布瑞特失明最可能的原因。於是他被轉診到心理學家那裡接受治療，才治療了幾次，布瑞特的視力就恢復了。催眠治癒了他的失明，就像對伊芙琳一樣有效。

不管患者是屬於哪一種類型的轉化症，催眠可以產生顯著的效果，讓失明者重拾視力、癱瘓者再次獲得力氣、麻木的部位能夠恢復感覺。在專家指導的催眠療程中，患者集中精神處理他們的創傷過往，試著重新取得他們那些因精神困擾而喪失的能力；結果這樣的療法被證明確實具有效果。

從臨床的角度來看，催眠可以導致或治癒轉化症的方式，就跟它可以導致或治癒解離性身分認同障礙的方式是一樣的。從神經學的角度來看，這兩種病況表現出來的大腦活動型態，都會讓人聯想到催眠造成的恍惚狀態，因為同樣涉及過度活躍的前扣帶迴皮質。而支持這個理論的證據就是：轉化症和解離性身分認同障礙都跟催眠一樣，它們聚焦大腦注意力的方式，都是把某些訊息排除在外，不讓它們觸及意識層面。前扣帶迴皮質不僅負責偵測衝突矛盾，也協助情緒的處理與注意力的集中；因此，很可能受虐產生的情緒影響會干擾這個區域，從而改變了我們注意力的集中方式，以及衝突監測系統的運作方式。情感創傷可以像導致解離情況發生那樣，同樣將我們的注意力從某些感官訊息轉移開來，造成失明或麻木；或者也可以忽略運動訊息，因而引發轉化症癱瘓。解離及轉化症這兩種病況，都是透過無意識來調控我們的大腦活動，藉著引導心靈專注於某個方面，忽略其他方面，來操縱我們的意識體驗。

伊芙琳的失明是多年情感受創引發轉化症所造成的結果，她的多重人格也是源自同樣的長年受虐經歷。在她轉換為其他的自我時，視力的好壞也會跟著轉換。她的每個身分都有其特有的視覺敏銳度，也就是說每個不同的「我」都有不同的「眼」。催眠讓檢查人員得以瞭解伊芙琳的一切，也讓他們能夠引出她的每一個身分，打破區隔各個身分之間的藩籬，並治癒她的轉化症失明症狀。

伊芙琳並不是唯一一個同時確診有這兩種病症的人，解離性身分認同障礙患者通常多多少少有點轉化症的成分，因為這兩種病況是由同一種原因所引起的。更進一步而言，解離性身分認同障礙中的其他自我和轉化症的視覺或運動障礙產生的方式是一樣的：都是源自自我暗示，或者可說是自我催眠。為了保護我們的人類身分認同不受創傷記憶與情緒摧殘，大腦會把我們的注意力轉移開來，阻斷創傷記憶與情緒接觸意識的通路。

然而將這些危險的念頭隔離開的時候，大腦的無意識系統有可能做得過火。最常見的情況，就是讓這個人產生解離感，感覺自己跟這個世界失去了關聯；伊芙琳和其他患者都覺得有一部分的自己彷彿跟著創傷一起消失了。更糟的是，無意識系統可能會切斷意識與感覺或運動迴路之間的聯繫，因而引發轉化症。伊芙琳失去的是視力，其他人則可能因為大腦試圖保有自我而引發癱瘓、麻木或其他殘疾。然而當另外的自我出現時，那些悲慘的過往記憶再度活化，此時這些基本官能便有可能恢復，因為它們與意識心靈接觸的通路又重新建立起來了。

這就是為什麼在解離性身分認同障礙的情況中，不同的自我可能擁有不同的視覺能力。大腦的無意識系統被迫以打破自我來維持自我，即使這麼做會讓伊芙琳必須承受隨之而來的悲劇性後果，依然在所不惜。

也許我們現在終於可以明白：為什麼連切斷胼胝體都無法讓裂腦病人擁有兩個不同的自我，但是沒有任何大腦損傷的伊芙琳卻擁有分裂的人格，答案可能就在於這兩種情況中無意識系統扮演著不同的角色。對裂腦患者而言，無意識系統就像在其他任何人身上那樣嘗試填補空白，它試圖將體驗的所有面向 —— 即使這些體驗是由方向相反的兩個大腦半球所生成的 —— 調和成一個單一敘事，以維持自我的完整性。

然而，對於有解離性身分認同障礙的人來說，大腦的無意識系統抱持的則是不同的目標。就這麼一次，它不打算要單一的敘事，因為那個單一敘事太危險，會讓自我暴露在惡毒的訊息下；因此，大腦刻意把故事切分開來，將有害的情緒與記憶跟此人的自我感隔離，來保護自我感不受傷害。就這麼一次，大腦不填補空白。

自我，在科學上是個模糊且難以捉摸的概念；就某部分而言，這是因為它到現在還沒有一個大家都同意的定義。所謂的自我，指的是記憶嗎？還是感受和情緒的體驗？是自我控制嗎？還是自我反思？在討論人類身分認同的時候，我們傾向於把這些全部綁在一起，統統一起談論，儘管它們不見得隸屬同一個處理過程。也許這就是為什麼當我們運用神經學分析的嚴密精確性，想要把自我定位出來時，最後仍然不得不把它分解成好幾個部分來談。我們無法精確指出人類的身分認同究竟存在於大腦中的哪個部位，它源自許多大腦區域及過程攜手合作的結果。這些過程大致可以分成兩個系統，其中之一是意識系統，這個系統我們相當熟悉的；另一個則是無意識系統，它以一種不連貫的方式運作，依據的是一套神祕的程式，這套程式我們給過它一個暱稱，稱它為「神經邏輯」。

神經邏輯

這本書的尾聲和開頭一樣，談的都是為失明所苦的女子，但就神經學上而言，這兩位女士的故事截然不同。愛蜜莉亞的失明是因為她的視覺迴路有缺陷，她的無意識系統無法處理光線中的光子，將之轉換為這個世界的圖像。相較之下，伊芙琳的視覺路徑完整無缺，她之所以看不見，是因為她的意識系統無法取得已經擁有的世界圖像。兩個平行運作的系統，兩種導致失明的原因。

大腦創造視覺的過程和建構身分認同的過程其實非常相似。

首先，視覺體驗是由一些構成要素組成的，包括：距離、形狀、顏色、大小以及速度，它們分別由大腦的不同部位計算處理，因此最終必須以極致的精確度進行融合。同樣的，對自我的體驗也包含一些構成要素，像是：情節記憶、情感、感覺、對思想與行為的控制；這些也都是由大腦的不同區域負責管理，然而最後仍需連結合併，創造出一個對這個世界的統合一致體驗。

視覺和身分認同都需要仰賴大腦中兩個基本系統攜手合作。如果沒有無意識的視覺系統，我們就看不到東西，因為大腦無法將感官接收到的光線處理成圖像。另一方面，若是少了有意識的視覺系統，我們也無法體驗周圍環境，只能透過盲視作用在不知不覺的情況下感測周遭。

同樣的，身分認同也得依賴這兩個系統。讓我們感受到自我的是意識系統，痛苦和快樂是發生在我們身上，我們在意向指揮之下行事，以意念控制自己的思維和身體。意識系統允許我們活出大腦創造出來的敘事。

那麼無意識系統呢？無意識系統創造出上面所述的那個敘事，它取用我們生命經驗中一些不連貫的片段，必要時填補空白，以編年記述方式寫就我們的生命故事。它建立了我們的自我感，更進一步而言，它還努力維持及保護這個感覺，甚至會用解離來驅逐有害的想法和記憶。

為什麼要這樣做？人類的身分認同為何如此神聖不可侵犯？從演化的觀點來看，具自我反思能力的生物比較有可能存活下來。我們很在乎自己能不能繼續活下去，也會投注心力來保護自己及自己的血統。大腦藉著維持個人敘事的完整性，來幫助我們洞悉自己的思想，它也協助我們瞭解自己的意向、反思自己的推論，審慎考量自己的決策、並以符合所追求之目標與渴望的方式行事。對自己的身分有認同感，能讓我們更明瞭自己的本質，進一步提升自己在這個世界上的定位。

所以，這就難怪大腦會格外重視維護個人敘事健全性這回事了。在我們清醒的每個時刻，大腦潛在的邏輯迴路都在吸收我們累積得來的經驗，仔細審查一切，好用來讓我們的人類身分認同變得更成熟完善。即使是在清醒以外的時間，像是在我們每一夜的夢境裡，我們的無意識也仍然對同一個目標念念不忘。有些神經科學家提出理論，認為做夢的功能就是幫助我們發展自我感；也許這就是夢境總是以第一人稱方式呈現的緣故。夢境幫我們排練實際採取行動時會有的感覺，讓我們有機會親自直接觀察，並且擔任故事主角。做夢這回事很可能在發展自我感的過程上扮演至關緊要的角色，即使是對那些天生失明的人也一樣重要。

在神經科學領域中，將大腦分為兩個平行系統 —— 有意識與無意識 —— 的這種表達概念，其實一直頗有爭議。這倒不是說科學家否認意識的存在，或是否認大腦中有某些過程是在低於意識閾（conscious threshold）的情況下運作的；確切而言，是那些研究方法很少以承認這種並行處理結構的確存在的方式來設計。科學家很少運用他們的研究來闡明大腦兩個行為控制系統之間的交互作用，也許是因為他們認為意識不是一種適合轉換為嚴謹定量分析的概念。沒錯，研究意識可能真的很困難，但是對神經科學來說，既需要洞察單一神經元中某種酶的微小結構這樣的細微探討，也需要針對大腦進行以系統為導向概念的全貌研究。也許大家避開意識問題不談的原因，是因為對某些人來說這座山似乎太高，難以攀登。

在科學史上，那些號稱無法破解的謎團 —— 常被吹捧為所謂的「黑盒子」——其實往往是因為研究者找不到適合的研究框架。想要有所突破，必須問出對的問題；通往發現的路徑，是從知道自己到底該找些什麼開始的。將大腦表達為有意識和無意識兩個系統來討論，並不是解開意識之謎的答案，只是解謎旅程的開端。這樣的想法是一種平台，可以在上面處理神經科學上許多令人困惑、也許現在看起來還無法解答的問題。有些人會選擇將研究焦點放在已知事物的直接延伸方向上，但也有人在設法打開黑盒子的過程中，會刻意嘗試跳出盒外的方式來思考，問一些一開始顯得莫名其妙的問題。

這就是我們在這本書裡所採取的方法：退後一步，以宏觀的角度來看看一些歷史上的以及當代的偉大思想家所進行的神經學研究。我們想要盡力做到的，是從神經科學的各個角落蒐集許許多多迥然不同、看似彼此無關的研究與實例，然後找出它們之間共通的根本邏輯，再將之組織成一個單一敘事。

對大腦的研究日新月異，讓我們繼續進行這趟深入黑盒子的旅程，運用我們的集體思維，找出思想與行為模式符合神經科學機制的那些特徵。證據就在那裡，現在我們該做的，就是填補空白。

附錄

大腦地圖

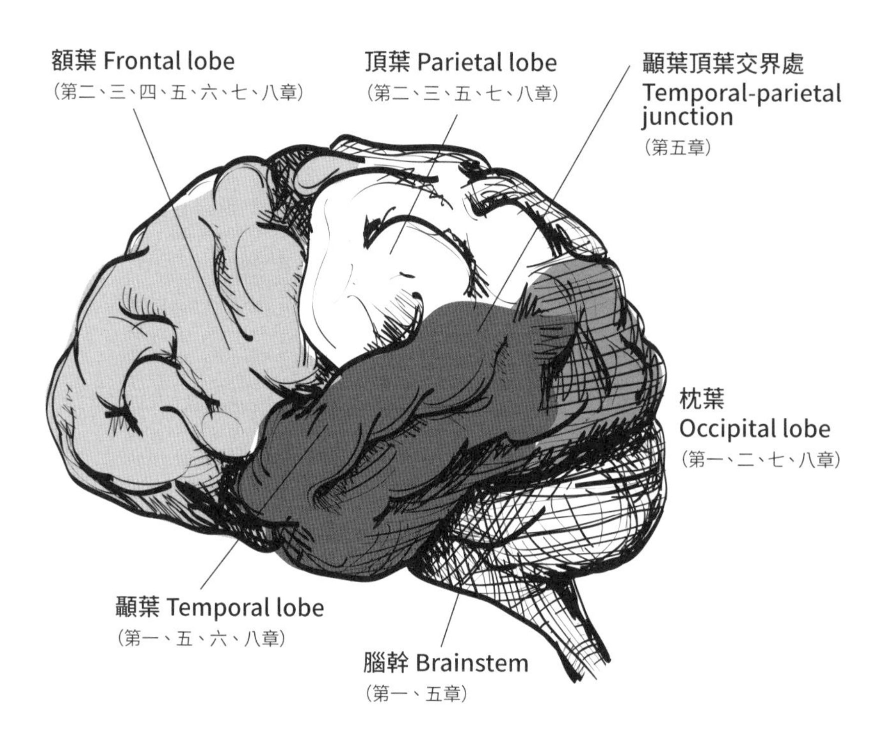

大腦主要外觀構造
External anatomy

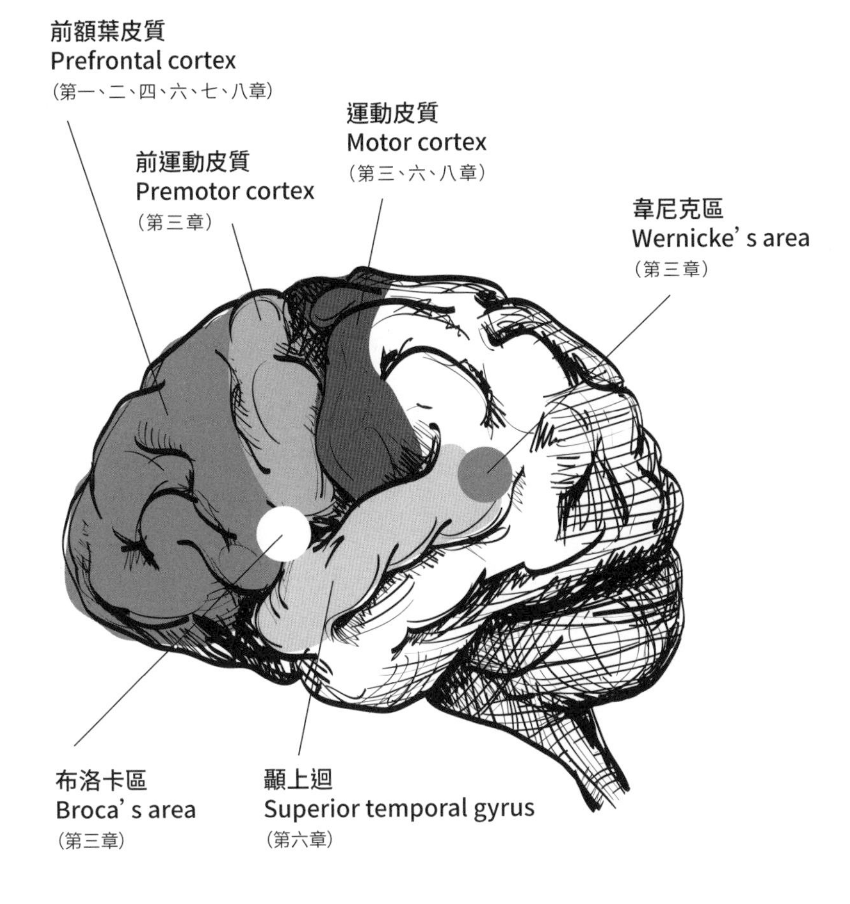

大腦細部外觀構造
Detailed external anatomy

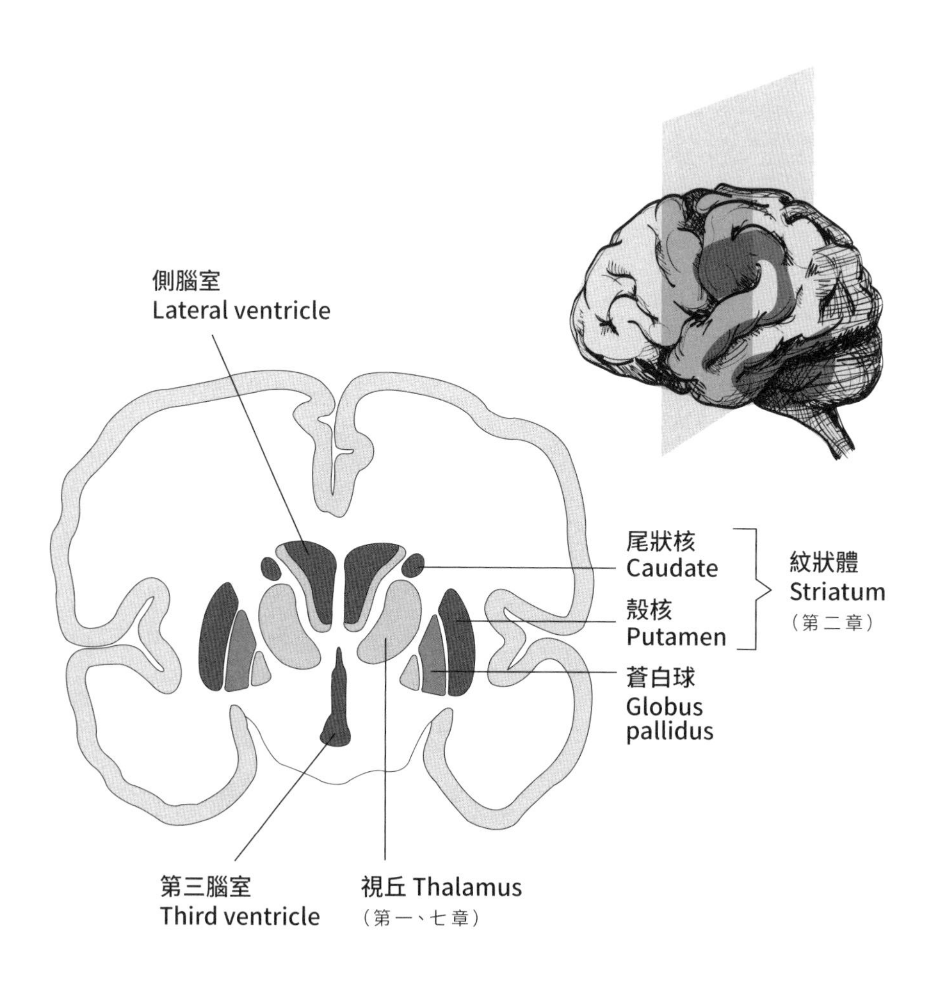

基底核

The basal ganglia (coronal section)

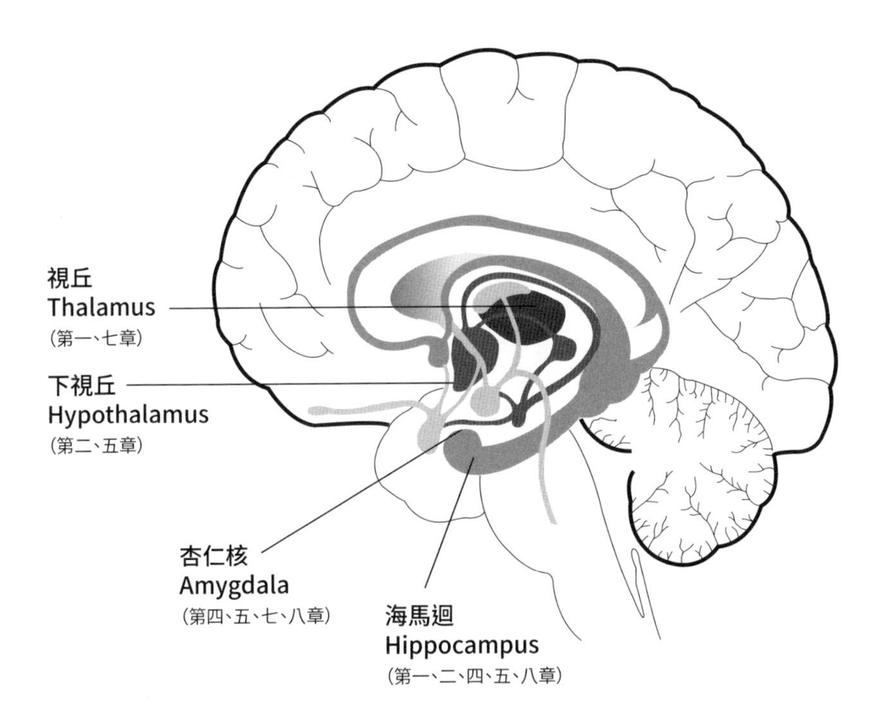

邊緣系統

The limbic system—select anatomy (sagittal section)

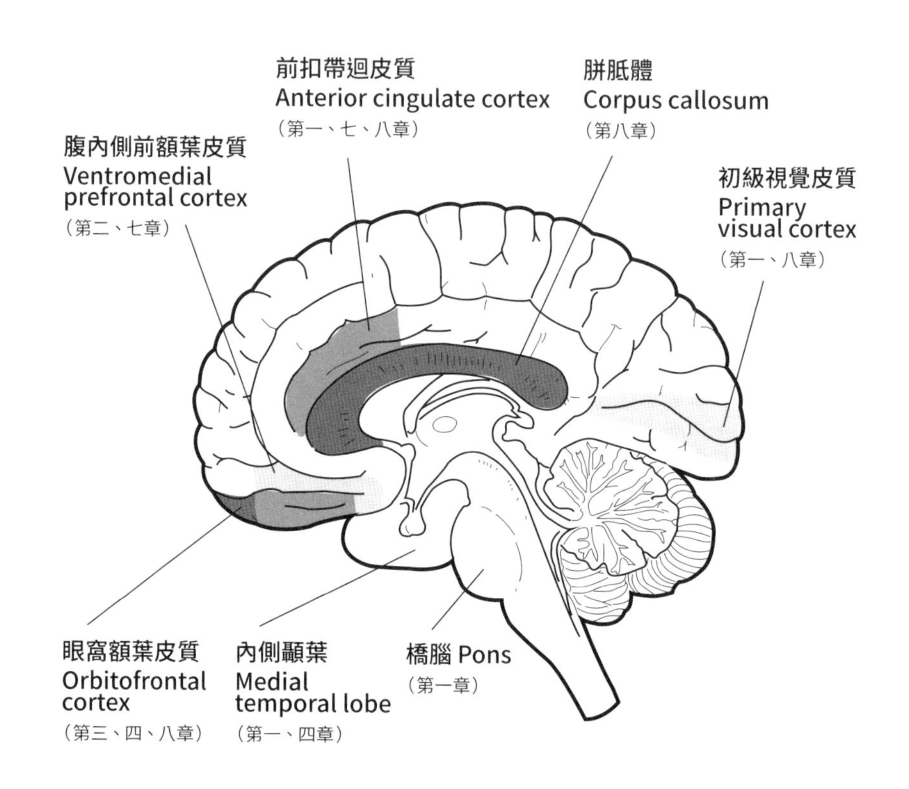

其他內部構造

Other internal anatomy (sagittal section)

致謝

若非承蒙多人襄助與貢獻，這本書根本不可能付梓面世。我要感謝我的經紀人Kirby Kim，他的洞察力與經驗，為這本書剛成形階段的手稿帶來極大影響，在整個撰稿過程中，也一直給我支持的力量。謝謝我的編輯Dan Frank提供協助，將本書的內文提升到目前的形式。感謝Betsy Sallee在成書的每個階段幫我注意諸多細節。我也非常感激下列神經科醫師、精神科醫師，以及神經科學家撥冗閱讀本書手稿，並且給了我許多很有幫助的意見，他們分別是：Chaya Bhuvaneswar、Hal Blumenfeld、Joseph Burns、John Lisman、以及Morris Moscovitch。我要對John Lisman表達特別的謝意，我和他合著的那篇刊載在《認知神經科學期刊》（*Journal of Cognitive Neuroscience*）上的論文，正是這本書的靈感來源，尤其是第二章和第六章。此外我也要感謝Jeff Alexander、Rachel Gul、Lindsay Hakimi、Bita Nouriani、以及David Spiegel的寶貴貢獻。

我要謝謝我父親提出的睿智建議，也感謝其餘家人的鼎力支持。我還要對所有接受訪談的患者致上極致的感激之情，謝謝他們願意分享自己的故事，也教導了我許多東西。最重要的，我要感謝我棒得不可思議的妻子Sharona，除了為家人打理一切之外，她還從頭到尾讀了本書手稿無數次，在這段過程中她也成了這方面的專家，並且用驚人的清晰思路為我指引方向。她不只在讓這本書開花結果的歷程上是我的好夥伴，在人生其他一切事物上，也同樣是我的最佳搭檔。

圖片來源

P22: Copyright Openstax College. Anatomy & Phyaiology. OpENsTAX cnx. Jul 30, 2014. Licensed under CC BY 2.5 via Wikimedia Commons.

P29: *Dream Caused by the Flight of a Bee around a Pomegranate a Second before Waking Up*, 1944, by Salvador Dalí. Oil on panel. Copyright ©2014, Museo Thyssen-Bornemisza/Sala, Florence.

P37: *Seeds for Sowing Must Not be Ground*, 1942, by Käthe Kollowitz (Knesebeck 274). Copyright ©2014 Artists Rights Society (ARS), New York/VG Bild-Kunst, Bonn. Photo courtesy of Galerie St. Etienne, New York.

P75、77: From "The Role of Basal Ganglia in Habit Formation," by H. H. Yin and B.J. Knowlton, in *Nature Reviews Neuroscience*, 7, no.6: 464-76. Copyright ©2006. Reprinted by permission from Macmillian Publishers Ltd.

P81、82: From *The Mechanism of Human Facial Expression*, by B. Duchenne, R. A. Cuthbertson, trans. New York: Cambridge University Press,1990.

P111: From "Improvement and Generalization of Arm Motor Performance Through Motor Imagery Practice," by R. Gentili, C. Papaxanthis, and T. Pozzo, in *Neuroscience*, 137, no.3: 761-72. Copyright©2006. Used with permission from Elsevier.

P170、171: From "Spontaneous Confabulation and the Adaptation of Thought to Ongoing Reality," by permission from Macmillan Publishers Ltd.

各章注釋及參考書目

下方連結為本書各章注釋及參考書目之電子檔案，惠請讀者下載參考，做進一步的延伸閱讀。

國家圖書館出版品預行編目 (CIP) 資料

大腦不邏輯：魔神仔、夢遊殺人、外星人綁架……大腦出了什麼錯？/ 艾利澤．史坦伯格 (Eliezer J. Sternberg) 著；陳志民譯．-- 第一版．-- 臺北市：遠見天下文化，2019.10

334 面； 14.8×21 公分．--（科學天地；167）

譯自：Neurologic : the brain's hidden rationale behind our irrational behavior

ISBN 978-986-479-834-6（平裝）

1. 腦部 2. 認知心理學 3. 生理心理學 4. 潛意識

394.91 108016475

科學天地 167

大腦不邏輯

魔神仔、夢遊殺人、外星人綁架……大腦出了什麼錯？

NeuroLogic

The Brain's Hidden Rationale Behind Our Irrational Behavior

作者 — 艾利澤・史坦伯格（Eliezer J. Sternberg）
譯者 — 陳志民
顧問群 — 林和、牟中原、李國偉、周成功

總編輯 — 吳佩穎
編輯顧問 — 林榮崧
責任編輯 — 黃麗瑾（特約）
美術設計 — 江孟達
校　對 — 魏秋綢

出版者 — 遠見天下文化出版股份有限公司
創辦人 — 高希均、王力行
遠見・天下文化・事業群　董事長 — 高希均
事業群發行人／CEO — 王力行
天下文化社長 — 林天來
天下文化總經理 — 林芳燕
國際事務開發部兼版權中心總監 — 潘欣
法律顧問 — 理律法律事務所陳長文律師
著作權顧問 — 魏啟翔律師
社址 — 台北市 104 松江路 93 巷 1 號 2 樓
讀者服務專線 —（02）2662-0012
傳真 —（02）2662-0007；2662-0009
電子信箱 — cwpc@cwgv.com.tw
直接郵撥帳號 — 1326703-6 號　遠見天下文化出版股份有限公司

電腦排版 — 立全電腦印前排版有限公司
製版廠 — 中原造像股份有限公司
印刷廠 — 中原造像股份有限公司
裝訂廠 — 中原造像股份有限公司
登記證 — 局版台業字第 2517 號
總經銷 — 大和書報圖書股份有限公司 電話／(02)8990-2588
出版日期 — 2021 年 1 月 27 日第一版第 3 次印行

定價 — 420 元
ISBN — 978-986-479-834-6
書號 — BWS167
天下文化官網 — bookzone.cwgv.com.tw

天下文化
BELIEVE IN READING